大学信息技术与计算思维基础

DAXUE XINXI JISHU YU JISUAN SIWEI JICHU

主　编　蒋诗泉　姚　珺

副主编　邓永江　朱桂宏　钱　峰　钟志水

重庆大学出版社

内容提要

本书共5章，主要介绍了大学一年级学生应该掌握的信息技术和计算思维基础知识，侧重通过具体问题的求解过程向读者展示什么是计算思维，为什么要学习计算思维，如何学习计算思维。根据读者的特点，本书讲解了：微型计算机及其发展史，数制及信息在计算机中的表示，计算机网络基础及安全，WPS办公软件，Raptor软件，枚举算法、递推算法、分治算法、贪心算法、排序算法、概率算法、模拟算法，以及计算机前沿技术，旨在帮助读者提高运用计算机分析、解决实际问题的能力。

本书可作为应用型高等学校非计算机专业的计算机公共基础课教材，也可作为计算机类专业参考书。

图书在版编目（CIP）数据

大学信息技术与计算思维基础 / 蒋诗泉，姚珺主编
. -- 重庆：重庆大学出版社，2023.4
ISBN 978-7-5689-3850-1

Ⅰ. ①大… Ⅱ. ①蒋… ②姚… Ⅲ. ①电子计算机－高等学校－教材 Ⅳ. ①TP3

中国国家版本馆CIP数据核字(2023)第067041号

大学信息技术与计算思维基础

主　编　蒋诗泉　姚　珺
副主编　邓永江　朱桂宏　钱　峰　钟志水
责任编辑：文　鹏　　版式设计：文　鹏
责任校对：关德强　　责任印制：邱　瑶

*

重庆大学出版社出版发行
出版人：饶帮华
社址：重庆市沙坪坝区大学城西路21号
邮编：401331
电话：(023) 88617190　88617185(中小学)
传真：(023) 88617186　88617166
网址：http://www.cqup.com.cn
邮箱：fxk@cqup.com.cn (营销中心)
全国新华书店经销
合肥安星印务有限公司印刷

*

开本：787mm×1092mm　1/16　印张：17.75　字数：338千
2023年5月第1版　2023年5月第1次印刷
印数：1—6 000
ISBN 978-7-5689-3850-1　定价：49.00元

前言

2006 年 3 月，美国卡内基梅隆大学计算机科学系教授周以真(Jeannette M. Wing)在美国计算机权威期刊《美国计算机学会通讯》(Communications of the ACM)上提出了"计算思维"的概念。随后，越来越多的人意识到计算思维的重要性，计算思维课程迅速在我国高校推广，计算思维教材不断涌现。但纵观大部分高校的计算思维课程，仅仅将其作为一门单纯的理论课，课程内容基本是信息技术基础知识＋计算思维概念＋云计算概念＋大数据技术简介＋人工智能简介＋区块链技术简介，没有重点，缺乏系统性。有的教材只简单介绍了一些趣味问题、逻辑问题、游戏问题，没有进行深入分析，学生无法掌握其中的算法思想。

"计算思维"作为计算机类专业及其他理工类专业课程的前驱课程，面对从未接触过计算机编程语言的高校一年级学生，如何快速地让他们掌握计算机科学基本概念，培养其计算思维以及编程能力是编写本书的出发点。通过多年的教学实践，编者做了这次大胆的尝试，即将初级计算思维能力培养与可视化编程语言进行结合，形成了本书的内容。

本书详细介绍了：微型计算机及其发展史，数制及信息在计算机中的表示，计算机网络基础及安全，WPS 办公软件，Raptor 软件，重点介绍了枚举算法、递推算法、分治算法、贪心算法、排序算法、概率算法、模拟算法的思想及程序实现，简要介绍了计算机前沿技术。

介绍 WPS 办公软件，是为了增强学生的民族自豪感，中国人就要用中国人开发的软件。

介绍 Raptor 软件，一是简单易学，二是为了让学生把主要精力放在算法设计上，而不是放在计算机语言的语法细节上。

介绍枚举等算法，是考虑到大学一年级学生的基础和接受能力。

本书具有以下特点：

(1)突出知识的应用性，注重培养解决实际问题的能力。

(2)每章配有适量的习题，帮助读者巩固本章重点知识。

(3)实验项目有明确的实验目的、实验内容，方便读者上机实践。

(4)内容的深度和广度适合高校一年级学生。

本书共 5 章，第 1 章由姚珺编写，第 2 章由朱桂宏、邓永江编写，第 3 章由钟志水编写，第 4 章由蒋诗泉编写，第 5 章由钱峰编写，全书由蒋诗泉统稿和定稿。

本书编者从事“信息技术与计算思维”课程教学都在 15 年以上，有自己的体会、感悟和研究。本书在编写过程中得到了有关专家的热心指导和无私帮助，重庆大学出版社为本书的出版做了大量工作，铜陵学院为编者提供了优越的写作环境，在此表示衷心的感谢！编者在写作过程中参考了大量的文献资料，在此向这些文献资料的作者深表谢意！

本书的目标是让读者感受计算思维的魅力，培养学习兴趣，提高运用计算机解决实际问题的能力。由于编者的阅读范围有限，书中还存在很多不理想的地方，也难免有欠妥和不当之处，敬请各位同行、工程师、读者多提宝贵意见。

联系邮箱：tlczzs@tlu.edu.cn。

编　者

2022 年 9 月

目　录

第 1 章

计算机及网络基础

本章主要介绍计算机以及计算机网络的基础知识。人类已进入信息社会，信息作为一种资源，与物质、能源构成了人类社会存在和发展的三大要素。计算机是信息处理的必备工具，已经广泛应用到科研、军事、经济、文化等各个领域。计算机网络正在逐渐改变人们的生活和工作方式，在信息化社会中，人们通过网络进行交流，并以此获取大量信息。因此，掌握计算机及网络的基础知识和基本技能，是当代大学生必备的科学素质。

1.1 计算机发展史

1.1.1 计算机的产生

计算机是能够存储程序，并按照程序的要求自动、高速地对大量数据进行处理的电子设备。计算机的产生源于人类对计算工具的不断研究，科学家们为计算机的发明做了大量的、艰辛的研究工作，计算机科学的奠基人阿兰·图灵(Alan Turing，英国数学家，1912—1954)建立了计算机的理论模型，发展了可计算理论，奠定了人工智能的基础。应该说，计算机的产生是人类集体智慧的结晶。

1946 年 2 月，第一台电子计算机 ENIAC(Electronic Numerical Integrator And Calculator，电子数字积分计算装置)在美国宾夕法尼亚大学诞生，它是为计算炮弹弹道轨迹等许多复杂问题而设计的。它使用了 1 500 个继电器和 18 800 个电子管，占地 170 m^2，重达 30 多 t，耗电达 150 kW/h，如图 1 - 1 所示。虽然 ENIAC 每秒钟只能完成 5 000 次加法运算，但已超过当时最快的计算工具 300 倍，它把科学家从繁重的机械计算中解放出来。全世界一直公认，ENIAC 的问世开创了人类计算工具新纪元，标志着电子计算机时代的到来，具有划时代的意义。

图 1-1　第一台计算机 ENIAC

ENIAC 有两大缺点，一是没有内存储器，二是要由人像搭积木一样，将大量运算部件搭配成各种解题布局，每算一题就要重搭一次，又费时，又费事，有的题只要计算 1 秒钟，准备工作却要花上几十分钟。1945 年 6 月，被人们誉为计算机之父的冯·诺依曼(John von Neumann，美籍匈牙利数学家，1903—1957)等人联合撰写了著名的计算机历史性文献《101 页报告》，其后又发表了关于电子计算机逻辑结构的论文，第一次提出了计算机内采用二进制数表示数据、存储程序和自动控制概念，为现代计算机的体系结构和工作原理奠定了基础，并设计了第一台存储程序计算机 EDVAC(Electronic Discrete Variable Automatic Computer，电子离散变量自动计算机)，如图 1-2 所示。EDVAC 于 1952 年 2 月投入运行，其运算速度比 ENIAC 快了数百倍。

图 1-2　第一台存储程序计算机 EDVAC

1.1.2 计算机发展史

ENIAC 诞生至今，计算机技术发展日新月异，特别是电子元件的不断更新，使得计算机的运算速度越来越快、体积越来越小、质量越来越轻、价格越来越便宜。人们通常根据计算机所采用的电子元件将计算机的发展历程分为四代。

第一代计算机(1946—1958)：以电子管为主要元件；采用电子射线管、磁鼓存储信息，内存储器容量非常小，输入输出使用纸带、穿孔卡片等，运算速度只有每秒几千次；程序设计语言主要是机器语言及汇编语言。这一代电子计算机的主要特点是体积大、造价高、可靠性差、不易操作。具有代表性的是 IBM-700 系列计算机。

第二代计算机(1958—1964)：以晶体管为主要元件；采用磁芯作内存储器，内存储器容量比第一代计算机扩大了几十倍，采用磁盘、磁带作外存储器，运算速度达到每秒几十万次。同时，计算机软件有了较大的发展，出现了 BASIC、FORTRAN、COBOL 和 ALGOL 等高级程序设计语言，应用范围扩大到数据处理和事务处理。与第一代计算机相比，第二代计算机的主要特点是体积小、成本低、速度快、功能强且可靠性大大提高。具有代表性的是 IBM-7000 系列计算机。

第三代计算机(1964—1971)：以小规模集成电路(Small Scale Integrated circuit, SSI)和中规模集成电路(Medium Scale Integrated circuit, MSI)为主要元件；集成电路工艺已达到将几十个或几百个电子元件组成的逻辑电路集成到一个很小的硅片上，运算速度可高达每秒几百万次。与第二代计算机相比，第三代计算机的主要特点是体积、质量、功耗进一步减小，运算速度、可靠性进一步提高。软件方面，操作系统、高级语言有了很大的发展，应用范围开始向多个领域拓展，并开始形成产业。这一时期的计算机同时向标准化、多样化、通用化、机种系列化发展。具有代表性的是 IBM-360 系列计算机。

第四代计算机(自 1971 年至今)：以大规模集成电路(Large Scale Integrated circuit, LSI)和超大规模集成电路(Vary Large Scale Integrated circuit, VLSI)为主要元件。随着集成电路技术的不断发展，20 世纪 70 年代初期出现了在硅片上可容纳数千个至数万个电子元件的 VLSI，它能把计算机的核心部件甚至整个计算机都做在一个硅片上。集成度很高的半导体存储器代替了磁芯存储器，磁盘的存取速度和存储容量大幅度上升，更加方便的外部设备相继出现，网络流行，多媒体崛起。软件方面，操作系统、数据库管理系统日趋完善和提高，程序设计语言进一步发展和改进，软件行业发展成为新兴的高科技产业，并进一步带动了相关产业的快速发展，计算机应用已渗透到社会的各个领域。第四代计算机的主要特点是体积、质量和功耗大幅减小，速度和功能飞速提高，而价格越来越低，计算机应用朝着微型化、社会化和家庭化的方向发展。具有代表性的是

IBM4300 系列和 IBM 9000 系列等高性能计算机。

现代计算机采用的都是冯·诺依曼体系结构。20 世纪 80 年代以来，很多国家已着手进行第五代计算机的研究和开发。第五代计算机将采用新的物理元件，以知识处理为基础，智能化程度高。通俗地讲，第五代计算机除不需要吃饭、喝水、睡觉，无感情外，和人没有任何差别，也就是人们通常所说的"机器人"。从目前的研究情况来看，在不远的将来，量子计算机、光子计算机、生物计算机可能会取代今天的电子计算机。

1.1.3 微型计算机及其发展史

微型计算机（又称微型机、微机或个人计算机）属于第四代计算机，最主要的特点就是将中央处理器（CPU）做在一块集成电路芯片上，称为微处理器。微机的发展史是以微处理器的更新换代来划分的。

第一代微型计算机（1971—1973）：4 位或低档 8 位微处理器时代。代表产品是 Intel 公司的 4004、8008 等。Intel 8008 芯片集成度为 2000 器件/片。

第二代微型计算机（1973—1978）：8 位微处理器时代。代表产品是 Intel 的 8080 及 8085、Motorola 的 M6800，Zilog 的 Z80 等。Intel 8080 芯片集成度为 5400 器件/片，速度较 Intel 4004 快 20 倍。

第三代微型计算机（1978—1981）：16 位微处理器时代。代表产品是 Intel 公司的 8086、Motorola 的 M68000、Zilog 的 Z8000 等。M68000 芯片集成度为 68000 器件/片，支持 80x86 指令集。

第四代微型计算机（始于 1981 年）：32 位与 64 位微处理器时代。代表产品是 Intel 公司的 80x86 系列及 Pentium 系列、AMD 的 K6、Cyrix 的 6x86 等。其中，Intel 80386 芯片集成度为 275000 器件/片。

自 1981 年 IBM 公司用 Intel 8088 芯片首次推出准 16 位个人计算机（Personal Computer，PC）起，微型计算机就出现了飞速发展的竞争格局。1993 年开始，市场上相继推出了 32 位和 64 位的 Intel Pentium 系列及 Celeron、AMD 的 Athlon64 微处理器，微型计算机飞速发展。

微型计算机不仅体积小、质量轻、功耗低、价格便宜、方便易用，而且功能强、速度快、可靠性高，应用范围广。这些特点使微型计算机迅速得到普及，也使微型计算机技术渗透到社会和生活的各个方面。

1.1.4 计算机发展趋势

人类对科学技术的追求是永无止境的，未来的计算机将是半导体技术、超导技术、光学技术、微电子技术和电子仿生技术相互结合的产物。从体积和速度上看，它将向着巨型化、微型化和高速方向发展。从应用上看，它将向着系统化、网络化、智能化、多媒体方向发展。作为微型计算机，将会不断朝着高速、超小型、网络化、多媒体、人性化方向发展。

1）量子计算机

量子计算机(Quantum Computer)是一种全新的基于量子理论的计算机，遵循量子力学规律进行高速数学和逻辑运算、存储及处理量子信息。当某个设备处理和计算的是量子信息，运行的是量子算法时，它就是一台量子计算机。量子计算机的概念源于对可逆计算机的研究。研究可逆计算机的目的是解决计算机中的能耗问题。量子计算机主要有运行速度较快、处置信息能力较强、应用范围较广等特点。量子计算机应用的是量子比特，可以同时处在多个状态，而不像传统计算机那样只能处于 0 或 1 的二进制状态。加拿大量子计算机公司 D-Wave 在 2007 年推出了全球首台量子计算机“Orion(猎户座)”，它利用了量子退火效应来实现量子计算。该公司此后在 2011 年发布了全球第一款具有 128 个量子位的商用型量子计算机“D-Wave One”，如图 1 - 3 所示。

图 1 - 3　全球第一款商用量子计算机“D-Wave One”

2）神经网络计算机

人脑约有 140 亿个神经元及 10 亿多个神经键，人脑总体运行速度相当于每秒 1 000 万亿次的计算机功能。神经网络计算机又称第六代计算机，具有模仿人的大脑判断能力、适应能力和能够并行处理多种数据的功能。用许多微处理机模仿人脑的神经元结构，采用大量的并行分布式网络就构成了神经网络计算机。若把每一步运算分配给每台微处理器，它们同时运算，其信息处理速度和智能会大大提高。神经网络计算机的信息不是存在存储器中，而是存储在神经元之间的联络网中。若有节点断裂，计算机仍有重建数据的能力，此外，它还具有联想记忆、视觉和声音识别能力。神经网络计算机能识别文字、符号、图形、语言以及声呐和雷达收到的信号，对市场进行估计，分析新产品，进行医学诊断，控制智能机器人，实现汽车自动驾驶和飞行器的自动驾驶，发现、识别军事目标，进行智能决策和智能指挥等，将广泛应用于各领域。

3）生物计算机

生物计算机也称仿生计算机，主要原材料是生物工程技术产生的蛋白质分子，并以此为生物芯片来替代半导体硅片，利用有机化合物存储数据。信息以波的形式传播，当波沿着蛋白质分子链传播时，会引起蛋白质分子链中单键、双键结构顺序的变化。生物计算机的运算速度要比当今最新一代计算机快 10 万倍，它具有很强的抗电磁干扰能力，并能彻底消除电路间的干扰。能量消耗仅相当于普通计算机的十亿分之一，且具有巨大的存储能力。生物计算机具有生物体的一些特点，如能发挥生物本身的调节机能，自动修复芯片上发生的故障。生物计算机具有生物活性，能够和人体的组织有机结合起来，尤其是能够与大脑和神经系统相连。

4）光计算机

光计算机是用光子代替半导体芯片中的电子，以光互连来代替导线制成的数字计算机。与电的特性相比，光具有各种无法比拟的优点。光计算机是“光”导计算机，光在光介质中以许多个波长不同或波长相同而振动方向不同的光波传输。光计算机是“无”导线计算机，光在光介质中传输不存在寄生电阻、电容、电感问题，光器件又无接地电位差，因此光计算机的信息在传输中畸变或失真小，可在同一条狭窄的通道中传输数量大得难以置信的数据。光在传输和转换时，能量消耗却极低。光计算机的运算速度在理论上可达每秒千亿次以上，其信息处理速度比电子计算机要快数百万倍。未来，光计算机的运用也非常广泛，特别是在一些特殊领域，比如预测天气、评估气候等；还可应用在信息传输上。

1.2 数制及信息在计算机中的表示

1.2.1 数制

1）进位计数制思想

进位计数制是数的表示及运算规则。日常生活中，我们会遇到数的不同进制，如最常用的十进制、24 小时一天的二十四进制、7 天一个星期的七进制、2 根筷子一双的二进制，而计算机中存放的只能是二进制信息。为了书写、表示和转换的方便，计算机书籍上还常常使用八进制和十六进制。

进位计数制具有以下几个要素：

①基数：一种计数制所含数字符号的个数。如十进制数有 0，1，2，…，9 十个数码，它的基数就为 10。二进制数有 0，1 两个数码，它的基数就为 2。

②进位规则：按计数制的基数进位。如十进制数是逢十进一，二进制数是逢二进一。

③位权：计数制中每一固定位置所对应的单位值（基数的幂）。十进制数的位权为 10 的幂，二进制数的位权为 2 的幂。

任何进制数都可以表示成按权展开的形式，如：

十进制数 $(366.25)_{10}=3\times10^2+6\times10^1+6\times10^0+2\times10^{-1}+5\times10^{-2}$

二进制数 $(10011.1)_2=1\times2^4+0\times2^3+0\times2^2+1\times2^1+1\times2^0+1\times2^{-1}$

由此可看出，进位计数制中，同一个数码处于不同的位置，由于位权不同，所表示的值也是不同的。表 1－1 是四种进位计数制的特点，表 1－2 是四种进位计数制的对应关系。

表 1－1　四种进位计数制的特点

有关要素	进位制			
	十进制	二进制	八进制	十六进制
基数(R)	10	2	8	16
数码	0，1，…，9	0，1	0，1，…，7	0，1，…，9，A，B，…，F
进位规则	逢十进一	逢二进一	逢八进一	逢十六进一
位权	10 的幂	2 的幂	8 的幂	16 的幂
书写表示	$(N)_{10}$ 或 $(N)_D$	$(N)_2$ 或 $(N)_B$	$(N)_8$ 或 $(N)_O$	$(N)_{16}$ 或 $(N)_H$

表 1－2　四种进位计数制的对应关系

十进制数	二进制数	八进制数	十六进制数	十进制数	二进制数	八进制数	十六进制数
0	000	0	0	8	1000	10	8
1	001	1	1	9	1001	11	9
2	010	2	2	10	1010	12	A
3	011	3	3	11	1011	13	B
4	100	4	4	12	1100	14	C
5	101	5	5	13	1101	15	D
6	110	6	6	14	1110	16	E
7	111	7	7	15	1111	17	F

2) 不同进制数间的转换

(1)二进制数、八进制数和十六进制数转换成十进制数

转换规则:按权展开,相加之和。

例 1-1 将二进制数 101101.1101 转换成十进制数。

$$(101101.1101)_2=1\times2^5+0\times2^4+1\times2^3+1\times2^2+0\times2^1+1\times2^0+1\times2^{-1}+1\times2^{-2}+0\times2^{-3}+1\times2^{-4}$$
$$=32+0+8+4+0+1+0.5+0.25+0+0.0625$$
$$=(45.8125)_{10}$$

例 1-2 将八进制数 4375.2 转换成十进制数。

$$(4375.2)_8=4\times8^3+3\times8^2+7\times8^1+5\times8^0+2\times8^{-1}$$
$$=2048+192+56+5+0.25$$
$$=(2301.25)_{10}$$

例 1-3 将十六进制数 1AD5.C 转换成十进制数。

$$(1AD5.C)_{16}=1\times16^3+10\times16^2+13\times16^1+5\times16^0+12\times16^{-1}$$
$$=4096+2560+208+5+0.75$$
$$=(6869.75)_{10}$$

(2)十进制数转换成二进制数、八进制数、十六进制数

十进制数转换成其他进制数时,因为整数部分和小数部分转换规则不一样,所以整数部分和小数部分要分开进行转换。

整数部分转换规则:除以基数取余数,且余数按从下到上的顺序排列;

小数部分转换规则:乘以基数取整数,且整数按从上到下的顺序排列。

例 1-4 将十进制数 60.25 转换成二进制数。

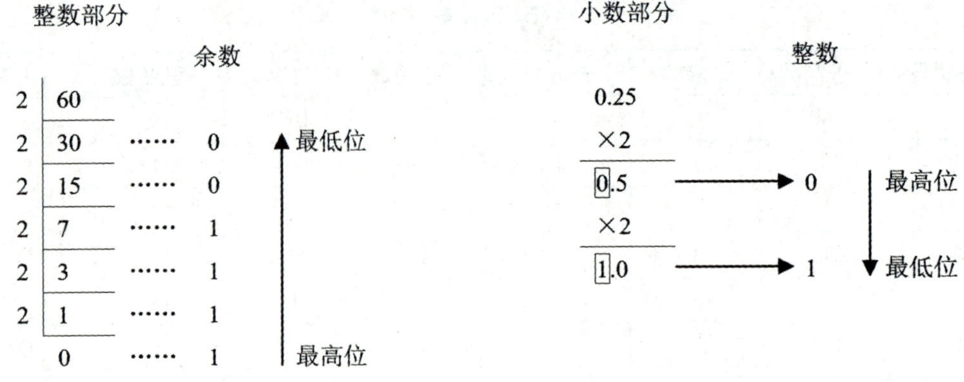

转换结果为$(60.25)_{10}=(111100.01)_2$

例 1-5 将十进制数 139 分别转换成八进制数、十六进制数。

转换结果为$(139)_{10}=(213)_8=(8B)_{16}$

(3)二进制数、八进制数、十六进制数之间的相互转换

①二进制数与八进制数相互转换。

二进制数转换成八进制数的转换规则:从小数点开始分别向左右两边将二进制数的整数部分和小数部分每三位分为一组;最后一组不足三位时,整数部分在左边补零,小数部分在右边补零;再将每组三位二进制数转换成八进制数即可。

八进制数转换成二进制数的转换规则:将八进制数的每位数码转换成三位二进制数。不足三位时,整数部分和小数部分均在左边补零。

例 1-6　将二进制数 10111001101001.1 转换成八进制数;将八制数 7125.3 转换成二进制数。

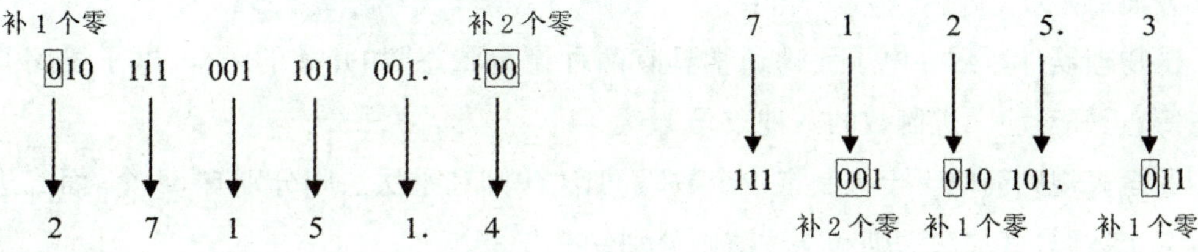

转换结果为$(10111001101001.1)_2=(27151.4)_8$　$(7125.3)_8=(111001010101.011)_2$

②二进制数与十六进制数相互转换。

二进制数转换成十六进制数的转换规则:从小数点开始分别向左右两边将二进制数的整数部分和小数部分每四位分为一组:最后一组不足四位时,整数部分在左边补零,小数部分在右边补零;再将每组四位二进制数转换成十六进制数即可。

十六进制数转换成二进制数的转换规则:将十六进制数的每位数码转换成四位二进制数。不足四位时,整数部分和小数部分均在左边补零。

例 1-7　将二进制数 101111101101101.01 转换成十六进制数;将十六制数 3AF.2 转换成二进制数。

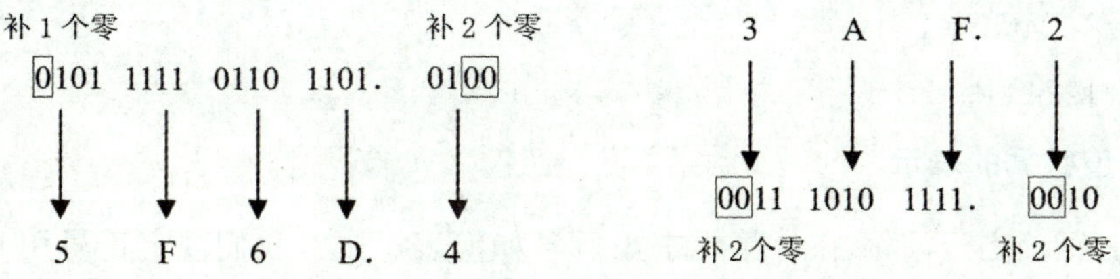

转换结果为$(101111101101101.01)_2=(5F6D.4)_{16}$　$(3AF.2)_{16}=(1110101111.0010)_2$

③ 八进制数与十六进制数的相互转换。

转换规则：先将八进制数（或十六进制数）转换成二进制数，再将二进制数转换成十六进制数（或八进制数）。

例 1-8 将八进制数 110703 转换成十六进制数；将十六进制数 91C3 转换成八进制数。

$(110703)_8=(1001000111000011)_2=(91C3)_{16}$

$(91C3)_{16}=(1001000111000011)_2=(110703)_8$

1.2.2 计算机中的信息表示

1）计算机中的数据

在计算机领域中，数据是指能被计算机接受并处理的各种符号的集合，分为数值数据与非数值数据两种。数值数据就是数学上的实数，非数值数据是指文字、标点、符号、图形、图像、声音等。无论什么数据在计算机内部都是用二进制编码来表示的，原因有以下几方面：

①物理器件所致。电子元件通常具有两种稳定状态，如开关的闭合、电子线路有电无电等，正好对应二进制数的两种数码 1、0。

②运算规则简单。十进制有十个数码，加法法则和乘法法则分别有 55 个，而二进制只有二个数码，其加法法则和乘法法则分别仅有 3 个。

③能实施逻辑运算。二进制数码 1、0 正好可以表示逻辑数据“真”与“假”。

计算机中所有数据都是以字节的形式存放的。计算机中常用的数据单位有“位”(bit)，也就是二进制中每一位上的数字 0 或 1，“位”是计算机中表示信息的最小单位。8 位二进制称为“字节”(Byte)，“字节”是计算机中存储信息的基本单位。此外，还有 kB（千字节）、MB（兆字节）、GB（吉字节）、TB（太字节）等单位。它们之间的换算关系如下：

1B=8 位

$1kB=1024B=2^{10}B$

$1MB=1024kB=2^{20}B$

$1GB=1024MB=2^{30}B$

$1TB=1024GB=2^{40}B$

$1PB=1024TB=2^{50}B$

2）数值数据的表示

实数有正负之分，那么在计算机中正负号如何表示呢？我们规定正号用 0 表示，负号用 1 表示。一个数对应的一组二进制编码的最高位为符号位，其余为数值部分。以一个数占 8 位（一个字节）为例，如图 1-4 所示。

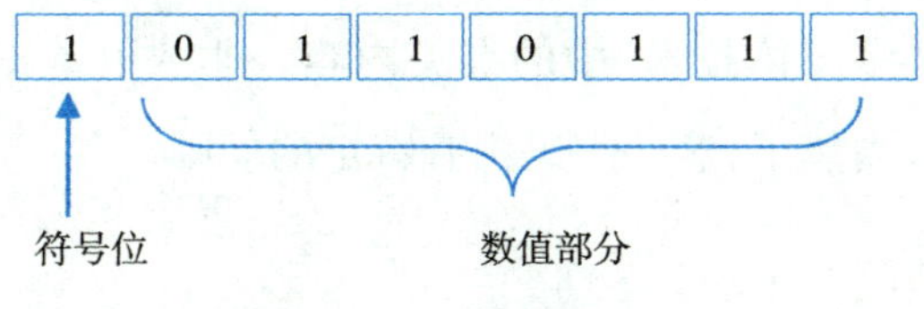

图 1-4　符号数值化示意图

符号被数值化后的实数，称为机器数。图 1-4 中表示的机器数是 10110111，所对应的实数为$(-0110111)_2$。

实数通常有小数点，那么在计算机中小数点是如何处理的呢？我们先来看一下纯小数。所谓纯小数，是指整数部分为零、小数点右边的第一个数不为零的实数。纯小数中的小数点位置是固定的，如图 1-5 所示。

符号位　数值部分

. ←小数点位置

图 1-5　纯小数的表示

任何二进制表示的实数都可以化成纯小数和 2 的幂的乘积，这种表示法称为科学记数法。如二进制数$-0.00010111=-0.10111\times2^{-3}$，其中$-3$称为阶码，$-0.10111$称为尾数。这样一来，我们只要把阶码和尾数分开表示即可，如图 1-6 所示。

阶码符号位	阶码数值部分	尾数符号位	尾数数值部分

图 1-6　一般实数的表示

计算机中，机器数的符号位和数值同时参与运算。为了减小运算实现难度，机器数的编码采用了原码、反码、补码三种表示。如+3 的机器数是 00000011，该数的原码、反码、补码即为该数的机器数本身。而－8 的机器数是 10001000，则该数的原码是 10001000，反码是 11110111（原码符号位不变，其余各位取反），补码是 11111000（反码加 1）。求两个符号相反数的和，如果用原码，和数的符号需要单独考虑，同时还需要考虑这两个数谁的绝对值大，再用绝对值大的减绝对值小的，运算过程很麻烦。如果用补码，符号位不需要单独考虑，只要把符号位看成数值参与运算即可，得出的结果当然也是和数的补码。可以看出，用补码运算比用原码运算要方便得多。

例如，用补码求 3+(−8)的和。

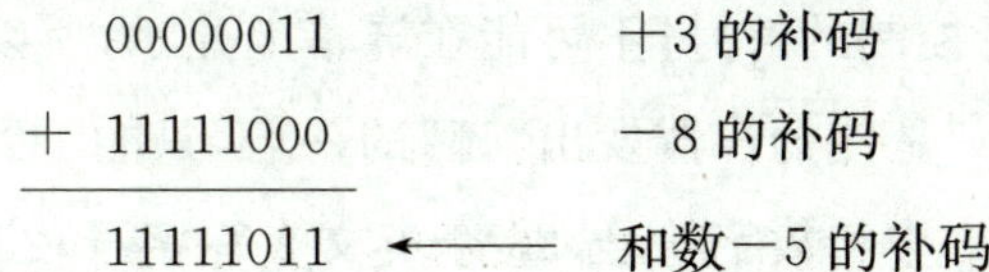

3）非数值数据的表示

这里只讨论西文字符和中文字符的编码，图形、图像、声音的编码已超出本书范围，有兴趣的读者可以自学《多媒体技术》中的有关内容。非数值数据在计算机内部的二进制代码都是人为规定的，当然了，这些编码都有特定的规则。

（1）英文字符编码

英文字符编码最常用的是美国国家信息交换标准代码（American Standard Code for Information Interchange，简称 ASCII 码），ASCII 码是由美国国家标准委员会制定的一种包括数字、字母、通用符号和控制符号在内的字符编码集。它是一种 8 位二进制编码，是目前微机中使用最普遍的字符编码集，具体编码见表 1－3。

表 1－3　标准 ASCII 码字符集

$b_3b_2b_1b_0$	$b_7b_6b_5b_4$							
	0000	0001	0010	0011	0100	0101	0110	0111
0000	NUL	DLE	SP	0	@	P	`	p
0001	SOH	DC1	!	1	A	Q	a	q
0010	STX	DC2	“	2	B	R	b	r
0011	ETX	DC3	#	3	C	S	c	s
0100	EOT	DC4	$	4	D	T	d	t
0101	ENQ	NAK	%	5	E	U	e	u
0110	ACK	SYN	&	6	F	V	f	v
0111	BEL	ETB	‘	7	G	W	g	w
1000	BS	CAN	(	8	H	X	h	x
1001	HT	EM	)	9	I	Y	i	y
1010	LF	SUB	*	:	J	Z	j	z
1011	VT	ESC	+	;	K	[	k	{
1100	FF	FS	,	<	L	\	l	|
1101	CR	GS	－	=	M	]	m	}
1110	SO	RS	.	>	N	^	n	～
1111	SI	US	/	?	O	_	o	DEL

表中只有 128 个英文字符，包括 34 个控制符号（00H～20H 和 7FH），94 个普通字符（21H～7EH）。普通字符可以在屏幕上显示出来，肉眼可以看见，所以普通字符又叫可见字符。控制符号是对系统进行控制的符号，不可能在屏幕上显示，所以控制符号又叫不可见字符，比如控制字符“BEL”是使扬声器发出“嘟”的一声，只能听到而看不见。94 个普通字符包括 32 个常用标点符号和数字符号，26 个英文大写字母，26 个英文小写字

母。数字符号、大写字母、小写字母依顺序排列，易于记忆。表中每一个字符都对应一个唯一的8位二进制编码。若要确定某符号的ASCII码，先在表中查此符号所在列最上面的高四位编码($b_7b_6b_5b_4$)，再查此符号所在行最左边的低四位编码($b_3b_2b_1b_0$)，由高到低连在一起即为该字符的ASCII码。如字母“a”的ASCII码是$(01100001)_2$，标点符号“!”的ASCII码是$(00100001)_2$，控制字符“BEL”的ASCII码是$(00000111)_2$。

(2)中文字符编码

为了方便计算机处理汉字，就需要对汉字进行编码。汉字是象形文字，种类繁杂数量多，不像西文字符少而简单，输入、处理、输出只需一种编码，而汉字处理过程却需要多种编码且还要进行一系列的编码转换。这些编码有：汉字信息交换码、汉字机内码、汉字输入码、汉字字形码及汉字地址码等。计算机处理汉字的流程如图1-7所示。

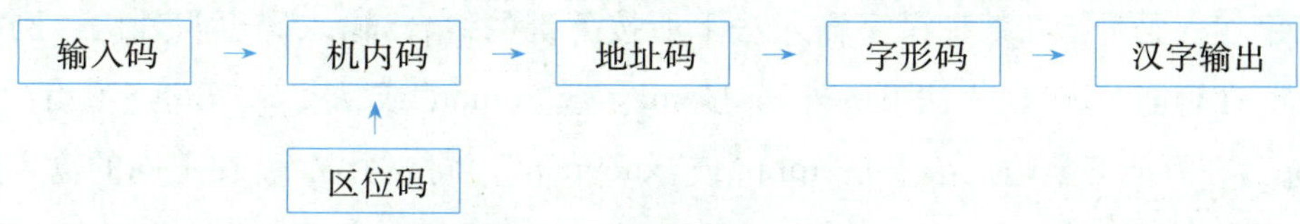

图1-7 汉字信息处理流程

①汉字区位码(国标码)。

国家标准汉字编码集GB 2312—1980中，共收集了6763个常用汉字和682个常用符号(包括英文字母、希腊字母、罗马数字、日文平假名、日文片假名、拉丁字母、俄文字母、汉语拼音字母、数字和中文标点等)。这些汉字和符号分为87区，每区有10行、10列共100位，每个位上放一个符号或一个汉字或空着，每个区里都有一些位是空的，空出这些位的目的是方便以后添加汉字或符号。每个区有个编号，分别是01、02、……、87。每个位也有个编号，位号由行号和列号组成，行号从上往下分别是0、1、……、9，列号从左往右分别是0、1、……、9。根据使用频率将汉字分为两部分，使用频率极高的3755个汉字称为一级汉字(按拼音排序，这里的拼音顺序是a、b、c、d、……)，使用频率较高的3008个汉字称为二级汉字(按新华字典上的部首排序)。常用符号位于01～15区，一级汉字位于16～55区，二级汉字位于56～87区。

经过上面的处理，每个汉字和符号的位置可用它所在的区号和位号唯一确定。一个汉字或符号的区位码是由它所在区号与位号组成的，如“啊”位于16区01位，其区位码是1601。再如“a” 位于03区65位，其区位码是0365。

汉字编码集GB 2312—1980中的英文字母和标点符号称为全角字符，而ASCII码字符集中的英文字母和标点符号称为半角字符，一个全角字符显示或打印出来时占两个半角字符的位置。

②汉字机内码。

汉字机内码是指汉字在计算机内部的二进制编码，可以将汉字的区号和位号分别加160后，转换成二进制数得到。一个汉字的机内码占2个字节，这2个字节的最高位都是1，因此在计算机内部汉字与ASCII码字符就能区分开来。

例如，汉字"啊"的机内码与区位码的关系：

区位码：	16	01
	+ 160	+ 160
	176	161

机内码：10110000　10100001（由上一行两个十进制数转换成二进制数得到）

③汉字输入码。

汉字输入码是指在某种汉字输入法下所按下键的组合，输入码也叫外码。例如"学院"一词，在智能ABC输入法下的外码是"xuey"或"xyuan"或"xy"，在五笔字型输入法下是"ipbp"，在万能五笔输入法下是"ipbp"或"xueyuan"。同一个汉字，在不同的输入法下，外码是不一样的。

目前，汉字输入码很多，主要分为音码、形码、音形码。音码是以汉语拼音为基础，只要会读就可以输入，缺点是会写不会读时无法输入，如全拼输入法。形码以汉字形状为基础，只要会写就可以输入，缺点是会读不会写时无法输入，如五笔字型输入法。音形码则兼顾上面两种方法的优点，发音不准只记得偏旁部首就可以输入，如智能ABC输入法。不论采用何种输入码，在计算机内部都必须转换为机内码进行存储和处理，这个工作由汉字代码转换程序按照事先编制好的输入码对照表完成转换。

为使汉字输入方法能达到一个更快、更方便的层次，目前已经出现写字板手写输入、麦克风语音输入及扫描输入。

④汉字字形码。

汉字字形码是存储在字库中一种用点阵或轮廓（也叫矢量方式）表示字形的代码，主要用于汉字的输出。字库是以文件的形式存储在磁盘上，字库中的汉字字形码与机内码一一对应。汉字输出时，由内码查到对应的字形代码，然后显示或打印输出。

点阵字形就是把汉字排成黑白点阵来描述汉字。通常用二进制数"1"表示汉字笔画的黑点，用二进制数"0"表示没有笔画处的白点。常用的点阵有简易型16×16、普通型24×24、提高型32×32或更高。点阵规模越大，字形质量越高，存储容量越大。一个16×16点阵的汉字字形要占16×16位/(8位)＝32个字节，24×24点阵要占24×24位/(8位)＝72个字节，32×32点阵要占128个字节。

轮廓字形是采用数学计算的方式来描述汉字的轮廓曲线，字形精度高，可产生高质量的汉字输出。图 1－8、图 1－9 分别是点阵字形与矢量字形示意图。

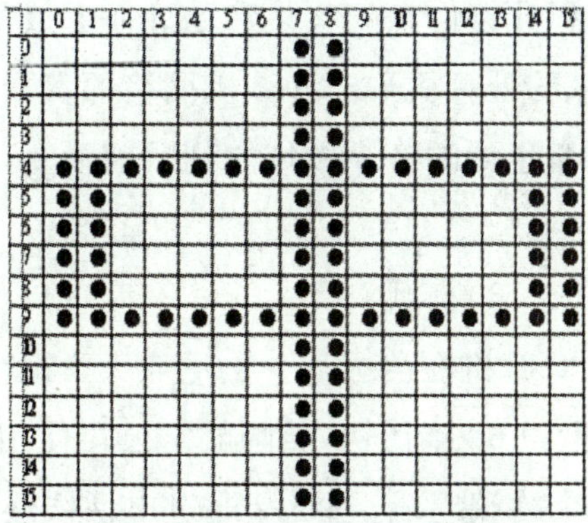

图 1－8 点阵字形

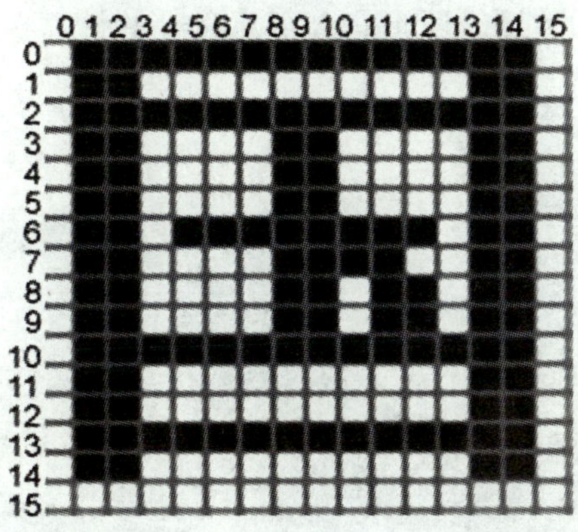

图 1－9 矢量字形

⑤汉字地址码。

每个汉字在字库中的逻辑地址称为地址码。汉字字形码在字库中按一定的顺序排列。输出汉字时，根据汉字机内码与地址码的对应关系算出地址码，再通过地址码在字库中取出相应字形码，最后在输出设备上形成可见的汉字。

1.3 计算机网络基础

1.3.1 计算机网络概述

1）计算机网络的发展

1969 年 12 月，因特网（Internet）前身阿帕网（ARPANET）开始投入运行，真正意义上的计算机网络也由此诞生。计算机网络的发展经历了一个从简单到复杂、从低级到高级的演变过程，从为解决远程计算信息的收集和处理而形成的联机系统开始，发展到以资源共享为目的而互联起来的计算机群。计算机网络的发展又促进了计算机技术和通信技术的发展，使之渗透社会生活的各个领域。到目前为止，其发展过程大体可分为四个阶段。

(1)诞生阶段(20 世纪 50—60 年代)

1946 年，世界上第一台计算机在美国宾夕法尼亚大学诞生时，计算机技术与通信技术并没有直接的联系。20 世纪 60 年代初，美国航空公司使用的由一台中心计算机和分布在全美范围内的 2000 多个终端组成、各终端通过电话线连接到中心计算机的飞机订票系统 SABRE 就是这种远程联机系统的一个代表，如图 1－10 所示。严格地讲，此时的联机系统只是计算机网络的雏形，还不是真正意义上的计算机网络。

图 1－10　飞机订票系统(SABRE)的终端

(2)形成阶段(20 世纪 60—70 年代)

20 世纪 60 年代末期，美国国防部高级研究计划署(Advanced Research Projects Agency，ARPA)提供经费给美国许多大学和公司，以促进多台主计算机互联的网络研究，最终导致一个实验性的 4 节点网络开始运行并投入使用。ARPANET 后来扩展到连接数百台计算机，地理范围跨越半个地球。目前有关计算机网络的许多知识都和 ARPANET 的研究有关。ARPANET 中提出的一些概念和术语至今仍被引用。此时的计算机网络从逻辑上可划分为资源子网和通信子网，如图 1－11 所示。资源子网由网络中的所有主机、终端、终端控制器、外设(如网络打印机、磁盘阵列等)以及各种软件资源组成，负责全网的数据处理和向网络用户(工作站或终端)提供网络资源、服务。通信子网由各种通信设备和线路组成，承担资源子网的数据传输、转接、变换等通信处理工作。此阶段真正实现了多主机通信的计算机网络，并有效地提升了计算机之间的传输与数据处理能力，实现了多台计算机间的数据共享与互联。

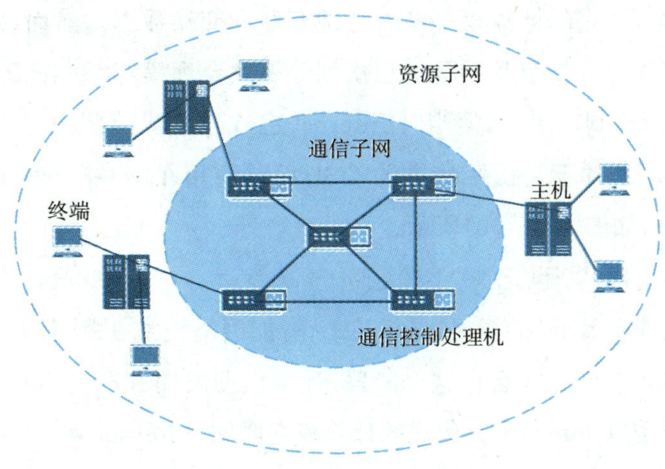

图 1-11　资源子网和通信子网

(3)互联互通阶段(20 世纪 70—80 年代)

为了使不同体系结构的计算机网络都能互联,国际标准化组织(ISO)于 1977 年提出了一个试图使各种计算机在世界范围内互联成网的标准框架,即著名的开放系统互连参考模型(OSI/RM,Open System Interconnection/Reference Model),简称为 OSI。"开放"是指:只要遵循 OSI 标准,一个系统就可以和位于世界上任何地方的、也遵循着同一标准的其他任何系统进行通信。OSI 参考模型只给出了一个原则性的说明,它并非一个真正的、具体的计算机网络。OSI 参考模型把整个计算机网络的功能划分为 7 个部分,如图 1-12(a)所示。OSI参考模型试图达到一种理想境界,即全世界的计算机网络都遵

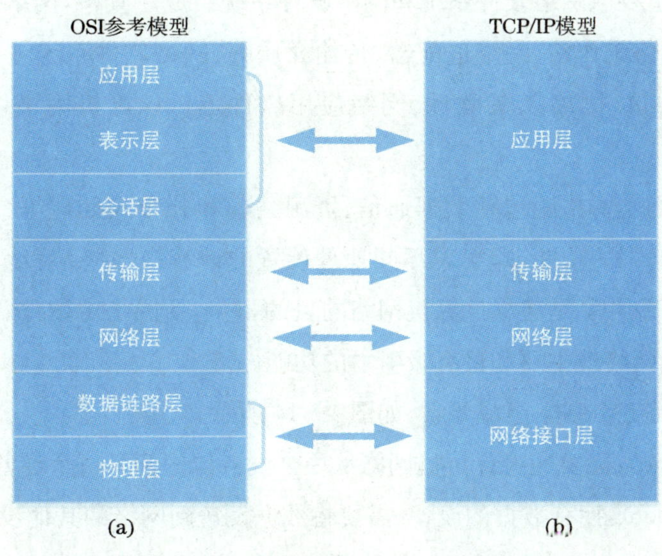

图 1-12　OSI 参考模型和 TCP/IP 模型

循这个统一的标准，所有的计算机都能方便地互联和交换数据。然而，由于 OSI 标准制定周期长、协议实现过分复杂及 OSI 的层次划分不太合理等，20 世纪 90 年代初期，虽然整套的 OSI 标准都已制定出来，但当时 Internet 已在全世界范围内形成规模，网络体系结构得到广泛应用的并不是国际标准的 OSI，而是应用在 Internet 上的非国际标准的 TCP/IP 体系结构，如图 1-12(b)所示。

(4)高速发展阶段(20 世纪 90 年代至今)

随着“信息高速化发展”的提出，光纤技术、智能网络技术、多媒体技术等都得到了极大的发展，世界步入信息化社会。这个阶段，计算机网络向互联、高速、智能、全球化、综合化发展，发展成了以 Internet 为代表的计算机互联网，Internet 实现了全球范围内的电子邮件、WWW、文件传输等数据服务的普及。计算机网络的发展与应用渗透人们生活的各个方面，进入了一个多层次的发展阶段。

2）计算机网络的定义、组成与功能

目前，一些较为权威的看法认为：所谓计算机网络，就是指独立自治、相互连接的计算机集合。自治是指每台计算机的功能是完整的，可以独立工作，其中任何一台计算机都不能干预其他计算机的工作，任何两台计算机之间没有主从关系。相互连接是指计算机之间在物理上是互联的，在逻辑上能够彼此交换信息(这涉及通信协议)。确切地讲，计算机网络就是用通信线路将分布在不同地理位置上的具有独立工作能力的计算机连接起来，并配置相应的网络软件，以实现计算机之间的数据通信和资源共享。

计算机网络主要由网络硬件系统和网络软件系统组成。其中，网络硬件系统主要包括网络服务器、网络工作站、网络适配器、传输介质等；网络软件系统主要包括网络操作系统、网络通信协议、网络工具软件、网络应用软件等。计算机网络组成示意图如图 1-13 所示。

计算机网络的主要功能包括数据通信、资源共享和分布式处理等。其中，数据通信是计算机网络最基本的功能，即实现不同地理位置的计算机与终端、计算机与计算机之间的数据传输；资源共享是建立计算机网络的目的，它包括网络中软件、硬件和数据资源的共享，是计算机网络最主要和最有吸引力的功能。

计算机网络有五个基本组成要素，如图 1-14 所示。

报文(Message)：需要通过计算机网络从一个设备传输到另一个设备的数据或信息。

发送端(Sender)：拥有数据的设备，需要将数据发送到网络的其他设备。

接收端(Receiver)：期望从网络上其他设备获取数据的设备。

传输介质(Transmission media)：为了将数据从一个设备传输到另一个设备所需要

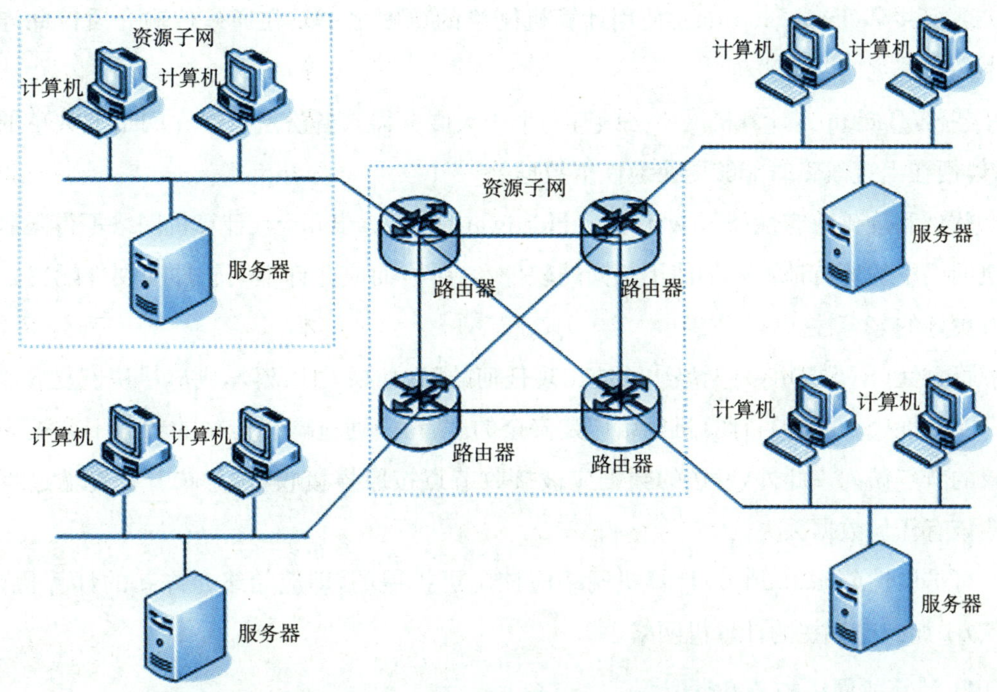

图 1-13　计算机网络组成示意图

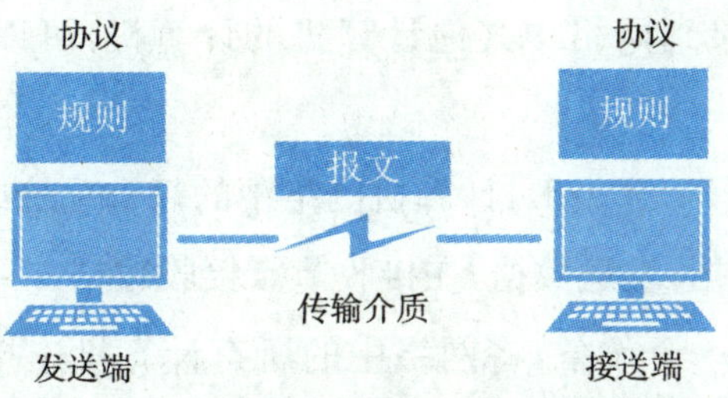

图 1-14　计算机网络的五个基本组成要素

的传输媒体，例如双绞线、电缆、无线电波等。

协议(Protocol)：发送端和接收端都同意的一组规则。没有协议，两个设备可以互相连接，但它们不能通信。为了在两个不同的设备之间建立可靠的通信或数据共享，我们需要一组称为协议的规则。例如，http 和 https 是 web 浏览器用于获取和向 Internet 发送数据的两种协议，类似地，smtp 协议用于连接到 Internet 的电子邮件服务。

3) 计算机网络的特征

用于衡量计算机网络优劣的特征有：

性能(Performance)：网络的性能通常需要根据响应时间来衡量。从一个节点向另一个节点发送和接收数据的响应时间越短则网络性能越佳。

数据共享(Data Sharing):使用计算机网络的原因之一是在通过传输介质彼此连接的不同系统之间共享数据。

备份(Backup):计算机网络必须有一个中央服务器来备份所有要在网络上共享的数据,以便在出现故障时能够更快地恢复数据。

软件和硬件兼容性(Software and Hardware Compatibility):计算机网络不得限制计算机网络中的所有计算机都使用相同的软件和硬件,而应允许不同软件和硬件配置之间具有更好的兼容性。

可靠性(Reliability):网络中不应出现任何故障,如果发生故障,则应尽快恢复故障。

安全性(Security):计算机网络应是安全的。首先,通过网络传输的数据不会被未经授权的节点访问。此外,发送的数据应被接收节点按原样接收,这意味着在传输过程中不应该有任何数据丢失。

可扩展性(Scalability):计算机网络应该是可扩展的,即应始终允许新的计算机(或节点)添加到已存在的计算机网络中。

4) 计算机网络的节点类型

服务器(Server):运行操作系统的计算机,它持有可以通过计算机网络共享的数据。

客户端(Client):连接到网络中其他计算机的计算机,可以接收其他计算机发送的数据。

网卡(Network Interface Card):计算机网络中的每个系统或计算机都必须有一个网卡,主要作用是格式化数据,发送数据,在接收节点接收数据。

集线器(Hub):作为一个设备,将网络中的所有计算机连接到彼此。来自客户端计算机的任何请求首先由集线器接收,然后集线器通过网络传输此请求,以便正确的服务器接收并响应它。

交换机(Switch):类似于集线器,但它不是广播传入的数据请求,而是使用传入请求中的物理设备地址将请求传输到正确的服务器。

路由器(Router):连接多个计算机网络。例如,假设一家公司在一个局域网上运行100台计算机,而另一家公司在另一个局域网中运行150台计算机,这两个局域网都可以通过路由器彼此连接。

5) 计算机网络的拓扑结构

计算机网络拓扑结构主要是计算机、路由器、打印机、交换机等设备跟链路如光纤、线路等构成的物理结构模式,即节点跟链路的组合。计算机网络拓扑结构根据其连线和节点的连接方式可分为以下几种类型:

(1)网状型拓扑结构

在计算机网络拓扑结构中,网状型拓扑结构是最复杂的网络形式,它是指网络中任何一个节点都会连接着两条或者两条以上的线路,从而保持跟两个或者更多的节点相连。网状型拓扑结构各个节点跟许多条线路连接着,其可靠性和稳定性都比较强,比较适用于广域网。同时由于其结构和联网比较复杂,构建此网络所花费的成本也是比较大的。网状型拓扑结构如图 1－15 所示。

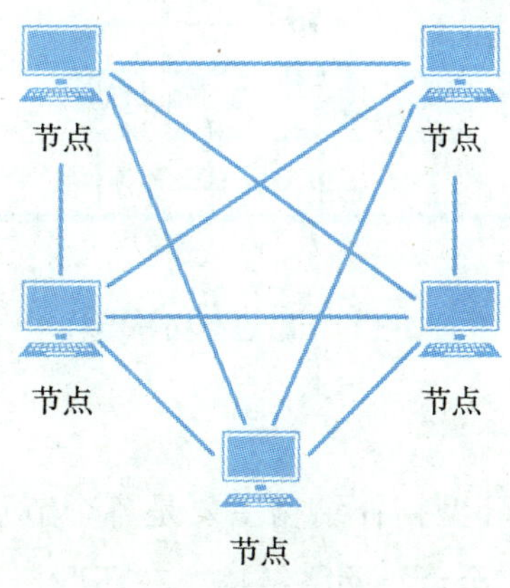

图 1－15　网状型拓扑结构

(2)星型拓扑结构

在计算机网络拓扑结构中,星型拓扑结构主要是指一个中央节点周围连接着许多节点而组成的网络结构,其中中央节点上必须安装一个集线器。在星型拓扑结构中,所有的网络信息都是通过中央集线器(节点)进行通信的,周围的节点将信息传输给中央集线器,中央节点将所接收的信息进行处理加工后传输给其他节点。星型拓扑结构的主要特点在于建网简单、结构易构、便于管理等。而它的缺点主要表现为中央节点负担繁重,不利于提高线路的利用效率。星型拓扑结构如图 1－16 所示。

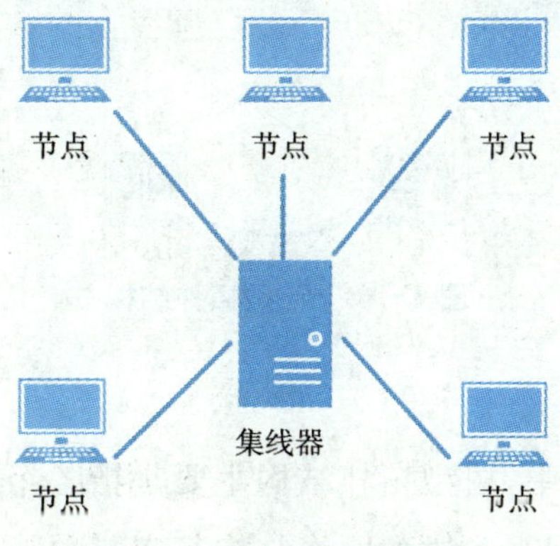

图 1－16　星型拓扑结构

(3)总线型拓扑结构

计算机网络拓扑结构中,总线型拓扑结构就是一根主干线连接多个节点而形成的网络结构。在总线型网络结构中,网络信息都是通过主干线传输到各个节点的。总线型拓扑结构的特点主要在于简单灵活、构建方便、性能优良。其主要缺点在于主干线将对整个网络起决定作用,主干线的故障将引起整个网络瘫痪。总线型拓扑结构如图 1-17 所示。

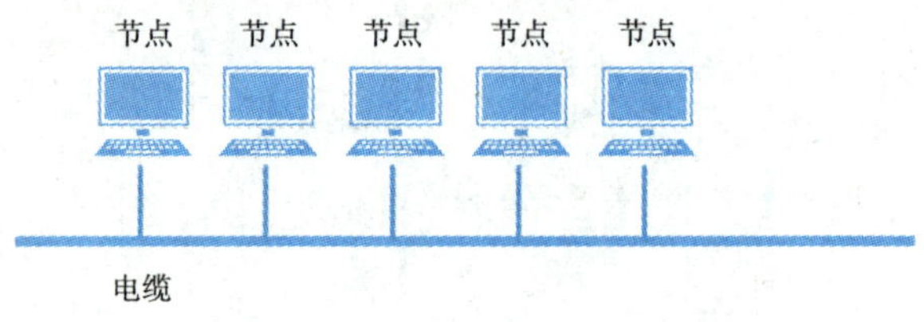

图 1-17　总线型拓扑结构

(4)环型拓扑结构

计算机网络拓扑结构中,环型拓扑结构主要是各个节点之间进行首尾连接,一个节点连接着一个节点而形成的一个环路网络结构。在环型拓扑结构中,网络信息的传输都是沿着一个方向进行的,是单向的,并且在每一个节点中都需要装设一个中继器,用来收发信息和对信息进行扩大读取。环型拓扑结构的主要特点在于建网简单、结构易构、便于管理。而它的缺点主要表现为节点过多,传输效率不高,不便于扩充。环型拓扑结构如图 1-18 所示。

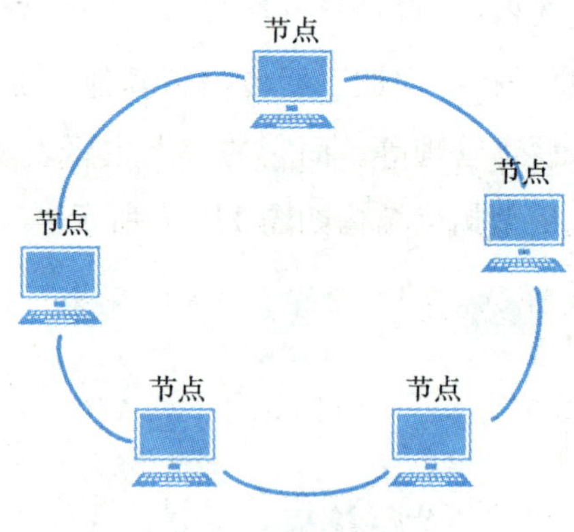

图 1-18　环型拓扑结构

(5)树型拓扑结构

在计算机网络拓扑结构中,树型拓扑结构主要是指各个主机进行分层连接,处在越高位置的节点,其可靠性就越强。树型网络结构其实是总线型网络结构的复杂化,如果总线型网络结构通过许多层集线器进行主机连接,就形成了树型网络结构。在互联网中，树型拓扑结构中的不同层次的计算机或者是节点，它们的地位是不一样的，树根部位（最高层）是主干网，相当于广域网的某节点，中间节点所表示的应该是大局域网或者城域网，叶节点所对应的就是小局域网。树型拓扑结构中，所有节点中的两个节点之间都不会产生回路，所有的通路都能进行双向传输。其优点是成本较低、便于推广、灵活方便，比较适合分等级的主次性较强的层次型网络。树型拓扑结构如图 1-19 所示。

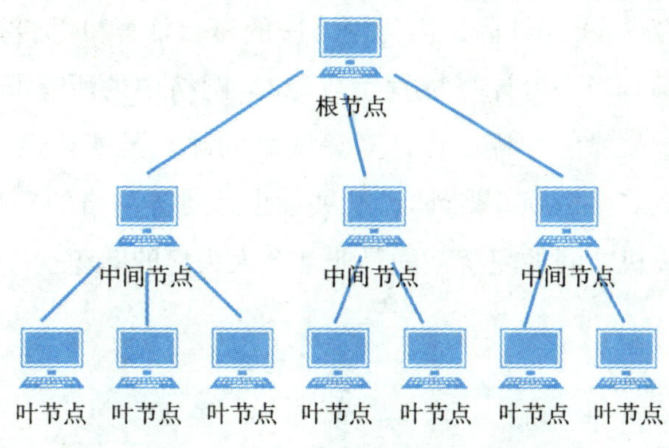

图 1-19　树型拓扑结构

6）计算机网络的分类

计算机网络类型繁多，有不同的分类方法，常见的分类方法有如下几种。

网络覆盖的地理范围是网络分类的一个非常重要的度量参数，因为不同规模的网络将采用不同的技术。按网络覆盖范围的大小，我们将计算机网络分为局域网（LAN）、城域网（MAN）和广域网（WAN）。

（1）局域网

局域网（Local Area Network，LAN）是指在几十米到十几千米的较小范围（如办公楼群或校园）内的计算机相互连接所构成的计算机网络。计算机局域网被广泛应用于连接校园、工厂以及机关的个人计算机或工作站，以利于个人计算机或工作站之间共享资源（如打印机）和数据通信。

（2）城域网

城域网（Metropolitan Area Network，MAN）顾名思义就是不同城市之间的网络连接，同一城市的计算机采用局域网相连，然后通过城域网和其他城市相连，这样便可以实现城与城之间的信息交互。

（3）广域网

广域网（Wide Area Network，WAN）也就是我们所说的因特网（Internet），覆盖范围为一个城市、一个国家或者全世界，其连接通常借用公用电信网络。

按照网络的工作模式，计算机网络分为对等(Peer To Peer，P2P)网络和客户-服务器(Client-Server)网络。

(1)对等网络

在对等网络中，网络中的每台计算机与其他计算机互联并拥有相同的资源，由于没有服务器，所有计算机还需充当存储网络数据的服务器，如图1-20所示。对等网络的优势是成本较低、安装容易、可靠性高。因为网络中的每台计算机都自行管理，没有必须进行备份的服务器。因此，当一台计算机发生故障时，网络中的所有其他计算机都不会受到影响，它们将继续像故障前一样工作。对等网络的缺点是安全性低，每台计算机都要备份，且都要单独采取安全措施。另外，可扩展性也是对等网络的一个问题，因为在非常大的网络中，实现计算机之间的完全互联是非常令人头疼的问题。

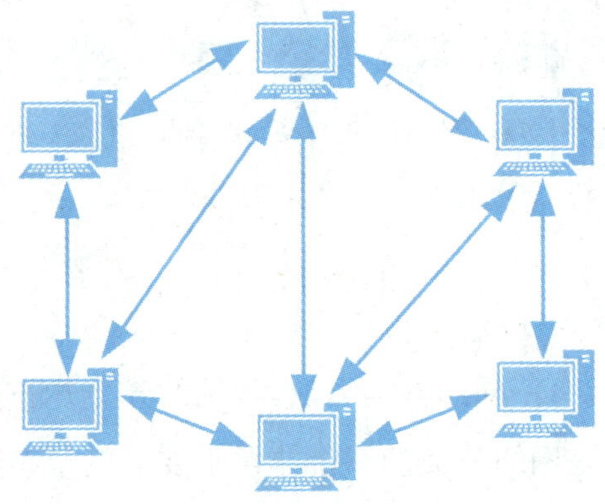

图1-20 对等网络示意图

(2)客户-服务器网络

在客户-服务器网络中，所有的共享数据都存储在服务器中，客户机通过向服务器发出请求来获取数据，服务器为来自客户机的所有请求提供服务，如图1-21所示。这种网络中所有的通信都是通过服务器进行的，例如，如果一台客户机想要与其他客户机共享数据，那么它必须先将数据发送到服务器，然后服务器才会将数据发送给其他客户端。

客户-服务器网络的优势是：数据备份简单、经济实惠，无须管理每台机器的备份。由于服务器比网络中的其他计算机更强大，响应时间大大缩短，性能也更好；安全性更好，由于所有数据都通过服务器，因此未经授权的访问将被服务器计算机拒绝；此架构不存在可扩展性问题，因为服务器可以连接大量的计算机。客户-服务器网络的缺点是：服务器出现故障时，整个网络就会瘫痪；服务器是该架构的主要组成部分，维护成本较高；服务器需要更多的资源来处理大量的客户端请求，并且能够容纳大量数据，因此成本很高。

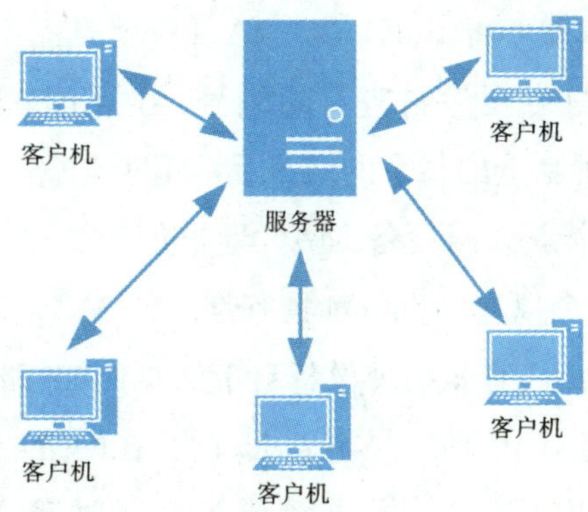

图 1－21　客户-服务器网络示意图

1.3.2　计算机网络中的地址

1) IP 地址

IP 地址是计算设备(如个人计算机、平板电脑和智能手机)用来标识自身并与 IP 网络中的其他设备通信的唯一地址。任何连接到 IP 网络的设备必须在网络中具有唯一的 IP 地址。IP 地址类似于街道地址或电话号码,因为它用于唯一地标识一个实体。

IP 地址可以手动配置(静态 IP 地址),也可以由 DHCP 服务器配置。IP 地址包含 4 个字节的数据。一个字节由 8 位组成(一位是一个数字,它只能是 1 或 0),因此每个 IP 地址总共有 32 位。这是二进制格式的 IP 地址示例:10101100. 00010000. 11111110. 00000001。为简化起见,通常使用十进制表示法来制作 IP 地址,如图 1－22 所示:172. 16. 254. 1。

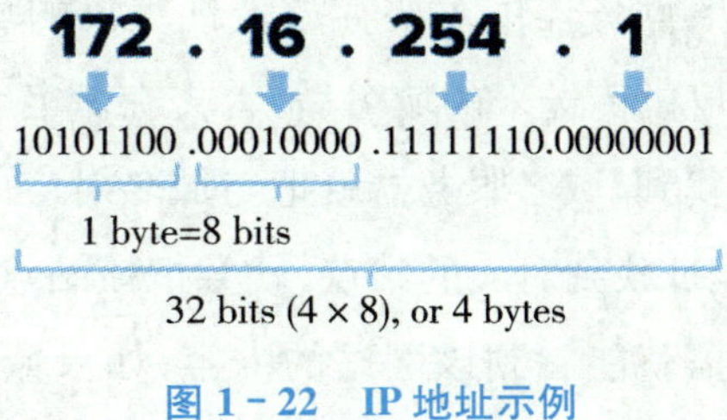

图 1－22　IP 地址示例

2) 物理地址

物理地址是每个可以连接到网络的设备的唯一地址,用来定义网络设备的位置,又称媒体访问控制(Media Access Control,MAC)地址,简称 MAC 地址。

MAC 地址共 48 位,前 24 位是由生产厂家向 IEEE(电气与电子工程师协会)申请的厂商地址,后 24 位由生产厂家自行拟定。MAC 地址通常表示为 12 个 16 进制数,每 2 个

16 进制数之间用冒号隔开，如 00:15:E4:2D:1A:D6 就是一个 MAC 地址，其中前 6 位 16 进制数 00:15:E4 代表网络硬件制造商的编号，由 IEEE 分配，而后 3 位 16 进制数 2D:1A:D6 代表该制造商所制造的某个网络产品(如网卡、路由器等)编号。每个网络制造商必须确保所制造的每个以太网设备 MAC 地址的前三个字节相同而后三个字节不同，这样就可保证世界上每个以太网设备都具有唯一的 MAC 地址。

用户不需配置 MAC 地址，它是物理设备自带的。例如，路由器的每个端口都会有一个自己的 MAC 地址；此外，MAC 地址是不可更改的，在网络产品被生产时由厂家烧录到设备的 ROM 只读存储器中。例如，每块网卡在出厂时其 MAC 地址被固化在网卡 EPROM 中。任何两个网卡，不管它们是哪一个厂家的产品，其 MAC 地址都不相同。这个地址与网络无关，无论接入网络的任何位置，它的 MAC 地址都不变，用户无法自行设定。

3）域名地址

每一台主机都对应一个 IP 地址，每一个 IP 地址由一连串的数字组成。IP 地址是在网络上分配给每台计算机或网络设备在 Internet 上唯一的 32 位数字标识，但是它不容易记忆。为了方便用户记忆网站的 IP 地址，授权机构就又给计算机取了一个名字，这个名字就叫做域名。域名是 Internet 上用来寻找网站所用的名字，域名与 IP 地址是一一对应的，计算机的域名地址和用数字表示的 IP 地址实质上是一样的。域名一般可以用英文字母、专用字符和阿拉伯数字组成，最长可达 67 个字符，字母的大小写没有区别，每个层次不能超过 22 个字母。

用户在上网时，把域名输入浏览器地址栏回车后，浏览器就会把这个域名送到域名服务器(DNS 服务器)。DNS 服务器中主要存放着计算机的域名和 IP 地址相对应的数据表。DNS 服务器收到用户机传送来的域名后，首先在域名和 IP 地址相对应的数据表中查找对应数据项，如果查找到，域名服务器就把与域名对应的 IP 地址返回给相应的通信软件；通信软件通过 IP 地址找到对应的站点，就会把该站点的内容按照因特网传到用户的计算机，用户通过浏览器就能看到该网站的内容；如果域名服务器没有找到与该域名对应的 IP 地址，即找不到用户所要访问的网站对应的 IP 地址，浏览器会通知用户不能打开该网页，当然也就无法访问该网站的内容。

1.4　计算机网络安全

1.4.1　网络安全概述

计算机网络安全是一个较为宽泛的概念，没有明确的定义，根据用户的需求不同，对网络安全的认识和病毒防控程度也不相同。从广义讲，计算机安全主要是利用相应的管理办法和技术手段，最大限度地保证计算机网络运行中的软硬件以及数据资料不会遭到恶意破坏、篡改和泄露，确保计算机网络能够安全稳定地为人们提供服务，所以计算机网络安全主要应该实现信息的保密性、完整性、可用性以及运行环境的安全性。其具体包含了网络物理层面的安全性和逻辑层面的安全性。前者主要指对各种网络设备和装置进行物理保护，以防止其被损坏等；后者主要包含了网络环境的安全、完整和保密性等。现阶段，计算机网络安全主要面临计算机病毒、网络黑客、盗用 IP、垃圾邮件等方面的安全威胁。

计算机网络主要由人来研发、控制和维护，因此，人员的因素是造成其安全隐患的最大威胁；主要表现在以下方面：

①无意性威胁。其主要是指由于人为操作失误或安全口令设置不严谨、保管不当等而在无预谋的情况下破坏网络系统安全。

②被动攻击。其主要是指攻击者依靠网络监听或截取破译等技术手段进行信息流量分析攻击。这种方式对信息传输影响不大，但其破坏了数据的保密性，造成了信息泄露，从而引发了各种不可控的计算机网络安全事故。

③主动攻击。其主要是指攻击者利用计算机网络安全漏洞非法对传输和存储的数据进行修改、删除、延迟，传播病毒以及通过大数据风暴冲击服务器等破坏性行为。相对而言，主动攻击破坏力更大，对计算机网络安全的影响是不言而喻的。

1.4.2　常见的网络威胁

常见的网络威胁有恶意软件、软件漏洞和网络黑客。

1）恶意软件

恶意软件（Malware）是对非用户期望运行的、怀有恶意目的或完成恶意功能的软件的统称。恶意软件种类繁多，如木马、病毒、蠕虫、DDoS、劫持、僵尸、后门/陷门、恶意编译、间谍软件、广告软件、勒索软件、跟踪软件等。早期恶意软件的概念主要局限于计算机病毒等，但近年来，随着网络平台的发展和网络攻击的多样化，恶意软件的概念已经超越了传统的狭义概念。特别是随着勒索软件、后门/陷门、恶意编译、APT 等新型恶意软件的出现，恶意软件更多地凸显出对期望目标的控制性、专有性、定制性、规模性和破坏性。

(1)病毒

作为最广泛传播的恶意软件，病毒是可自我复制的恶意代码，它依附或内置于可执行文件，以降低用户的警觉性，一旦执行，病毒可感染其他应用程序并进行自我复制。病毒通过邮件和硬件(USB 密钥和其他计算机外部配件)传输。病毒通常采用隐形技术设计，以避免杀毒软件检测。

(2)蠕虫

蠕虫和病毒经常被混为一谈，确实，除了蠕虫是可自我执行的文件，两者在很多方面都很像。它们不需要用户激活，可在多台计算机上进行自我执行和复制。强大的蠕虫可自我调节，甚至自我修复，Stuxnet 就是最显著的例子。

(3)木马

木马是恶意代码的盾牌，它们伪装成无害的应用程序，诱使用户从网站下载或从外部存储设备复制该应用程序。视频播放器、游戏和其他免费的互联网服务都是常见的诱饵，可诱使用户下载木马。木马的一个重要特点是：它们不可以自动执行，需要借助目标受害者才能感染其他应用程序。

(4)间谍软件、勒索软件和键盘记录器

就传播方法而言，病毒、蠕虫和木马都属于恶意软件的第一大类。恶意软件还可以按照功能进行细分。比如，键盘记录器、间谍软件和勒索软件都是通过病毒、蠕虫或木马进行传播的。键盘记录器可记录用户在计算机上输入的每条指令，包括密码、信用卡信息和任何其他敏感数据。间谍软件部署后可偷偷激活摄像头和麦克风，收集操作环境的相关信息，暗中监视用户。勒索软件的攻击目标为具有高价值数据资产的用户和公司。一旦激活，勒索软件可加密和劫持整个数据库，在获取赎金后才进行数据解密。

(5)Rootkit、RAT 和后门

Rootkit、RAT 和后门都属于复杂的恶意软件，旨在获取或绕过计算机的最高权限。一旦部署，攻击者可通过 Rootkit 获得对 Root 系统的特权访问。RAT 和后门这两种不同的恶意软件，目的是对受害者的计算机进行远程秘密访问，借此攻击者可远程、合法地监视和执行应用程序。

2）软件漏洞

软件漏洞是信息系统安全的主要威胁。计算机软件的开发与应用过程漫长而复杂，在这些软件开发的过程中，经常会出现安全漏洞，这些计算机软件安全漏洞给一些黑客提供了发挥空间。黑客为了得到经济利益制造一些能够控制或破坏计算机软件的程序，并把这些程序通过软件安全漏洞移植到其他用户的计算机中，最终导致系统被破坏或者是信息的损失与泄露。特别是近年来，一些基础软件和系统中的漏洞出现得越来越频繁，给软件生态造成了严重危害。当前的软件系统，无论是代码规模、功能组成，还是涉及的技术均越来越复杂，其带来的直接结果就是从软件的需求分析、概要设计、详细设计到具体的编码实现，均无法做到全面的安全性论证，不可避免地会在结构、功能和代码等不同层面存在可能被恶意攻击者利用的漏洞。虽然各大软件厂商在不断改进和完善软件开发质量管理，开发测试人员也做了大量工作，但软件漏洞问题仍无法彻底消除。

漏洞形成的诱因多种多样，根据诱因不同，可将常见的软件漏洞分为整数溢出漏洞、缓冲区溢出漏洞、逻辑错误漏洞等。整数溢出漏洞通常是无符号类型数与有符号类型数混用导致的，也可能是程序设计开发人员未考虑到数据运算的边界问题所致的，属于原始软件本身设计的安全结构问题。缓冲区溢出漏洞的形成源自分配空间过小与分配使用限制不严格，常出现于 scanf、strcpy、sprintf 等不安全的字符串复制函数，导致程序内部一些关键数据被覆盖，从而引发严重的安全问题，在各种操作系统、应用软件，甚至是 Web 应用程序中广泛存在。逻辑错误漏洞涉及面较广，跨站脚本、SQL 注入、多线程条件竞争漏洞等都可以归为代码执行过程中逻辑规则出错所致。

3）网络黑客

网络黑客主要利用程序的设计、系统操作以及编制语言等不同的手段，通过网络和计算机非法侵入他人计算机的系统中，并从他人的计算机中获取某些信息与资料，或是破坏计算机中的内部文件。常见的黑客攻击行为有：入侵系统，篡改网站，设置后门以便随时侵入，设置逻辑炸弹和木马，窃取和破坏资料，窃取账号，进行网络窃听，进行地址欺骗，进行拒绝服务攻击造成服务器瘫痪等。

1.4.3 常见的网络安全技术

1）防火墙技术

防火墙技术是目前网络安全技术中最为常见的一项技术。防火墙技术主要是指网络之间通过预定义的安全策略，对内外网通信强制实施访问控制的一项安全措施。防火墙技术能够对多个网络之间的传输信息按照一定的安全策略来实施检查，判断其中的安全性,从而决定网络之间的通信是否被允许,并随时监视网络中的运行状态。由于防火墙简单、实用、透明度高并且能够有效地阻止黑客与病毒对计算机的入侵,近年来防火墙的使用率已经变得越来越高。目前市场中已经有很多厂家将防火墙技术并入其硬件产品当中,这样也能够在硬件产品中采取功能更为先进的安全防范技术。但需要注意的是,防火墙只能防止外部网络危险因素的入侵,对于内部局域网中的安全维护还无法做到,并且防火墙也不是万能的,在面对一些新病毒或新危害时也难以抵御。因此用户在网吧,或是在公共区域连有内部局域网的计算机中上网时,还需要提高自身的防范意识,注意保护好自身的账号、密码,不能过于依赖防火墙。

2) 杀毒软件技术

杀毒软件是针对计算机病毒问题而出现的一种网络安全技术。在现阶段,杀毒软件已经得到了多方面的使用,杀毒软件的种类也多种多样。杀毒软件使用起来比较简单,无需用户做过多的操作,系统会自动对计算机中的各个文件进行自动检测,排查出计算机中存在的病毒,进而对病毒进行清除与隔离处理,并将病毒的资料上传到数据库中,防止计算机受到病毒的破坏或是受到病毒的二次入侵。但杀毒软件功能比较单一,主要的功能还是针对病毒软件来进行杀毒,无法完全满足一台计算机中的整个网络安全问题控制的需求,同时,杀毒软件仅适用于个人用户与小型单位,在电子商务方面的应用还有所欠缺。随着技术的不断发展,杀毒软件的各项功能也在逐步完善,目前所使用的杀毒软件不但对病毒的查杀有着非常有效的作用,对预防木马程序以及抵御黑客的入侵也有着很好的效果。

3) 数据加密技术

数据加密技术是针对计算机、计算机中的文件以及网络信息进行加密,防止数据信息被窃取或外泄,从而有效提高信息系统以及数据的安全性和保密性。数据加密技术主要表现在数据传输、数据存储、数据完整性以及加密钥匙的管理等多个方面,其不但能够防止数据因为一些不正当的操作而遭到泄露,同时还可以在数据外泄之后能够有效地保护里面的隐私资料。对于个体用户来说,数据加密技术一方面能够保护计算机中所储存的账户、密码以及个人隐私,另一方面也能够通过给计算机加密,防止他人直接使用 U 盘等工具向计算机内植入病毒以及木马程序,能够更进一步地提高计算机的网络安全性。对于企业单位来说,数据加密技术则更加重要,企业之间的竞争是非常激烈的,如果企业中的机密信息遭到了泄露,那么便会出现与竞争对手信息不对等的情况,在竞争中也必然处于劣势的地位。因此,对企业中的各项数据信息进行数据加密处理,不但能够提高企业的网络使用安全性,同时也能够防止企业中的机密信息被泄露出去。

1.4.4　网络安全的防范措施

计算机网络已经成为人们工作学习、生活娱乐的重要组成部分，人们的工作学习效率和生活质量与网络的安全性密切相关。因此，计算机网络的安全防范措施就显得尤为重要。

1）定期备份数据信息

备份或复制重要的数据，并将复制或备份保留在一个安全的地方，一旦失去原件就能使用备份。应该有规律地备份以避免由于硬件故障或者人为破坏而导致数据信息丢失。可以在外部硬盘上进行备份，也可以将数据保存在云存储中，还可以使用在线服务进行备份。

2）启用防火墙

始终启用计算机或便携式计算机的防火墙，因为它在很大程度上可以保护系统免受病毒侵害并确保数据安全。防火墙是一种信息安全的防护系统，其在日常过程中会按照某种既定的规则运行，从而控制计算机的数据传输情况，保障计算机的网络与系统的安全。在实际运行过程中，防火墙会对输入计算机内部的各种数据进行初步过滤，然后根据用户自身的意愿来决定相关数据是否能够进入到计算机系统之中，从而最大限度地将那些“不请自来”的黑客阻挡在计算机系统之外，防止不法分子对计算机系统造成负面影响。

3）安装杀毒软件

目前国内比较常见的杀毒软件有：360 杀毒、腾讯电脑管家、金山毒霸等，建议通过官方网站下载其安装程序并及时对杀毒软件进行升级，以保证计算机受到持续的保护。

4）及时安装补丁程序

计算机操作系统和其他许多软件都会存在一些安全漏洞，若不及时修正，后果就难以预料。这些漏洞可以通过软件商提供的补丁程序进行修正，因此应及时安装各种安全补丁程序，不给入侵者可乘之机。

5）减少不必要的下载

可以通过减少下载文件来保护计算机。黑客很容易通过计算机上的这些下载文件来窃取信息，这些文件大多为“.exe”格式，需要安装才能执行。因此，建议用户从受信任的网站下载文件，不要轻易运行来历不明的可执行文件。

6）不要随便打开可疑的邮件附件

当我们打开电子邮箱，发现有来自未知的人或公司的电子邮件时，不要随便打开可疑的邮件附件，如果要打开的话，最好以纯文本方式阅读信件。有时当用户点击链接时，他们的系统可能就会成为黑客的猎物而面临不同类型的问题，如破坏 Windows 文件，窃取机密信息（如文件、密码和信用卡信息）等。

7）使用强密码

当需要设置密码时，应使用强密码保护数据的安全性（强密码是由字母，符号和数字的组合序列），使黑客难以窃取您的数据。切勿使用简单或通用密码，因为当计算机受到黑客的攻击时，他们会在其上应用最常用的密码组合并尝试获得对系统的访问权限。如果您使用的是这些简单/通用密码（例如 abc1234、123456 或 111111），那么黑客会很容易入侵您的计算机或账户。这就是许多网站不允许使用相同的用户名/密码组合的原因。

8）使用弹出窗口阻止程序

不要随便浏览陌生的网站。目前在许多网站中，总是存在各种各样的弹出窗口，单击这些弹出窗口很危险，因为它们是恶意的，有可能损坏文件或系统，导致计算机速度降低，出现文件系统崩溃和重复的错误消息，系统自动关闭，出现新的工具栏，更改主页，电池电量快速耗尽等。使用网络浏览器的弹出窗口阻止程序选项，可以停止这些弹出窗口。如果发现系统感染了病毒，则应使用更新的杀毒软件彻底扫描系统。

本章小结

本章首先简明扼要地介绍了计算机的发展过程和发展趋势，然后重点讲解了数制及信息在计算机中的表示，包括数制的概念、二进制的运算、不同数制间的转换以及信息的存储，最后讲解了计算机网络的相关知识，包括计算机网络的基础知识以及网络安全的相关知识。

课外阅读材料 1

中国超级计算机

超级计算机（Super Computer）又称巨型机，是指能够处理一般个人计算机无法处理的大量资料、能高速运算的计算机。就超级计算机和普通计算机的组成而言，二者基本相同，但在性能和规模方面却有差异。超级计算机主要特点包含两个方面：极大的数据存储容量和极快速的数据处理速度，配有多种外部和外围设备及丰富的、高功能的软件系统。超级计算机是计算机中功能最强、运算速度最快、存储容量最大的一类计算机，多用于国家高科技领域和尖端技术研究，在诸如天气预报、基因分析、军事、航天、生物医药、人工智能等高科技领域大显身手，是国家科技发展水平和综合国力的重要体现。

超级计算机是1929年《纽约世界报》中最先报道出的一个名词，它是将大量的处理器集中在一起以处理庞大的数据量，同时运算速度比常规计算机快许多倍。但是从结构上看，超级计算机和普通计算机都是大同小异的，而这种并行化处理使得人们可以对庞大数据进行处理，进而影响到各个行业，其意义十分重大。1976年美国克雷公司推出了世界上首台运算速度达每秒2.5亿次的超级计算机，可以说是世界上早期的超级计算机。一般来说，超级计算机的运算速度平均在每秒1 000万次以上，存储容量在1 000万位以上，如美国的ILLIAC-Ⅳ，日本的NEC，欧洲的尤金，中国的“银河”计算机，都属于超级计算机。

1983年12月22日，随着我国第一台每秒钟运算1亿次以上的“银河-Ⅰ”超级计算机在中国国防科技大学研制成功，我国才真正跨入研发超级计算机的行列。它的研制成功，向全世界宣布：中国成为继美国和日本后，世界上第3个可以自主研制超级计算机的国家。“银河-Ⅰ”超级计算机也因此得一别名：“争气机”。之后，中国国防科技大学又继续研发出“银河-Ⅱ”“银河-Ⅲ”“银河-Ⅳ”和“银河-Ⅴ”，它们如今广泛应用于天气预报、空气动力实验、工程物理、石油勘探、地震数据处理等领域，产生了巨大的经济效益和社会效益。2009年10月29日，中国国防科技大学发布峰值性能为每秒1.206千万亿次的“天河一号”超级计算机，使我国成为美国之后第二个可以独立研制千万亿次超级计算机的国家。凭借超强的运算性能，“天河一号”在同年11月17日公布的全球超级计算机500强榜单上取得了世界第五、亚洲第一的成绩。后来中国国防科技大学在“天河一号”的基础上进行技术升级优化，2010年推出了拥有每秒4700万亿次的峰值性能更强的“天河一号A”。这让它荣登第36届全球超级计算机500强榜单的第一名——这也是中国在全球超级计算机历史上的最佳成绩，打破了美国对此项目的长期垄断，实现了历史性的突破。中国国防科技大学又在2013年6月推出了“天河二号”，它以每秒54.9千万亿次浮点运算的峰值性能成为第41届全球超级计算机500强榜单中的新科状元，并连续3年稳居全球超级计算机500强的榜首。2016年“神威·太湖之光”超级计算机的出现，更是标志着我国处于超级计算机世界领先地位。在国际性的性能测试当中，“神威·太湖之光”超级计算机达到了平均每秒9.3亿亿次的计算速度，峰值运算速度更是可达到每秒12.5亿亿次，打败了霸榜3年的中国“天河二号”，成为当时世界上最快的超级计算机。直到如今，它也是世界排名前四的，最先进的超级计算机之一。“神威·太湖之光”超级计算机通过先进的架构和设计，实现了存储和运算的分开，确保用户数据、资料在软件系统更新或CPU升级时不受任何影响，保障了存储信息的安全，真正实现了保持长时、高效、可靠的运算并易于升级和维护的优势。值得一提的是，“神威·太湖之光”使用的是江南计算技术研究所开发的申威处理器，从头到尾都是有自主知识产权的国产芯片。这也使得中国成为继美国、日本之后第三个有能力研制自主CPU，从而构建千万亿次超级计算机的国家。从1983年中国首台巨型机“银河-Ⅰ”研制成功到2010年“天河一号A”首次摘下全球超级计算机500强榜单第一名……时至今日，中国超级计算机的研制、创新、应用发展，经历了从无到有、从跟跑到领先的40年“超常速”发展。

近年来，在技术研发和产业应用的共同推动下，中国超级计算机快速发展。技术创新方面，采用自主研发芯片的多个国内超级计算机曾在世界超级计算机榜单上排名第一；整体规模方面，在2021年发布的全球500强超级计算机榜单中，中国拥有186台，占比超过1/3；应用创新方面，2016年以来，多个创新应用获得全球高性能应用领域最高奖“戈登·贝尔”奖。

海量数据处理能力和高密度计算能力是衡量超级计算机性能优劣的直观标准，业内通常采用算力（浮点运算速度）和算效（浮点运算速度每瓦特）对超级计算机的绝对性能和能效进行评价。10年前，国际超级计算机的绝对计算能力已达到P级，即每秒可进行千万亿次数学运算。近年来，美国、欧盟、日本等国家和地区正加速推动E级计算性能目标的实现和优化。E级超级计算机是指每秒可进行百亿亿次数学运算的超级计算机，是国际上高端信息技术创新和竞争的制高点，被全世界公认为“超级计算机界的下一顶皇冠”。E级超级计算机将在解决人类共同面临的能源危机、污染和气候变化等重大问题上发挥巨大作用。中国也高度重视E级超级计算机的开发和研究，2019年底，中国新一代百亿亿次（E级）超级计算机的原型机型研制完成。国家“十三五”高性能计算专项课题3个E级超级计算机的原型机系统——神威E级原型机、“天河三号”E级原型机和曙光E级原型机系统也全部完成交付。与国外相比，中国超级计算机的特点和优势主要体现在计算性能、自主研发和绿色节能等方面。

不断发展的超级计算机技术，可以支撑重大科学领域的技术研究，也可推动新兴科技领域的应用创新，发挥着引领国家科技进步的关键作用。我国超级计算机的应用领域逐渐拓宽，从国家安全、气象预报、石油勘探这样的国家战略领域，拓展到互联网、大数据、人工智能、基因测序、影视制作、金融等领域，惠及各个行业，越来越贴近国民经济生活。

习　题　1

一、单项选择题

1. 微型计算机属于________代计算机。

A. 第一　　B. 第二　　C. 第三　　D. 第四

2. 冯·诺依曼体系计算机的工作原理是________。

A. 速度快　　B. 精度高

C. 存储程序与自动控制　　D. 可靠性强

3. 下列不同数制的数中，最大的数是________。

A. $(101110)_2$　　B. $(47)_{10}$　　C. $(2D)_{16}$　　D. $(54)_8$

4. 存储器容量 1 GB 等于________B。

A. 1024　　B. 1024×1024

C. 1024×1024×1024　　D. 1000×1000×1000

5. 在计算机内部采用二进制，是因为________。

A. 可降低硬件成本　　B. 两个状态的系统具有稳定性

C. 二进制的运算法则简单　　D. 上述三个原因

6. 世界上第一个计算机网络是________。

A. ARPANET　　B. ChinaNet　　C. Internet　　D. CERNET

7. 计算机网络的功能不包括________。

A. 网络通信　　B. 资源共享　　C. 负载均衡　　D. 播放视频

8. IPv4 的地址是一个 32 位的二进制，它通常采用点分________。

A. 二进制数表示　　B. 八进制数表示　　C. 十进制数表示　　D. 十六进制数表示

9. 不属于恶意代码的是________。

A. 木马　　B. 病毒　　C. 蠕虫　　D. 网络嗅探器

10. 以下关于计算机病毒的描述中，错误的是________。

A. 从本质上讲，计算机病毒不仅会破坏软件，也会破坏硬件

B. 计算机病毒能够自我复制

C. 计算机病毒会破坏计算机功能或者毁坏数据

D. 计算机病毒是一组计算机指令或程序代码

二、填空题

1. 世界上第一台电子计算机________诞生于________年。

2. 计算机的发展趋势:微型化、________、________、________等。

3. 小写字母“c”的 ASCII 码是 01100011B，用八进制、十进制、十六进制表示分别是________、________、________。

4. 十进制数 136.25 转换成二进制数是________、转换成八进制数是________、转换成十六进制数是________。

5. 计算机网络系统由通信子网和________组成。

6. 按照覆盖的地理范围，计算机网络分为 ________、________和 ________。

7. 在 Internet 中允许一台主机拥有________个 IP 地址。

8. 星型、总线型、环型和网状型是按照________分类的。

9. 恶意代码主要包括计算机病毒、________、木马程序、________、________等。

10. ________是一种网络安全保障技术，它用于增强内部网络安全性，决定外界的哪些用户可以访问内部的哪些服务，以及哪些外部站点可以被内部人员访问。

第 2 章

WPS 办公软件

WPS Office 是中国人自主研发的一款办公软件，符合中国人的习惯，自 1989 年发布以来，功能不断完善。最新版本的 WPS 除具有文字、表格、演示等办公软件基本功能外，还支持 PDF 文档的编辑与格式转换、多人协作编辑、团队共享文档、文档多设备同步、一键分享文档等功能。WPS 占用内存少、运行速度快、云功能强，还提供了优质的插件资源、免费的云存储空间与文档模板。

2.1 WPS 文字

2.1.1 WPS 文字概述

WPS 文字是金山软件公司的 WPS Office 系列办公组件之一，是目前流行的用于日常办公的专业字处理软件，可制作编排出图文并茂的文档，用于公文、信函、报告、通知、论文、合同等文档处理。新版 WPS 提供更加简单的方法来让用户与他人协同合作，使用户几乎从任何位置都能访问自己的文件。

1) WPS 文字工作界面

WPS 文字工作界面是由标题栏、功能区、文本区、滚动条、状态栏等部分组成，如图 2－1 所示。

(1)标题栏

标题栏显示正在编辑的文档的文件名，标题栏位于窗口的顶部。首次进入 WPS 文字时，默认的文档名为“文字文稿 1”。

(2)访问工具栏

常用命令位于访问工具栏，例如“保存”和“撤销”，也可以自定义访问工具栏。

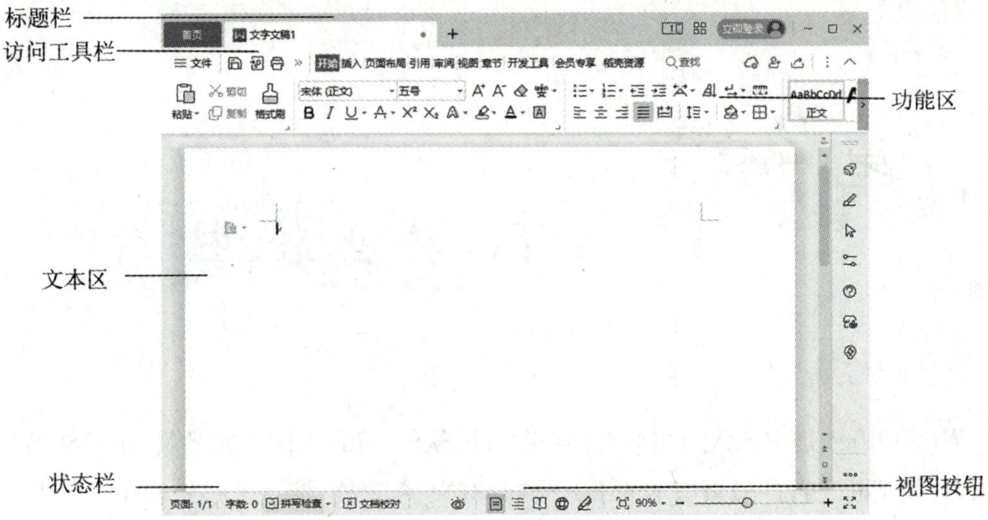

标题栏
访问工具栏
功能区
文本区
状态栏
视图按钮

图 2-1 WPS 文字工作界面

(3)功能区

工作时需要用到的命令位于功能区,它将工作所需的命名分组在一起,且位于选项卡中,如"开始"和"插入"。用户可以通过单击选项卡来切换显示的命令集,它与其他软件中的"工具栏"相同。

(4)文本区

屏幕中间的大块区域是文本区,文档就在这里被显示、编辑和修改。文档窗口中有个闪烁着的垂直条,称为光标或插入点,它代表了文档的当前插入位置。

(5)视图按钮

视图按钮可用于更改正在编辑的文档的视图模式。

(6)状态栏

状态栏位于窗口的底部,其中显示了当前页码、总页数等相关信息。右侧依次是视图切换按钮和显示比例调节滑块。

2)视图模式

视图模式就是文档在窗口中的显示方式,WPS 文字工作界面提供了 5 种视图模式供用户选择,包括"页面视图""大纲视图""阅读版式""Web 版式""写作模式"视图模式。用户可以在"视图"功能区中选择需要的文档视图模式,也可以在窗口的右下方单击视图按钮选择视图。

(1)页面视图

"页面视图"可以显示文档的打印结果外观,主要包括页眉、页脚、图形对象、分栏设置、页面边距等元素，这是文字中的默认视图，文档绝大多数的编辑操作都是在此视图下进行。

(2)大纲视图

用户通过“大纲视图”可以方便地查看、调整文档层次结构，设置标题大纲级别，成区块地移动文本段落。

(3)阅读版式

“阅读版式”是方便阅读浏览文档而设计的视图模式，其他功能区等窗口元素被隐藏起来，从而方便阅读文档内容。

(4)Web 版式

“Web 版式”可以预览文档在 Web 浏览器中的显示效果，它适用于创建和编辑 Web 页。

(5)写作模式

“写作模式”可以对章节与书签进行管理，模拟编写图书方式，用分节符划分章节。

2.1.2　文档的基本操作

1) 选定文本内容

对文本进行编辑操作之前，要对哪一部分文本进行操作，需要选定文本。被选定的文本将采用灰底显示，以便和未被选中的文本区分开来。选定文本可用鼠标操作，也可用键盘操作。表 2-1 和表 2-2 分别给出了用鼠标和键盘选定文档内容的方法。

表 2-1　用鼠标选定文档内容

要选定的文档内容	鼠标操作
一个词	双击该单词或词语
一行	将鼠标移到该行左侧的选择栏，鼠标指针变为“↗”时单击
多行	先选择一行(方法同上)，再按住左键向上或向下拖拽鼠标
一个段落	在段落选择栏处双击；或在段落上任意处三击左键
多个段落	先选择一段落，在击最后一键的同时往上或往下拉动鼠标
任意连续字符块	单击所选字符块的开始处，按住〈Shift〉键，单击字符块尾
矩形字符块(列块)	按住〈Alt 键〉，再拖拽鼠标
个图形	单击该图形
整篇文档	将鼠标移到该行左侧的选择栏，鼠标变为“↗”时三击左键

表 2-2　用键盘选文档内容

要选定的文档内容	键盘操作	要选定的文档内容	键盘操作
右侧一个字符	<Shift> + →	从当前字符至行尾	<Shift> + <End>
左侧一个字符	<Shift> + ←	从当前字符至段首	<Ctrl>+<Shift>+ ↑
上一行	<Shift> + ↑	从当前字符至段尾	<Ctrl>+<Shift>+ ↓
下一行	<Shift> + ↓	选择全文	<Ctrl>+A
从当前字符至行首	<Shift>+<Home>	选择至下一屏文本	<Shift>+<Page Down>

2）文本的插入和删除

（1）插入

在文档的任意位置插入新的字符是编辑文本时常用的操作，在 WPS 文字中实现起来也很容易。在插入状态下光标移动到想要插入字符的位置(通过状态栏可以切换插入与改写状态)，然后输入字符即可将输入的字符插入到光标的右侧，其后的字符自动后移。

（2）删除

删除一个字符或汉字的方法是：插入点在此字符或汉字的左边，按 Delete 键，或者插入点在此字符或汉字的右边，按 Backspace 键。要删除大块文本，首先要选定要删除的文本，然后按 Delete 键或 Backspace 键。

3）文本的移动和复制

（1）移动

选定所要移动的文本，在“开始”选项卡“剪贴板”组中单击“剪切”按钮✂，或按组合键(Ctrl+X)，此时该对象被剪切到剪切板中；将插入点移到目标位置，在“开始”选项卡“剪贴板”组中单击“粘贴”按钮📋，或按组合键(Ctrl+V)，即可将剪贴板中的内容移动到指定位置。

（2）复制文本

复制文本的操作与移动文本的操作类似，组合键(Ctrl+C)为复制功能快捷键，具体操作可参照文本移动的方法，也可按住 Ctrl 键同时拖动鼠标指针到文本需要复制到的新位置上，松开鼠标左键后再松开 Ctrl 键将选定的文本复制到新位置上。

4）查找和替换

如果想在一篇长文档中查找需要的文本，或者想用新输入的一段文字代替文档中已有的且出现在多处的特定文字，可以使用 WPS 所提供的查找与替换功能。

①在“开始”选项卡下单击“查找替换”按钮，在其下拉列表中选择“查找”命令，或单

击“替换”按钮，弹出“查找和替换”对话框，如图 2-2 所示。

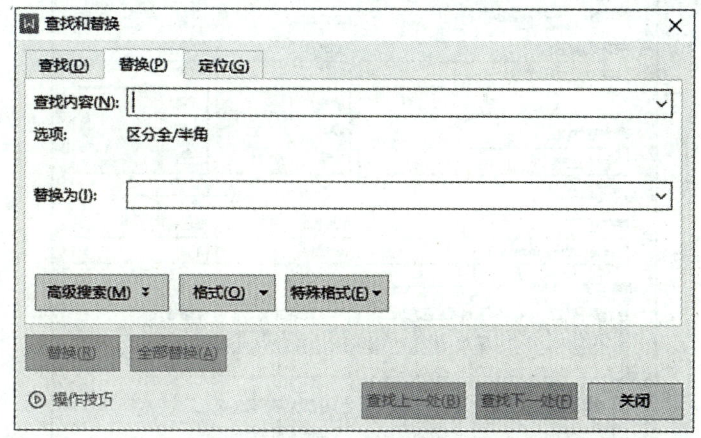

图 2-2　“查找与替换”对话框

② 在“查找内容”文本框中输入要查找的文本，单击“查找下一处”按钮，当找到要查找的文本时就会停下来，并把找到的文本用灰底显示出来。

③ 在“替换为”文本框输入替换后的目标文本，单击“替换”按钮，则文本被替换成目标文本；若单击“全部替换”按钮，则文档中所有满足条件的文本均被替换成目标文本。

2.1.3　文档的排版

文档的排版是指按照一定的要求改变文档外观的操作，包括了对文档的文字、段落等格式化。

1）文字的格式化

文字格式的设置决定了文字在屏幕上和打印出的效果，包括：文字的字体和字号、字符的粗体、斜体、下划线修饰、调整字符间距等。选择要设置格式的文字，在“开始”选项卡“字体”选项组中点击“字体”“字号”按钮进行格式设置。也可打开如图 2-3 所示的“字体”对话框对文字效果进行综合设置。

2）段落的格式化

段落的格式化主要包括段落的对齐方式、段落的缩进、行距与段距、段落的修饰、段落首字下沉等处理。对段落的格式进行设置时，只需要将插入点移至该段落内即可，但如果同时对多个连续段落进行设置，在设置之前必须选定要进行设置的段落。进行段落格式化主要使用“段落”选项组中按钮、“段落”对话框（如图 2-4 所示）和标尺。

(1)段落缩进格式

所谓段落的缩进，是指段落中的文本内容相对页边界“缩进”一定的距离。段落的缩

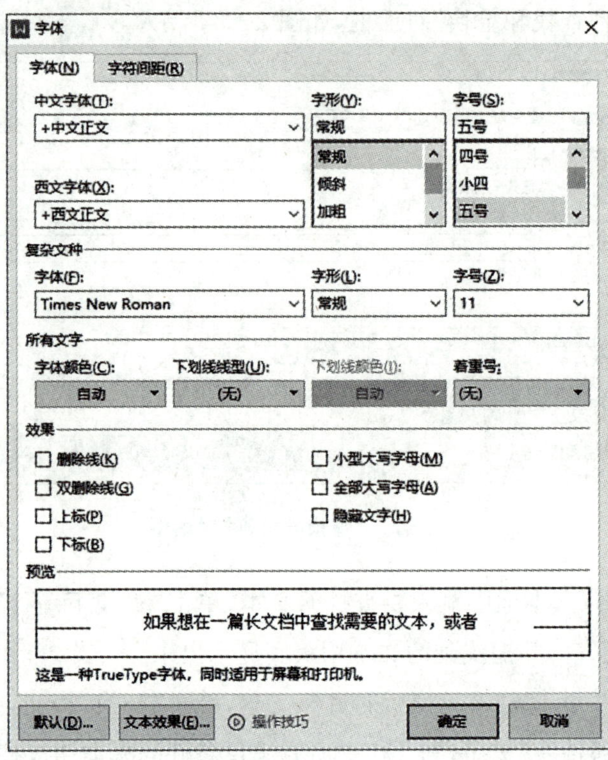

图 2-3 “字体”对话框

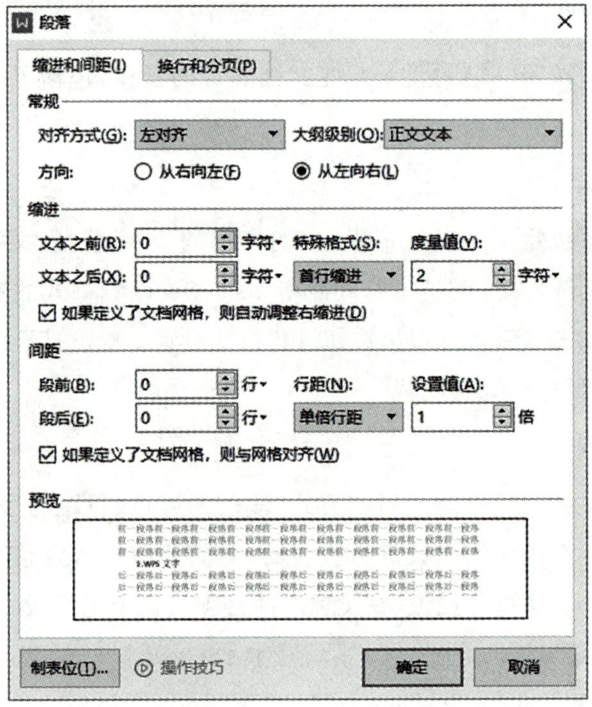

图 2-4 “段落”对话框

进方式分为左缩进、右缩进、首行缩进和悬挂缩进。

左缩进:用于设置段落的左边界,默认值为 0。

右缩进:用于设置段落的右边界,默认值为 0。

首行缩进:对段落的第一行进行缩进,默认的首行缩进值为两个汉字的宽度。

悬挂缩进:对段落除首行之外的其余各行进行缩进,默认的缩进值为两个汉字的宽度。

(2)设置段落间距

段落间距是指相邻段落间的间隔,它有段前、段后、行距三个选项,用于设置段落前、后间距以及段落中的行距。行距有固定值、单倍行距、1.5 倍行距、两倍行距、最小值、多倍行距等多种。选择最小值、多倍行距后,还要在"设置值"框中确定具体值。

(3)标尺

水平标尺位于正文区的上侧,由刻度标记、左右边界缩进标记和首行缩进标记组成,用来标记水平位置和边界、首行位置等。

3) 首字下沉

段落的首字下沉,可以使段落第一个字放大数倍,以增强文章的可读性。设置段落首字下沉的方法是:将插入点移至指定段落,在"插入"选项卡中单击"首字下沉"按钮,则出现"首字下沉"对话框,如图 2－5 所示。对话框中有"无""下沉"或"悬挂"三种选择。

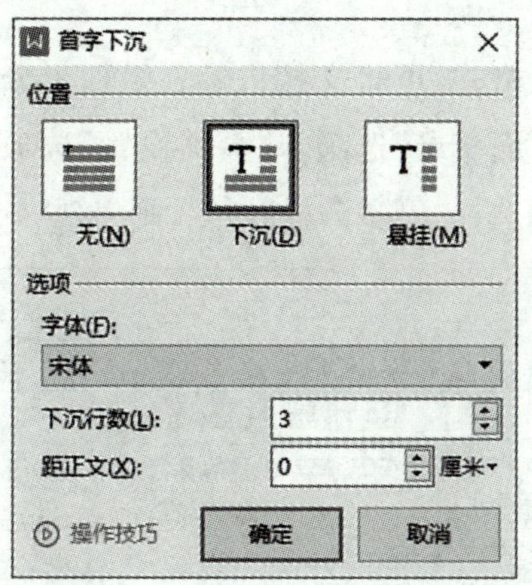

图 2－5　"首字下沉"对话框

4) 边框和底纹

选定对象,在"开始"选项卡"段落"选项组中单击"边框"按钮右侧箭头,选择并弹出"边框和底纹"对话框,如图 2－6 所示。在"边框"选项卡中可以选择线型样式、颜色和宽度,可以选择左边"设置"栏中一系列按钮,也可以在右边"预览"栏中通过单击对应线条按钮一一设置。"页面边框"选项卡用于为整个页面设置边框。在"底纹"选项卡中可以设置段落的填充色,单击“图案”栏中“样式”下拉列表框可选择底纹图案式样(如深色横线),并设置图案颜色。

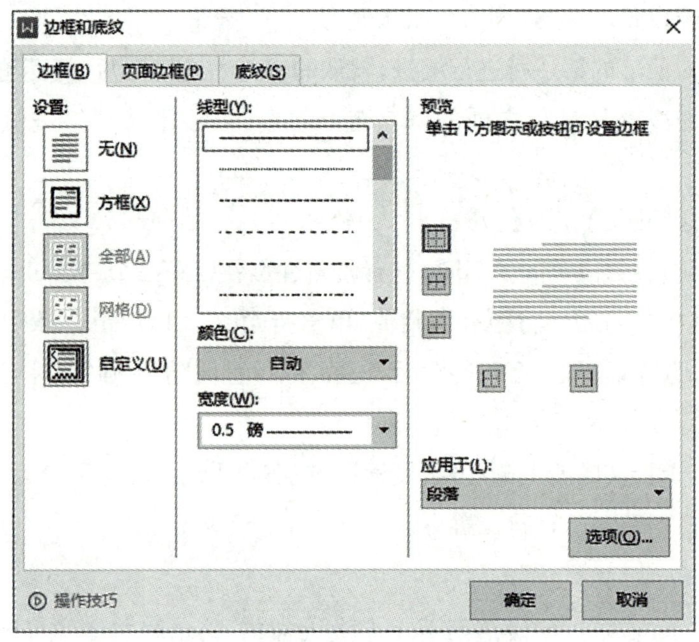

图 2-6 “边框和底纹”对话框

5) 分栏

分栏是一种常用的排版格式,可将文档内容在页面上分成多个列块显示,使版面更加灵活。要创建分栏,在“页面布局”选项卡“页面设置”选项组中单击“分栏”按钮,可弹出多个预置分栏样式。如果选择“更多分栏”命令,则出现“分栏”对话框,如图 2-7 所示。

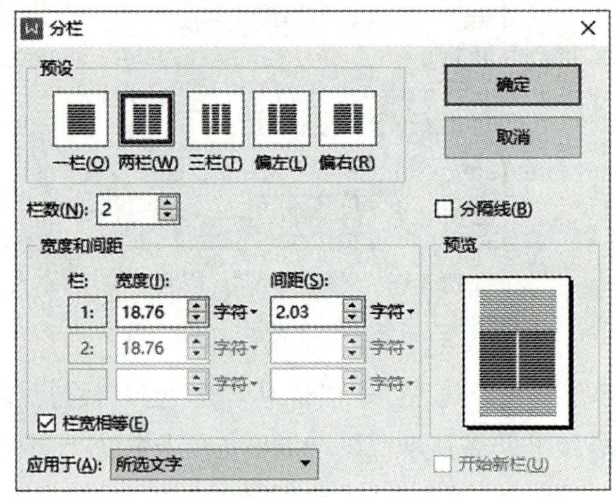

图 2-7 “分栏”对话框

2.1.4　页面设置和打印输出

1）页面设置

WPS 文字中除了可对段落进行格式设置，还可以对页面进行设置，用以美化页面外观，将直接影响文档的最后打印效果。页面设置包括文档的编排方式和纸张大小等，单击“页面布局”选项卡“页面设置”选项组，打开“页面设置”对话框。

(1)页边距

单击“页面设置”对话框的“页边距”选项卡，如图 2－8 所示，从中可设页边距，包括调整上、下、左、右页边的距离。

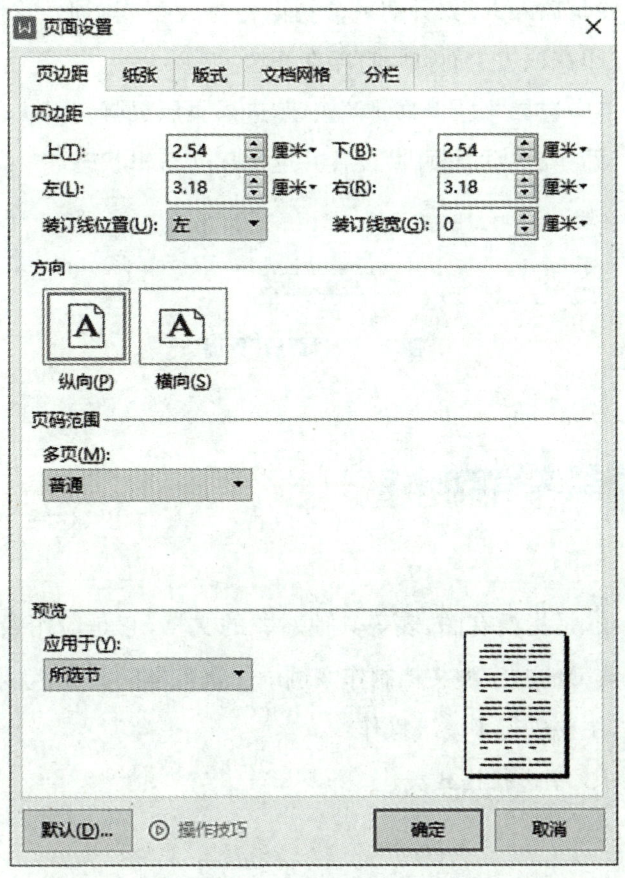

图 2－8　“页边距”选项卡

(2)纸张

单击并打开“页面设置”对话框中的“纸张”选项卡，其中“纸张大小”下拉列表框中已经预定义了一些标准的纸张尺寸，一般缺省值为 A4 纸，这一般取决于当前安装或使用的打印机类型。

提示：按照纸张幅面的基本面积，印纸的幅面规格分为 A 系列、B 系列等，A0 规格的幅面尺寸为 841mm×1 189mm。若将 A0 纸张沿长度方向对开成两等份，便成为 A1 规格，将 A1 纸张沿长度方向对开，便成为 A2 规格，如此对开至 A8 规格。

(3)版式

单击“页面设置”对话框中的“版式”选项卡，可设置一些属于高级功能的选项。选项卡上的“节的起始位置”下拉列表框指明节的起始位置是“接续本页”“新建页”“偶数页”还是“奇数页”。

2）建立页眉和页脚

页眉或页脚主要是插入页码、日期或公司徽标等文字或图形，常打印在文档的每页顶部或底部，页眉打印在顶边上而页脚打印在底边上。

在“插入”选项卡中选择“页眉和页脚”按钮，进入页眉页脚编辑状态，如图 2-9 所示。双击正文任意位置，即完成“页眉页脚”设置并返回正文编辑状态。

图 2-9 “页眉”界面

案例一 文字型文档的制作

1）案例任务

所谓文字型文档，是指没有图、表等其他对象的文档，它是应用最广泛的一种文档。下面介绍一篇非常典型的文字型文档制作案例——铜陵学院简介，效果如图 2-10 所示。

在这份文档中，主要进行了以下操作：

- 文字输入，对文字进行格式美化。
- 标题添加边框。
- 设置首字下沉，分栏、段落格式。
- 设置项目符号，“符号”的插入。
- 页眉的设置。

2)输入文字

通常情况下，对文档进行排版时可先整体输入文档中的文字，然后再集中对文字进

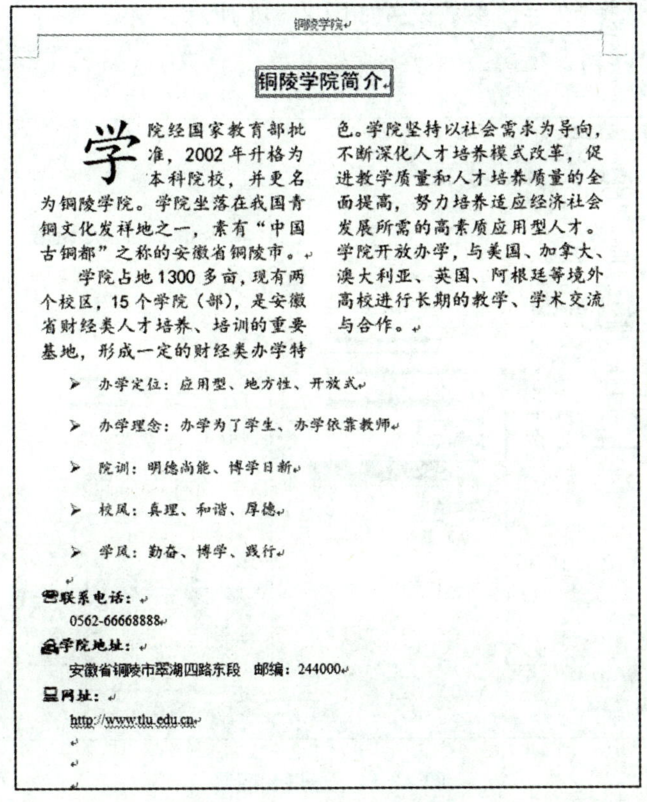
铜陵学院

铜陵学院简介

学院经国家教育部批准，2002 年升格为本科院校，并更名为铜陵学院。学院坐落在我国青铜文化发祥地之一，素有“中国古铜都”之称的安徽省铜陵市。

学院占地 1300 多亩，现有两个校区，15 个学院（部），是安徽省财经类人才培养、培训的重要基地，形成一定的财经类办学特色。学院坚持以社会需求为导向，不断深化人才培养模式改革，促进教学质量和人才培养质量的全面提高，努力培养适应经济社会发展所需的高素质应用型人才。学院开放办学，与美国、加拿大、澳大利亚、英国、阿根廷等境外高校进行长期的教学、学术交流与合作。

- 办学定位：应用型、地方性、开放式
- 办学理念：办学为了学生、办学依靠教师
- 院训：明德尚能、博学日新
- 校风：真理、和谐、厚德
- 学风：勤奋、博学、践行

☎联系电话：

0562-66668888

学院地址：

安徽省铜陵市翠湖四路东段　邮编：244000

网址：

http://www.tlu.edu.cn

图 2-10　文字型文档

行格式美化，这样有利于缩短对文档的整体排版时间。

①打开 WPS 软件，新建一个空白文档。

②输入文档所需文字。

③光标插入点定位于“联系电话”文字的前面。

④在“插入”选项卡中单击“符号”按钮，选择“其他符号”，打开“符号”对话框。

⑤单击左上角的“字体”下拉列表，选择“Wingding 2”字体，可看到很多符号，插入符号☎(Wingding 2:39)。

⑥根据需要，分别插入符号(Webdings:72)，(Wingdings:58)。

3）给标题添加边框

①选中标题文字，将其“字体”设置为“黑体”，“字号”设置为“小三”，然后将标题文字设置为“居中”对齐。

②确定标题文字处于选中状态，打开“边框和底纹”对话框。

③单击“边框”，在“线型”列表中选择一种双线效果，“颜色”选择红色，最后在“应用

于"下拉列表框中选择"文字"，参数设置如图 2-11 所示。

④单击"确定"按钮。

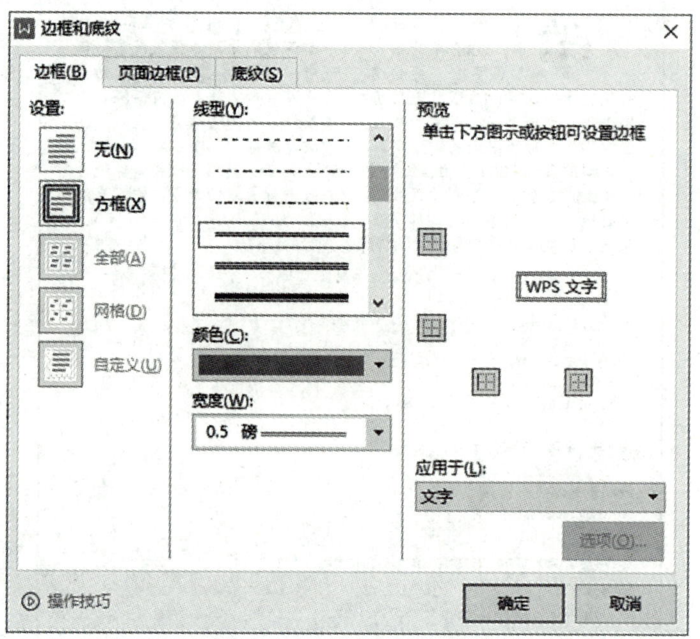

图 2-11　边框和阴影

4) 设置项目符号并分栏

①选择第一、二段落，字体设为"楷体"，字号设置为"四号"，打开"分栏"对话框，在对话框中选择"两栏"。

②选择"办学定位"至"学风"间所有段落，在"段落"选项组中单击"项目符号"，选择"箭头项目符号"。

5) 设置首字下沉及段落格式

①选择第一段开头"学"字，在"插入"选择卡中单击"首字下沉"按钮，出现"首字下沉"对话框。

②在对话框中"位置"设置为"下沉"，"字体"设置为"楷体"，"下沉行数"设置为 3。

③标题与段落文字之间设置适当的间距，将光标定位在标题处，在"开始"选项卡的"段落"选项组中打开"段落"对话框，将"间距"下的"段前"和"段后"分别设置为"0.5 行"和"1 行"，如图 2-12 所示。

6) 设置联系方式文字效果

①选择文字"联系电话"，将其字体设置为"楷体"，将字号设置为"小四"，左对齐。

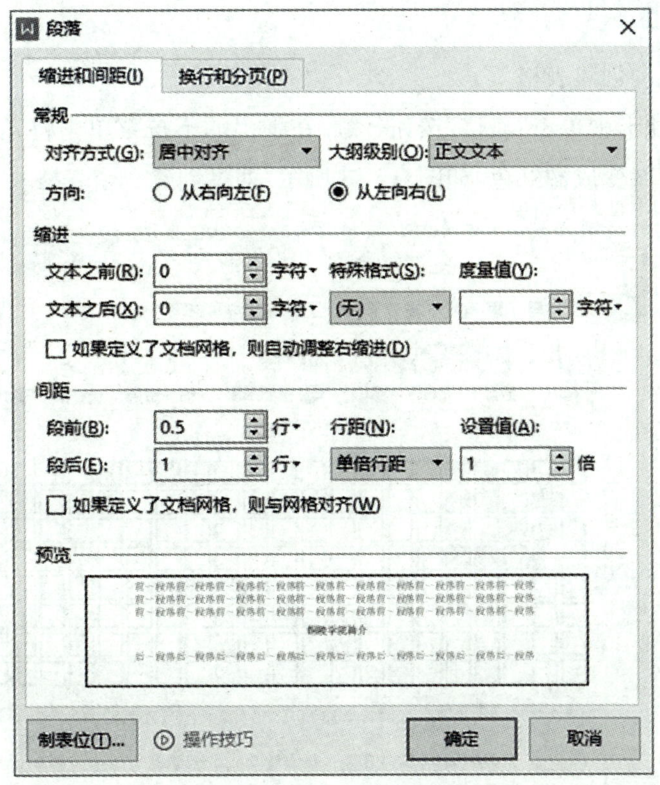

图 2-12　“段落”对话框

②选择电话号码“0562－66668888”，将段落对话框中“段前”和“段后”分别设置为“0.25 行”和“0.25 行”。

③对其他联系方式也进行如上设置。

7) 设置页眉

在“插入”选项卡中单击“页眉页脚”按钮，在页眉位置输入“铜陵学院”，设置字号为小五、居中对齐、宋体等格式。

8) 保存文件

单击“保存”按钮，保存文档。至此，文字型文档“铜陵学院简介”制作完毕。

2.1.5　表格

WPS 文字中所提供的制表功能非常简单有效，特别适用于一般文档中的简单表格(如课程表、作息时间安排表等)，如果要制作较大型、功能复杂的表格，则应选择 WPS 表格软件。

1）表格的建立

(1)用鼠标拖动创建表格

在“插入”选项卡中单击“表格”按钮，然后在弹出的下拉菜单中将光标移到制表选择框中，拖动过的区域变成橘红色，如图 2－13 所示，即可创建一个表格。

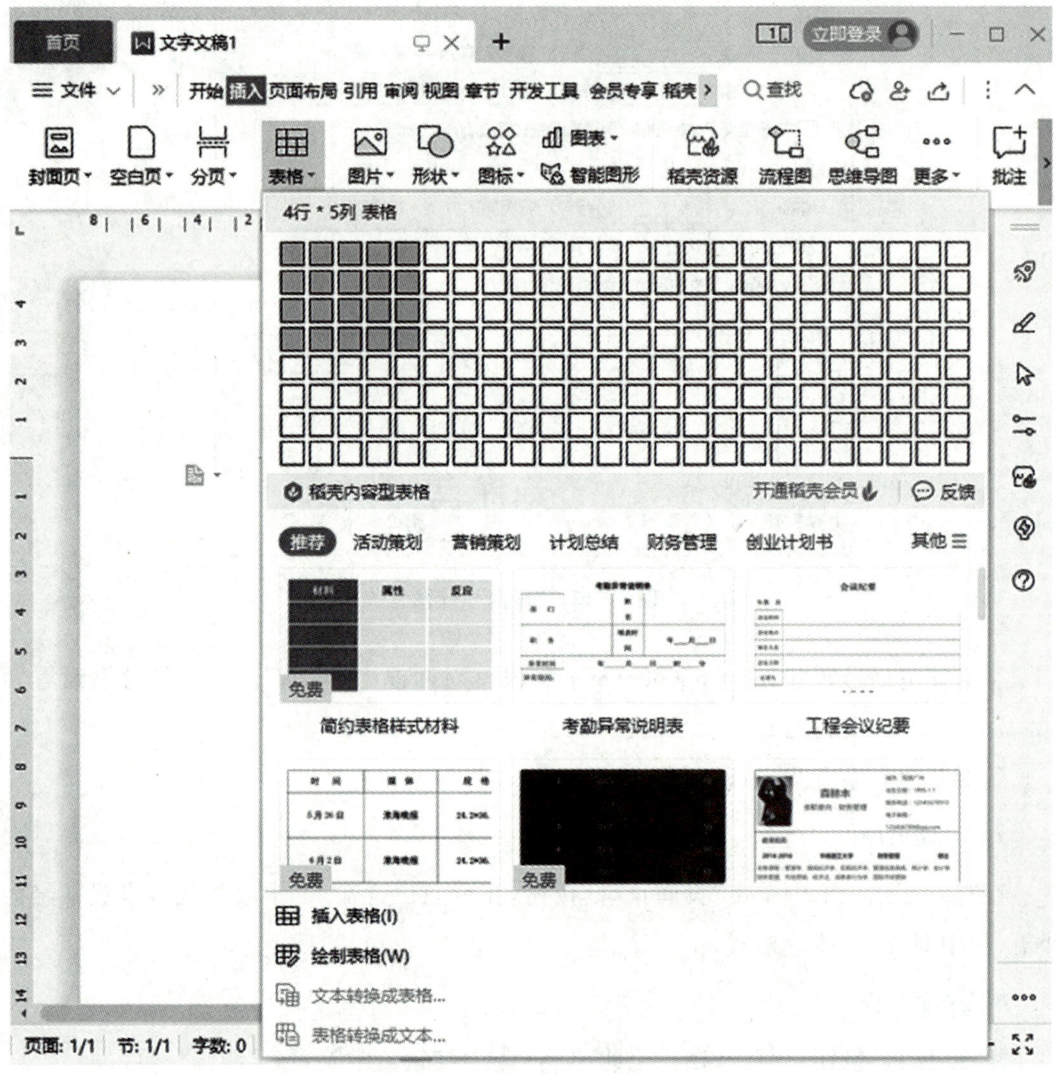

图 2－13　新建的表格

(2)用“插入表格”对话框创建表格

在“插入”选项卡中单击“表格”按钮，在下拉菜单中选择“插入表格”，弹出“插入表格”对话框，在其中进行设置，如图 2－14 所示。

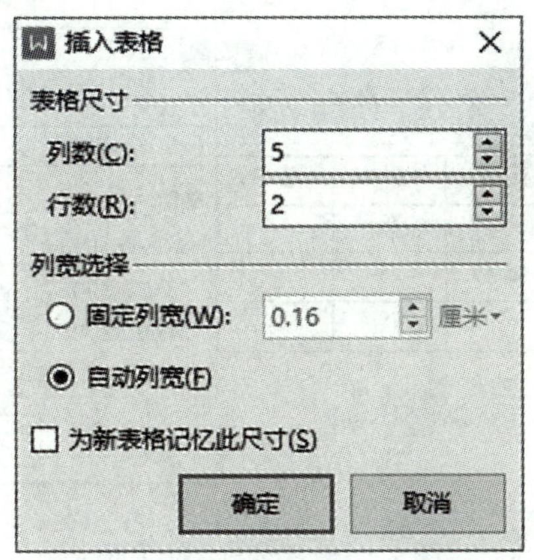

图 2－14　"插入表格"对话框

2）表格中输入文本

表格是由单元格组成的，其中每个单元格都可以被视为一个小文档。在表格中输入文本与输入文档文本一样，把插入点移到要输入文本的单元格里，再输入文本即可。在输入过程中，如果输入的文本比当前单元格宽，表格会自动增加本行单元格的高度，以保证始终把文本包含在单元格中。

3）合并和拆分单元格

合并单元格：选定要合并的单元格，在"表格工具"选项卡上单击"合并单元格"按钮，实现单元格的合并。

拆分单元格：选定要拆分的单元格，在"表格工具"选项卡上单击"拆分单元格"按钮，出现"拆分单元格"对话框，实现单元格的拆分。

4）调整列宽和行高

在处理表格时，经常需要根据单元格放置的内容来调整表格行的高度和列的宽度。将鼠标移到表格的行框线上，鼠标指针变为上下垂直分隔箭头，拖动框线到新位置，松开鼠标后该竖线即移至新位置，行高改变，同样的方法也可以调整表列宽度。

5）表格计算

表格计算是指对表格中某些表项进行计算。表格中可以进行加、减、乘、除的计算，还可以做其他计算，如求某些行或列的平均值、找最大值和最小值等。计算方法是：将插入点移至要应用公式的单元格中，在"表格工具"中单击"公式"按钮，打开"公式"对话框，如图 2－15 所示。在"公式"文本框中可输入公式，也可在"粘贴函数"列表框中选择公式，最后单击"确定"，即可获得计算结果。

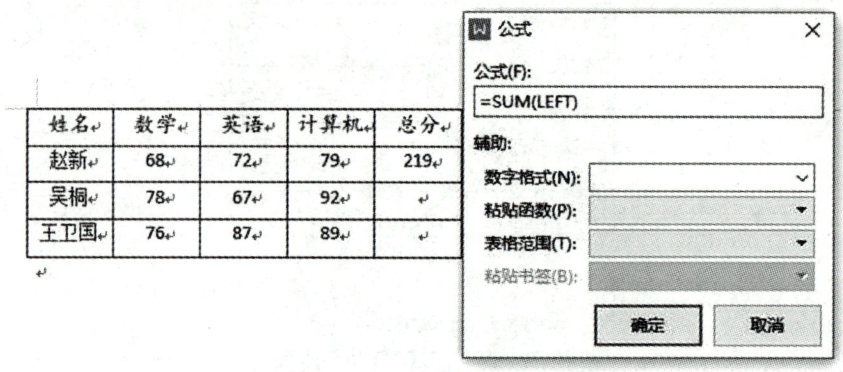

图 2-15 “公式”对话框

提示:在公式中引用不连续单元格时,可用逗号分隔,如 SUM(A1,B3)。首尾单元格之间用冒号分隔表示一个连续的区域,如 SUM(A1:C3)。

案例二　员工入职登记表

1）案例任务

员工进入某公司后,都会被要求填写一份“员工入职登记表”,其目的在于了解员工的基本信息,方便公司对员工进行存档管理。“员工入职登记表”制作步骤如下:

①搭建员工入职表框架。首先对页边距进行设置,然后在文中插入表格,并在表格中输入相应的文本。

②编辑表格内容。首先对表格中文本的格式进行设置,然后合并单元格、设置单元格中文字的方向、调整行高和列宽等。

③在表格中添加备注信息。在表格最后一行添加备注信息,并对其进行设置。

制作完成后的效果如图 2-16 所示。

2）搭建表格框架

因为员工入职登记表中包含的内容较多,要想使制作的思路清晰,首先要搭建好表格的框架。

(1)设置表格页边距

默认页面上下左右的距离太宽,不适合内容较多的员工入职登记表,所以需要对页面页边距进行设置。

新建一个名为“员工入职登记表”的空白文档,单击“页面布局”选项卡中的“页边距”按钮;在弹出的下拉列表中选择“窄”选项,如图 2-17 所示。

**公司员工入职登记表

员工编号:　　　　　　　　　　　　　　　　　　　　员工入职日期:　　年　月　日

姓名		性别		出生年月		照片
民族		政治面貌		婚姻状况		
学历		所学专业		毕业学校		
联系电话			身份证号码			
户口所在地址			现居住地址			
教育培训经历	起止时间		学校/培训机构		专业/培训内容	
工作经历	起止时间		工作单位		职位	离职原因
家庭成员	姓名	关系	年龄	工作单位		联系电话
入职部门				应聘岗位		
部门经理意见				主管意见		
人力部门意见				总经理意见		

备注：

1. 入职时需提交一寸彩色片 2 张，身份证复印件、最高学历复件以及取得的各种证件的复印件。
2. 填写的入职登记表信息必须真实，若在聘用之后发现填报资料虚假或失实，公司有权立即辞退。

图 2－16　员工入职登记表

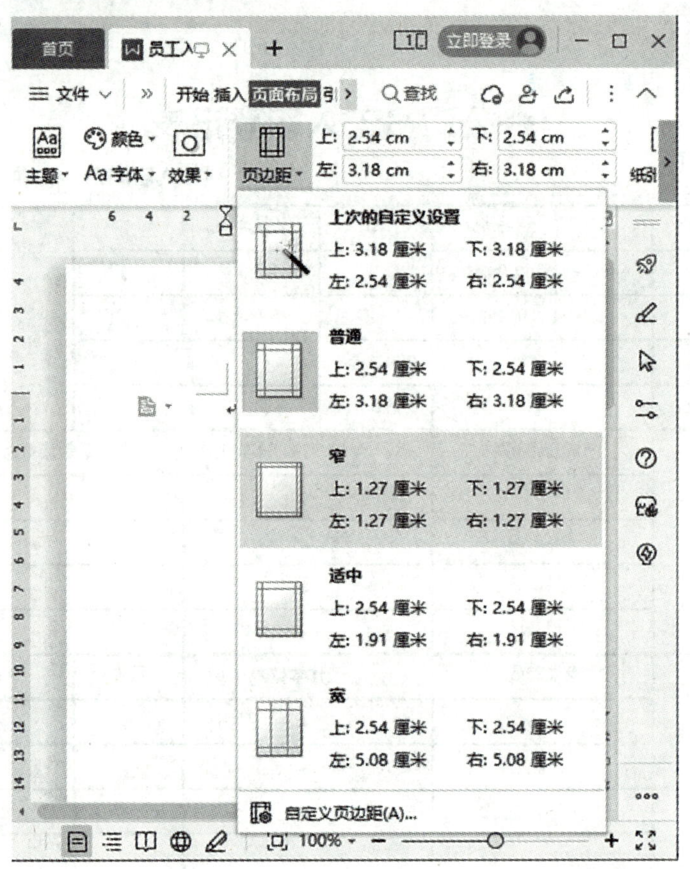

图 2－17　页边距

(2)添加标题和说明信息

在插入表格前，首先应将文档的标题、员工编号和入职日期等信息添加好。

第 1 步：将光标定位到文档开始处，然后输入文档标题、员工编号和员工入职日期信息。

第 2 步：将标题的字体设置为“黑体”，字号设置为“二号”、对齐方式设置为“居中”，将标题下方的文本字号设置为“小四”“加粗”。

(3)插入表格

制作好文档标题后，就可通过 WPS 文字提供的表格功能在文档中插入表格。

第 1 步：在第二行文本后按 Enter 键进行分段，然后将光标定位到第 3 行；在“插入”选项卡中单击“表格”按钮，在下拉菜单中选择“插入表格”，弹出“插入表格”对话框。

第 2 步：输入要插入的列数(7 列)与行数(24 行)，单击“确定”按钮。

(4)输入文字

在文档中插入表格后，将光标定位在单元格中，依次在需要输入文本的单元格中输入相应的文字。

3）编辑员工入职登记表

在表格中输入文本后，就需要对文本格式、表格中单元格的行高和列宽等进行设置，使表格更好地体现数据。

(1)对文本的字体格式和对齐方式进行设置

第 1 步：设置字体格式，按住 Ctrl 键拖动鼠标选择表格中除“教育\培训经历”“工作经历”和“家庭成员”行外的所有行；在“开始”选项卡“字体”组中将字体设置为“楷体”；字号设置为“五号”。

第 2 步：设置对并方式，选择整个表格，单击“表格工具”选项卡中单击“对齐方式”按钮，在下拉菜单中选择“水平居中”，使单元格中的文本水平居中对齐。

(2)按需要合并单元格

第 1 步：选择“联系电话”后的两个单元格；单击“表格工具”选项卡中的“合并单元格”按钮，如图 2-18 所示。

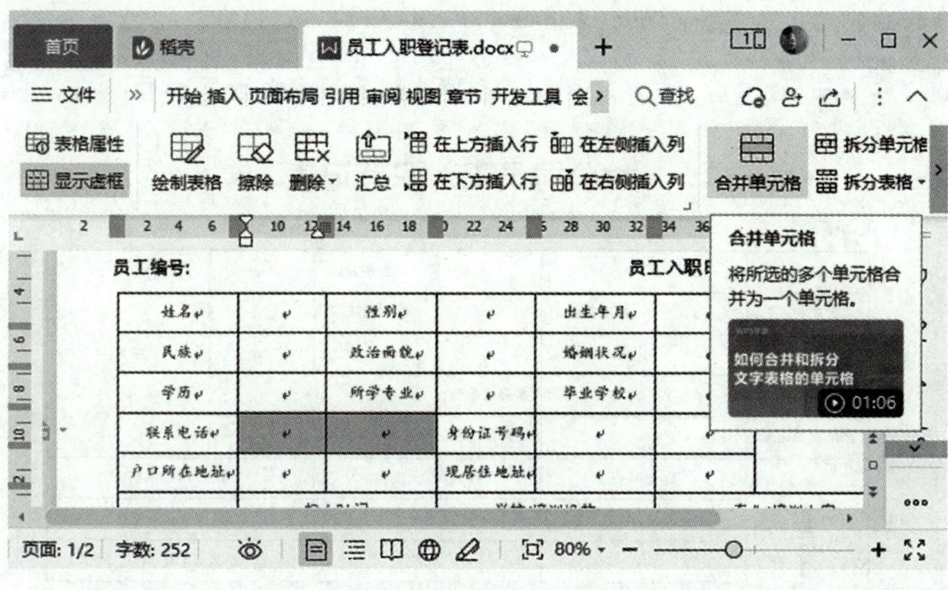

图 2-18　合并单元格

第 2 步：使用相同的方法对表格中需要合并的单元格执行操作。

(3)设置单元格中文字的方向

在表格单元格中输入文本后，默认都是水平排列的，如果有特殊需要，还可将单元格中的文本设置为垂直排列。

将光标定位到“教育/培训经历”单元格中，在“表格工具”选项卡中单击“对齐方式”

按钮，在下拉菜单中选择“水平居中”，使单元格中的文本水平居中对齐，即可将文本垂直排列在单元格中，然后使用相同的方法使“工作经历”和“家庭成员”文本垂直排列在单元格中。

(4)调整行高和列宽

在表格中，用户还可根据实际情况对单元格的行高和列宽进行调整，使表格整体更加规范。

第 1 步：设置固定行高值，拖动鼠标选择除最后一行单元格外的所有单元格；在“表格工具”选项卡中的“高度”数值框中输入单元格的固定行高值“0.9 厘米”。

第 2 步：手动调整列宽，将鼠标指针移动到“照片”单元格左侧的边框线上，当鼠标指针变成 形状时，按住鼠标左键向左进行拖动，拖动到合适位置后释放左键，即可调整单元格列宽。

第 3 步：继续手动调整其他列的列宽。效果如图 2－19 所示。

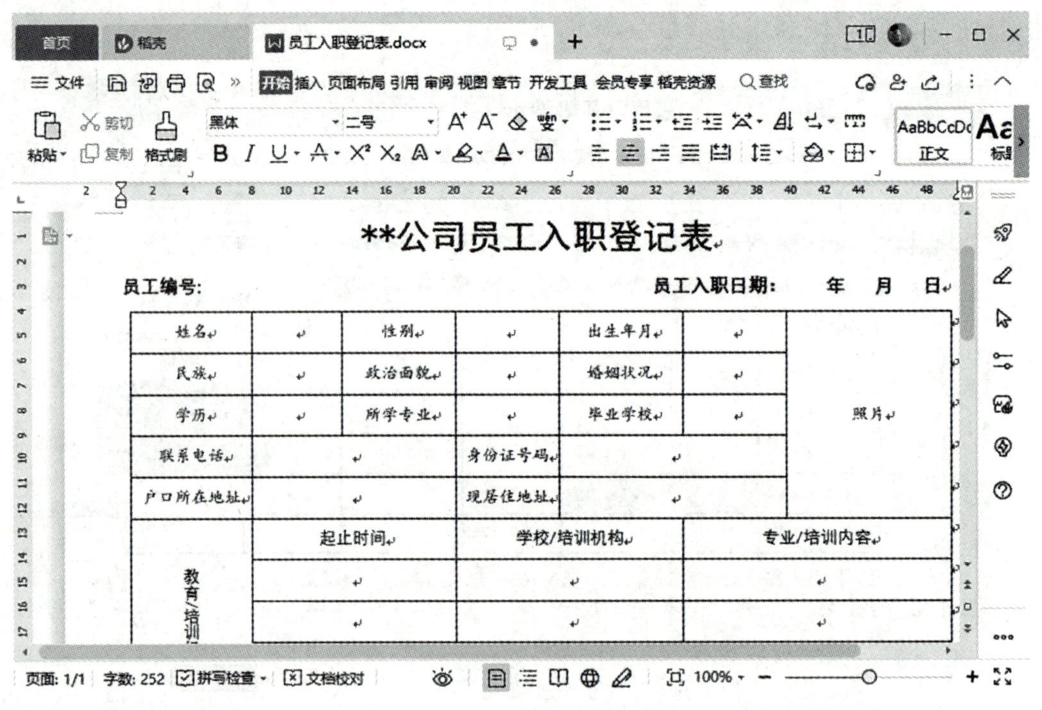

图 2－19 调整列宽

4）添加备注信息

为表格添加备注信息是为了对表格内容进行补充说明，使表格的整体效果更佳，还需要对添加的备注信息进行编辑。

第 1 步：输入备注信息，将光标定位到最后一行单元格中，单击“开始”选项卡中的

"清除格式"按钮，清除单元格的格式；然后在单元格中输入相应的文本信息。

第 2 步：选中文字"备注"，设置字号为"四号"，加粗文本；选择第二段和第三段备注信息，单击"加粗"按钮，设置字号为"五号"；单击"编号"按钮，在弹出的下拉列表中选择如图 2－20 所示的编号样式，为信息添加编号。

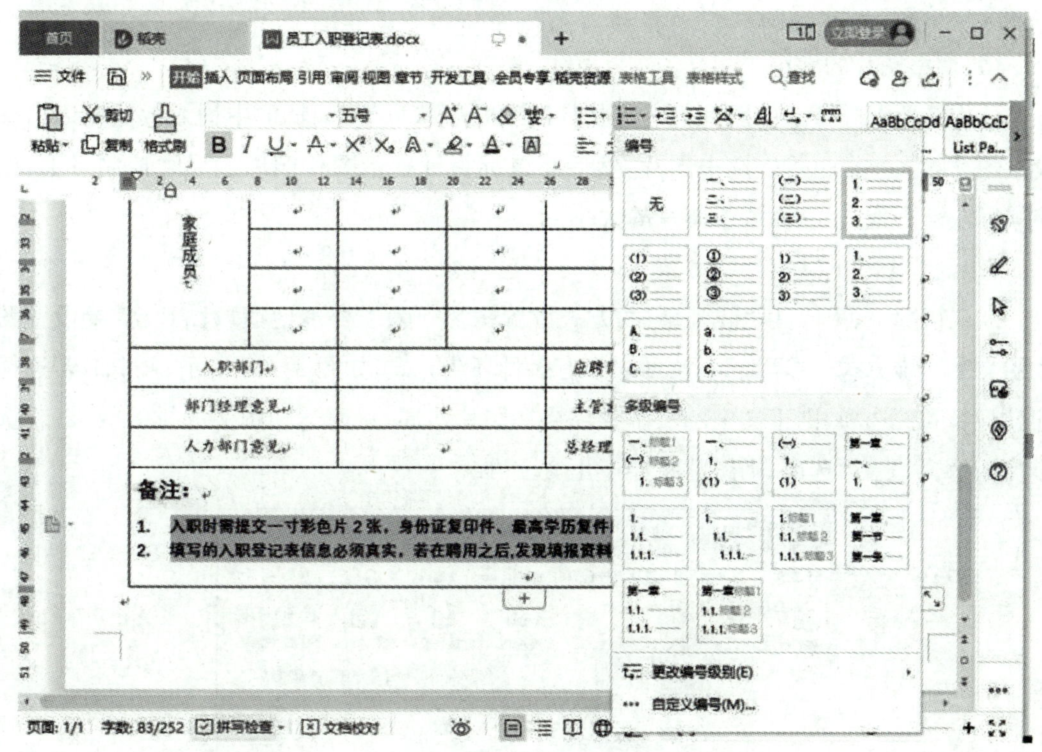

图 2－20　添加编号

至此本例制作完毕。

2.1.6　图文混排

为了增强文档的表现力，使文档更加生动活泼，除了可以输入文字，还可以绘制图形或插入图片、图表、公式等对象。WPS 文字提供了强大的图文混排功能，并且可以将插入的图形等对象放大、缩小、裁剪、文字环绕等。

1）插入图片

可以插入的图像文件类型有：bmp、tif、png、jpg 等。首先定位要插入的位置，在"插入"选项卡的中单击"图片"按钮，点击"本地图片"，打开"插入图片"对话框，从中选择要插入的图片文件，单击"插入"按钮即可。

选择插入的图片后，在功能区即可看到 "图片工具"选项卡，如图 2－21 所示，可利用各种工具对图片进行相应的编辑操作。

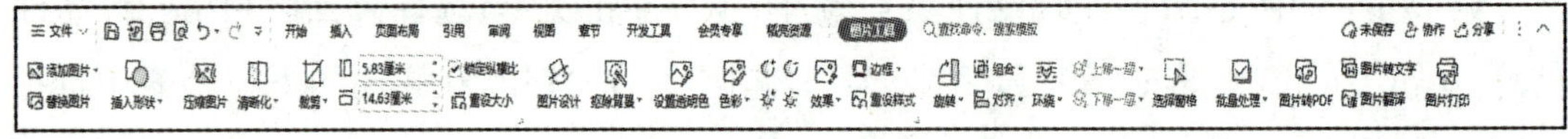

图 2－21 “图片工具”选项卡

(1)调整图片的大小

选中需要调整大小的图片，在“形状高度”和“形状宽度”编辑框中输入数值可以精确设置图片的大小。也可以选中图片，然后将鼠标指针置于图片四周的尺寸控制点上，按住鼠标左键并拖动，从而调整图片的大小。

(2)设置图片的文字环绕方式

默认情况下，WPS 以“嵌入型”的方式放置图片。为了合理地摆放图片，需要设置图片的文字环绕方式。“环绕”下拉列表中有多种环绕方式，如图 2－22 所示。例如，若选择“四周型环绕”选项，则正文中的文本将环绕在图片四周，从而达到图文混排的效果；若选择“浮于文字上方”选项，则图片将浮于正文上方。

图 2－22 环绕方式

(3)调整图片的位置

将鼠标指针移至图片上，按住鼠标左键进行拖动，移动图片至合适的位置，然后释放鼠标左键即可。若在移动图片的同时按住 Ctrl 键，可实现图片的复制操作。

(4)旋转图片

选中图片,将鼠标指针移至图片上方的旋转控制点上,拖动鼠标左键即可旋转图片。另外,在"图片工具"选项卡中单击"旋转"下拉按钮,在展开的列表中选择相应的选项,还可对图片进行翻转。

(5)多图片对齐

当插入的多幅图片均处于非嵌入型文字环绕方式的状态时,可以通过"对齐"功能将它们按指定的方式进行对齐。选中要对齐的多幅图片后,在"图片工具"选项卡中单击"对齐"下拉按钮,在展开的列表中可选择对齐方式,如选择"左对齐"选项。

(6)图片裁剪

对于插入文档的图片,可以通过裁剪功能进行修整以删除图片不需要的部分,从而获得所需要的外观效果。选中图片后,在"图片工具"选项卡中单击"裁剪"下拉按钮,在展开的列表中选择想要裁剪的形状后,再单击空白处,该图片即裁剪为该图形,如图2-23所示。

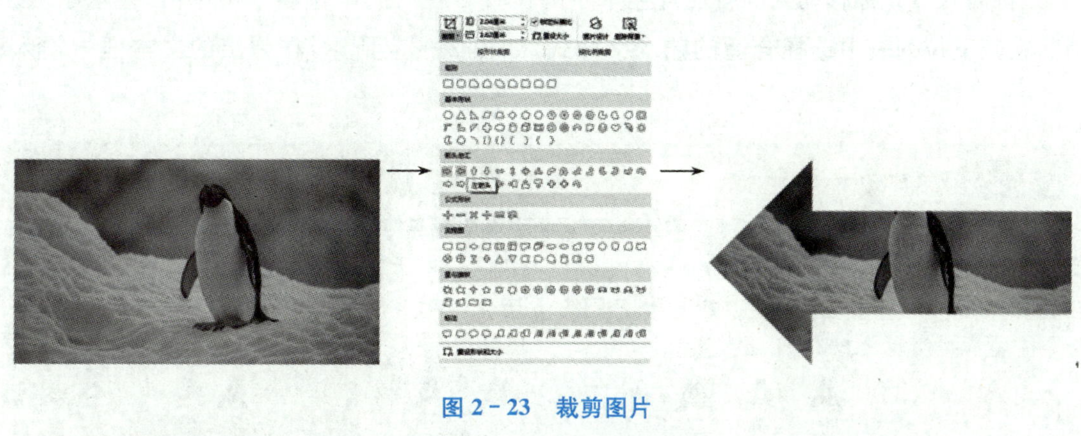

图2-23 裁剪图片

(7)应用图片样式

插入图片后,为了使图片更加美观,可以为图片设置图片样式。选中图片,在"图片工具"选项卡中单击"效果"下拉按钮,在展开的列表中选择所需要的样式即可。使用"边框"工具还可以设置图片边框的线型、颜色和粗细等。

2)文本框

文本框是一种包含文字的图形对象。文本框是图形,这就意味着可以在文本框中填充颜色、纹理图案或图片,可以修改其边框的粗细和线形,也可以使文档中的正文文字以不同的方式环绕在文本框四周。

(1)插入文本框

单击"插入"选项卡中的"文本框"按钮,在下拉菜单中单击所需的文本框图标,也可以选择在页面文档中拖动鼠标绘出文本框。

(2)设置文本框的格式

由于文本框具有形状的属性，所以可以利用“绘图工具”选项卡中各项按钮进行颜色、线条、大小、位置、环绕等设置；也可以通过文本框的8个方向句柄进行缩放、定位等操作。还可设置边框、阴影、三维效果等，框内文字可横排、竖排等。

3）绘制图形

WPS文字提供了一套现成的基本形状，如圆形、矩形、三角形及多边形等，在文档中可以方便地使用这些形状来绘制流程图、架构图、体系结构图等内容。在“插入”选项卡中单击“形状”按钮，在弹出的下拉菜单中可以选择各种形状绘制图形。

4）艺术字

艺术字结合了文本和图形的特点，能够使文本具有图形的某些属性，如设置旋转、三维效果等。按下面步骤操作就可以在WPS中轻松地加入艺术字：

将插入点光标移动到准备插入艺术字的位置。在“插入”选项卡中单击“艺术字”按钮，在其下拉列表中选择合适的艺术字样式，如图2-24所示，在弹出的文本框中输入文字。

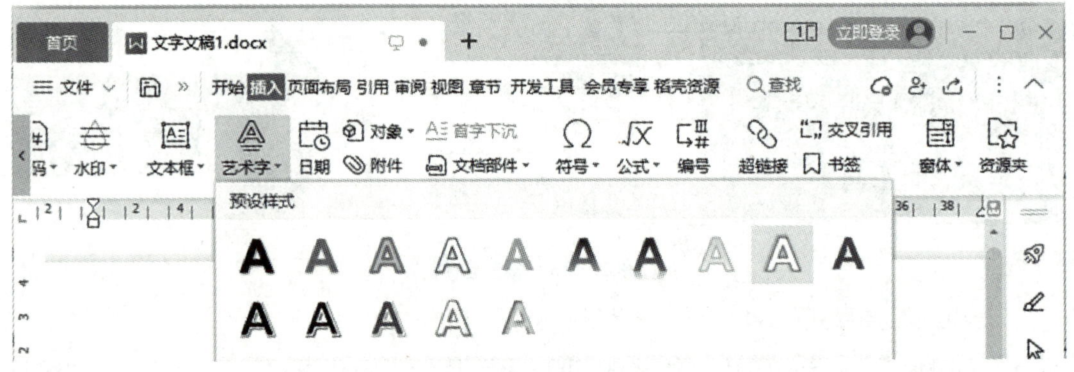

图2-24 艺术字样式

用户可以对输入的艺术字分别设置字体、字号、颜色、环绕方式等。

案例三 产品介绍说明书

1）案例任务

本案例是制作产品介绍说明书，如图2-25所示，主要运用制作艺术字、插入图片、绘制图形、文本框等图文混排技术。

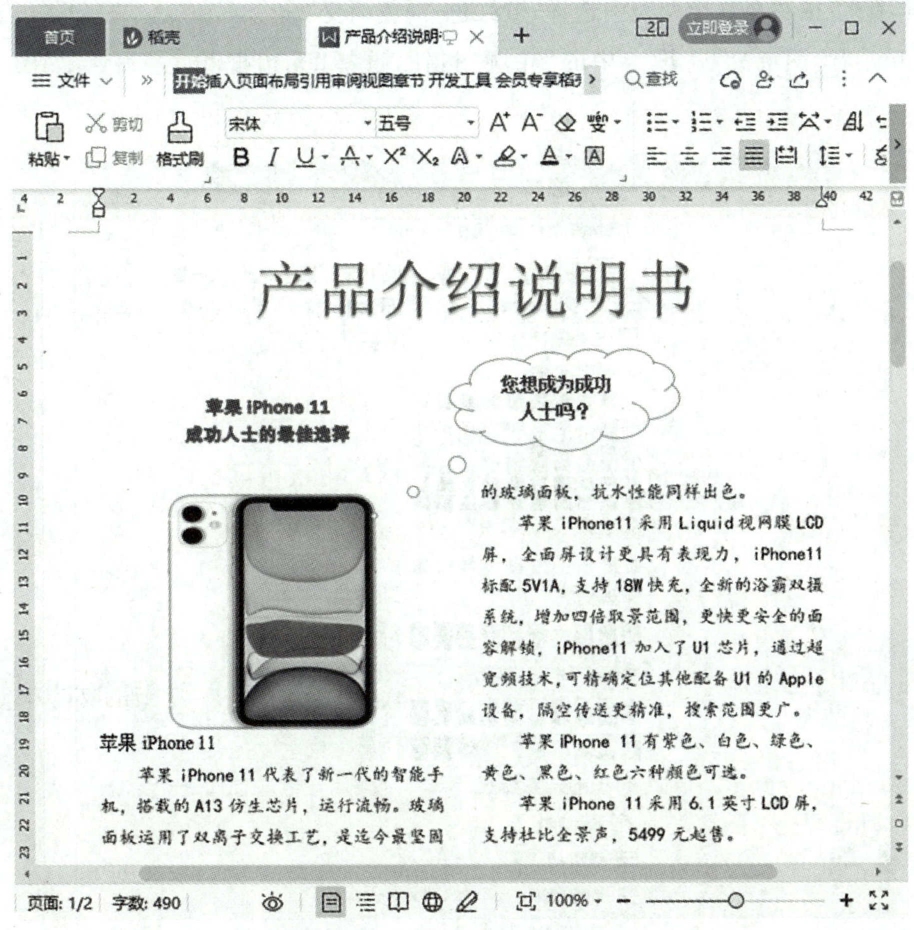

图 2-25　产品介绍说明书案例

2）制作艺术字标题

①单击“插入”选项卡中“艺术字”按钮，在弹出的下拉列表中选择“填充-钢蓝，着色 1，阴影”选项。

②在文档工作区中出现的艺术字文本框内输入“产品介绍说明书”标题文字。

③选择艺术字文本框将鼠标指针移动到艺术字文本框上，按住鼠标左键不放，拖动鼠标，将艺术字文本框拖动到合适位置。

④设置文字环绕为“上下型环绕”。

3）使用文本框制作宣传标语

①单击“插入”选项卡中的“文本框”按钮，在下拉菜单中单击“横向”，输入所需文本，文字居中。

②单击“文本工具”选项卡中的“文本预设样式”，选择“渐变填充-亮石板灰”命令，单

击“文本填充”按钮在下拉列表中选择“橙红色-褐色渐变”命令，完成艺术字效果设置。

③单击“绘图工具”选项卡中的“轮廓”按钮，选择“无边框颜色”命令，如图 2－26 所示。

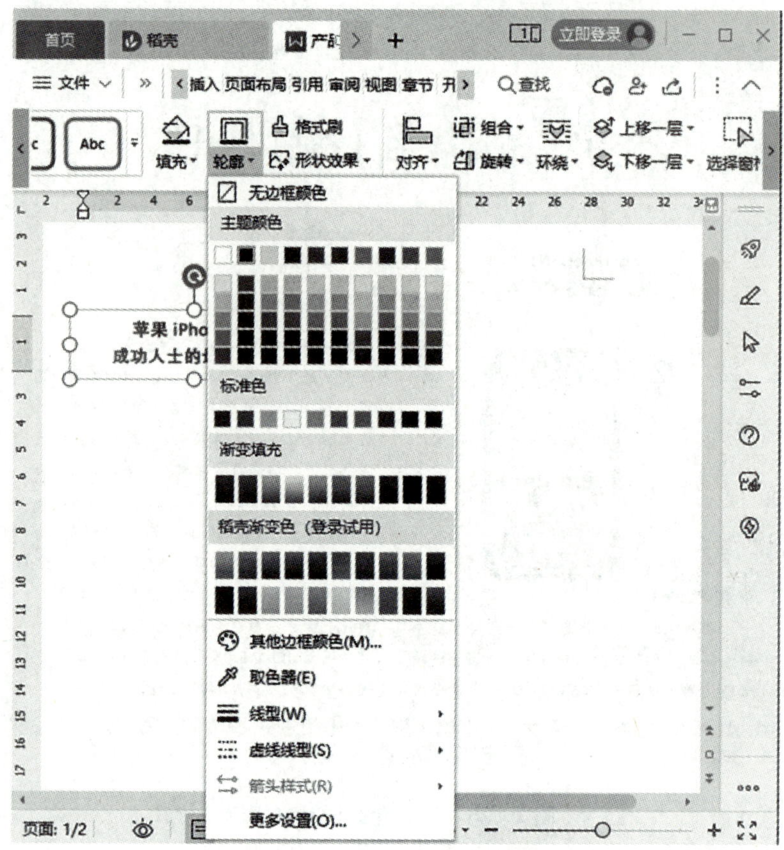

图 2－26　形状轮廓

4）插入宣传图片及文字

①将鼠标指针定位到需要插入图片的地方，插入图片并对图片进行适当裁剪、调整。

②图片插入之后，选择环绕文字方式，选取“上下型环绕”方式。

③输入全部文字，分 2 栏，字体为“楷体”，行距为“固定值 18 磅”。

④设置完之后，我们可以随意拖动图片，当然，我们还可以对其进行更加细致的调整，以满足自己的需求。

5）绘制图形

①在“插入”选项卡中点击“形状”按钮。

②在“标注”中选择“云形标注”形状，插入到文中合适位置，输入文字“您想成为成功人士吗?”。

③设置形状样式、颜色、环绕方式，拖动图形改变其大小、位置等。

至此，产品介绍说明书制作完毕。

2.1.7　文档的高级应用

在编排论文、说明书和书籍等长文档时，需要设置章节、设置字符和段落格式，还需要进行页眉和页脚的设置、目录的提取等操作。为此，WPS 文字提供了分隔符、样式、页眉、页脚，以及目录等功能。不仅如此，针对需要审阅的文档，WPS 文字提供了修订与批注功能，使审阅工作更加简单方便。

1）样式

(1)样式的概念

样式是一组已命名的字符和段落格式的组合，如章节标题、字体、字号、对齐方式、段落缩进等。当定义一个样式后，只要把这个样式应用到其他段落或字符，就可以使这些段落或字符具有相同的格式。我们可以使用预设样式，也可以自己定制新样式。

(2)应用样式

应用已有样式编排文档时，首先选定段落或字符，而后在“开始”选项卡中打开“预设样式”对话框，如图 2－27 所示。选择所需要的样式，所选定的段落或字符便按照该样式格式进行编排。当然，也可以先选定样式，再输入文字。

图 2－27　“预设样式”对话框

实际上，WPS 文字已预定义了许多标准样式，如各级标题、正文、页眉、页脚等，这些样式可适用于大多数类型的文档。

(3)新建样式

在“预设样式”对话框中选择“新建样式”按钮命令,屏幕显示“新建样式”对话框,如图2-28所示。在对话框中先输入样式的名称,以及所建样式的类型等,再通过“格式”选项即可以对所建立的样式进行字体、段落等格式设置。建立后,依次选择“确定”按钮退出。

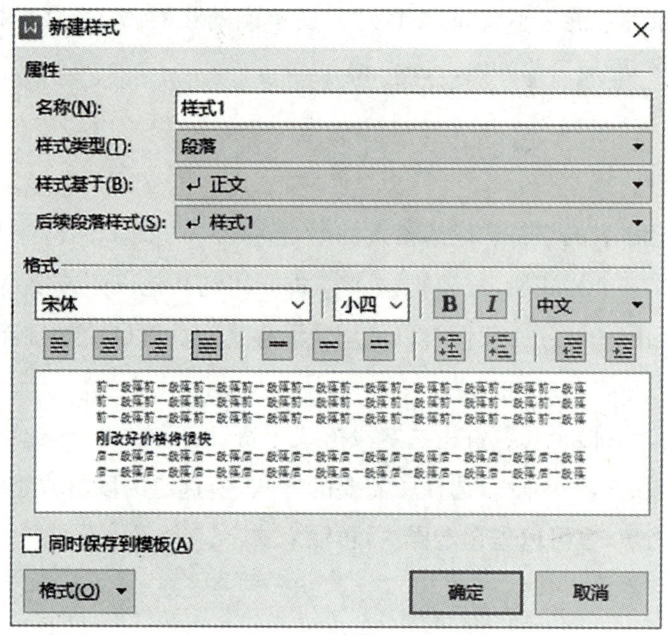

图2-28 创建新样式

2)大纲视图

长文档含有较复杂的结构,在页面视图下不容易编辑、维护,所以可以采用大纲视图来编辑长文档。打开文档,并切换至大纲视图,可以看到窗口中增加了“大纲”选项卡,如图2-29所示。

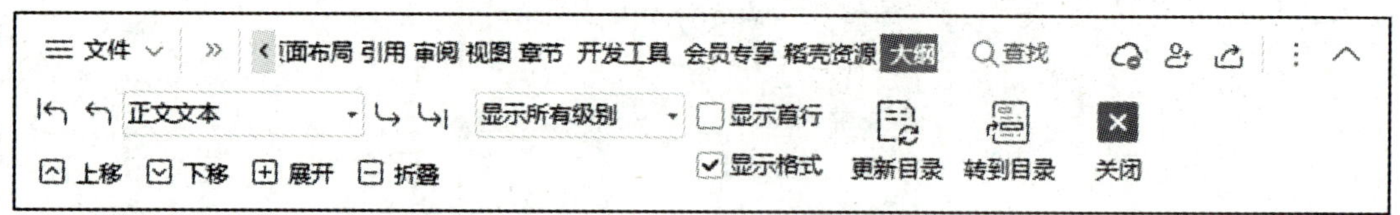

图2-29 “大纲”选项卡

利用“大纲”选项卡中的“提升”按钮 ↰ 与“降低”按钮 ↳ 可改变段落的大纲级别;利用“上移”按钮 上移 与“下移”按钮 下移 可改变段落位置;利用“展开”按钮 展开 与“折叠”按钮 折叠 可展开或折叠下一级标题。

3）文档目录

在正确设置样式后，将插入点置于目录要插入的位置，在“引用”选项卡中单击“目录”下拉按钮，在展开的列表中选择第四个选项，即可在插入点处插入一个自动目录。

提 示：“目录”下拉列表中的前三个选项为 WPS 提供的智能提取功能，当文档中没有设置文本的大纲级别时，可以选择它们来智能提取目录。

在“引用”选项卡中单击“目录”下拉按钮，在展开的列表中选择“自定义目录”选项，打开“目录”对话框，如图 2－30 所示。在“制表符前导符”下拉列表中有 5 种前导符样式，一般选择最后一种，在“显示级别”数值框中可设置 1—9 级，常用显示级别为 3 级。单击“确定”按钮，更改目录的样式。

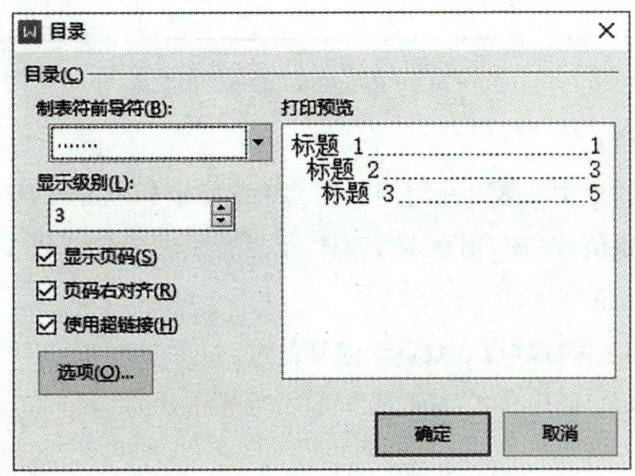

图 2－30　自定义目录

案例四　长文档的制作

本案例将通过编排长文档“毕业论文”，详细介绍插入分隔符、设置样式、设置页眉和页脚，以及提取目录等操作。编排好的“毕业论文”部分页面效果如图 2－31 所示。

下面先提出排版的具体任务，然后给出具体的操作步骤。

1）长文档的案例任务

(1)页面设置

采用 A4 纸，设置上、下、左、右页边距分别为 2.5cm，2.5 cm，2.5 cm，2 cm；页眉 1.5cm，页脚 1.75 cm。

(2)正文格式

正文是从第 1 章开始的论文文本内容，排版格式详细要求如下：

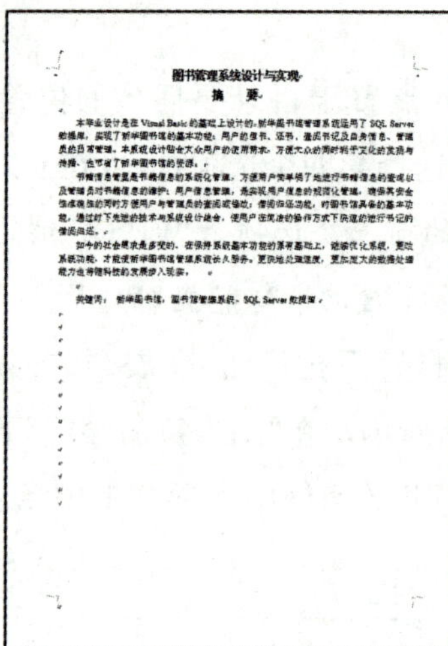

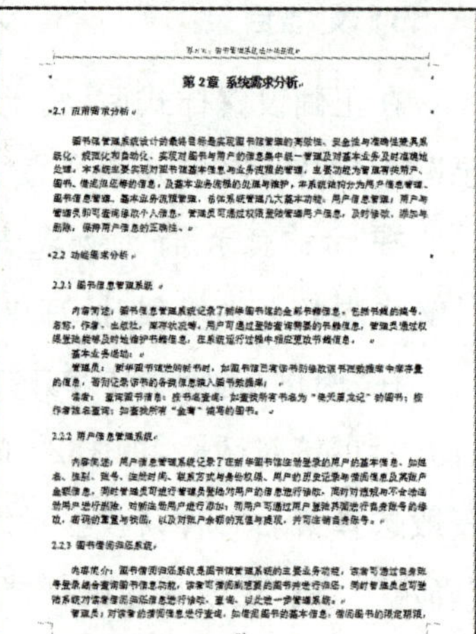

图 2-31 “毕业论文”部分页面效果

①“论文段落”格式。

新建样式，名为“论文段落”，并应用到正文中除章节标题、图的题注外的所有文字。格式中行距采用固定值：18 磅，用小 4 号宋体字，首行缩进 2 字符，西文、数字等符号均采用 Times New Roman 字体。

②一级、二级和三级标题样式及自动编号。

a. 一级标题（章名）使用样式“标题 1”，居中；编号格式为“第 1 章”，小 3 号宋体字加粗、居中；

b. 二级标题（节名）使用样式“标题 2”；编号格式为多级列表编号（形如 1.1），小 4 号黑体字、居左顶格书写。

c. 三级标题（次节名）使用样式“标题 3”，编号格式为多级列表编号（形如 1.1.1），用小 4 号宋体字、居左顶格书写。

③给正文中的图添加题注。

图题位于图下方左侧，居中对齐，并使图居中。标签为“图”，编号为“章序号-图序号（例如第 1 章中的第 1 张图，题注编号为图 1-1）”。在正文中出现的文字“如”与“所示”中间给图创建交叉引用。

(3)页眉页脚设置

①在正文开始处插入分节符，类型为“下一页”。页码由正文首页开始编排，起始页码为“1”。

②页眉：奇数页书写“毕业论文（设计）”，用宋体小五号书写；偶数页书写“学生姓名：论文题目”，用宋体小五号书写。

③页脚：页码居中，形式为“—1—”，用 Times New Roman 字体小五号书写。

(4)目录

①自动生成目录项，目录应包括论文中全部的三级以上标题及页码。目录要求层次清晰，目录中的序号、标题应与正文中的序号标题一致。

②自动生成图目录项。

2）页面设置

本书不介绍文字的输入问题，重点介绍长文档排版技术。

①打开已输入完文字的“毕业论文.docx”文档。

②在“页面布局”选项卡中打开“页面设置”对话框，选择“页边距”选项卡，在其中将“上”“下”“左”设为 2.5 厘米，右设为 2 厘米，如图 2-32 所示。

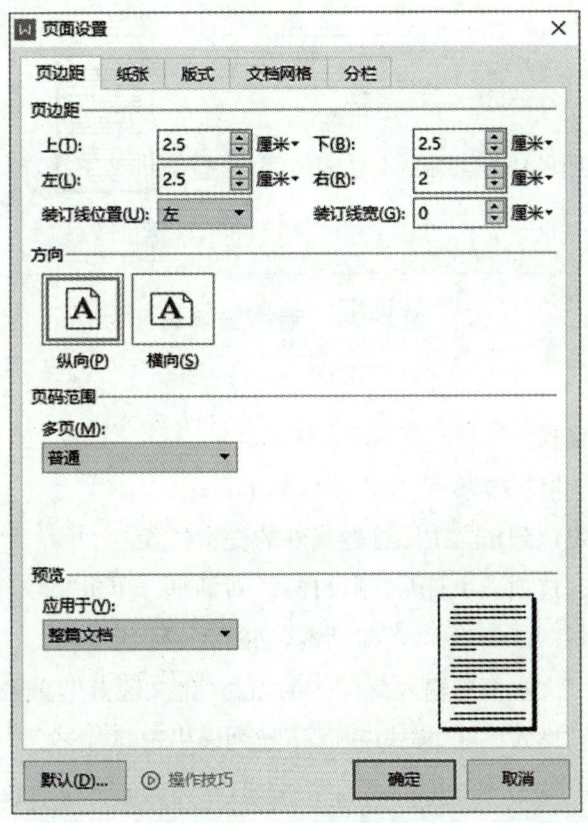

图 2-32　“页边距”选项卡

③ 选择“版式”选项卡，将页眉设为 1.5 厘米、页脚设为 1.75 厘米，如图 2-33 所示。

④ 页面设置完后，单击“确定”按钮。

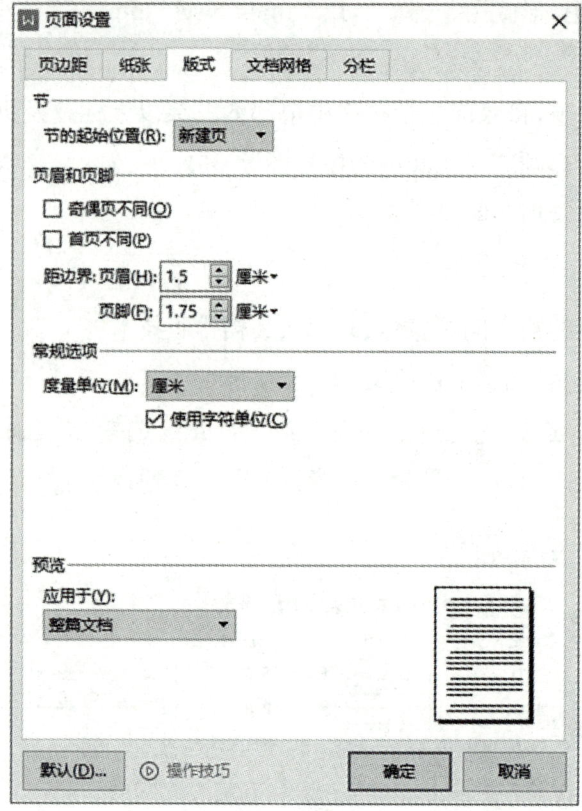

图 2-33 “版式”选项卡

3）正文格式

(1)“论文段落”格式

①新建样式，名为“论文段落”，操作步骤如下：

第 1 步：将光标定位到正文中除标题行外的任意位置。

第 2 步：在“开始”选项卡中打开“预设样式”对话框。单击“显示更多样式”，打开“样式和格式”任务窗格，打开“新建样式”对话框，如图 2-34 所示。

第 3 步：在“名称”文本框中输入新样式的名称“论文段落”，单击“样式类型”右侧的下拉按钮，选择“段落”样式。在“样式基于”下拉列表中选择“正文”。

第 4 步：单击对话框左下角的“格式”下拉按钮，在弹出的下拉列表中选择“字体”，弹出“字体”对话框，如图 2-35 所示。在该对话框中，将中文字体设置为“宋体”，西文字体设置为“Time New Roman”，字号设置为“小四”。设置好字符格式后，单击“确定”按钮返回。

第 5 步：继续单击“格式”下拉按钮，在弹出的下拉列表中选择“段落”命令，弹出“段落”对话框，左缩进设置为 0 字符，首行缩进 2 字符，行距固定值 18 磅，如图 2-36 所示。设置好段落格式后，单击“确定”按钮返回。

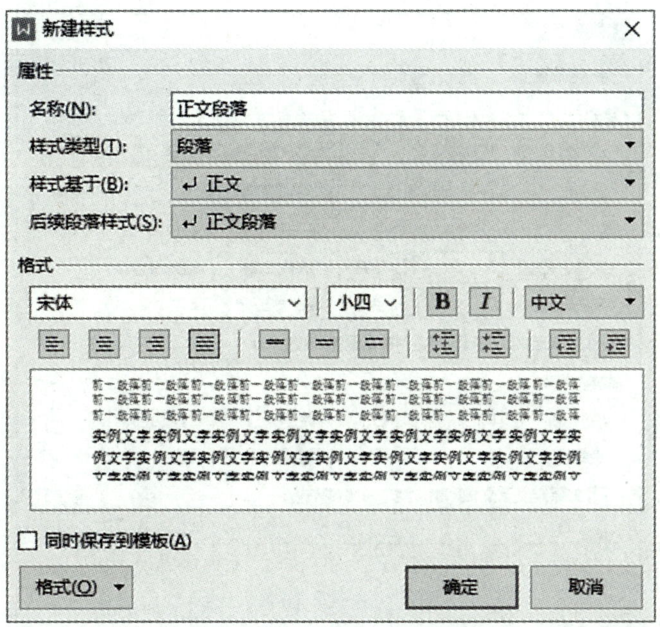

图 2-34 “新建样式”对话框

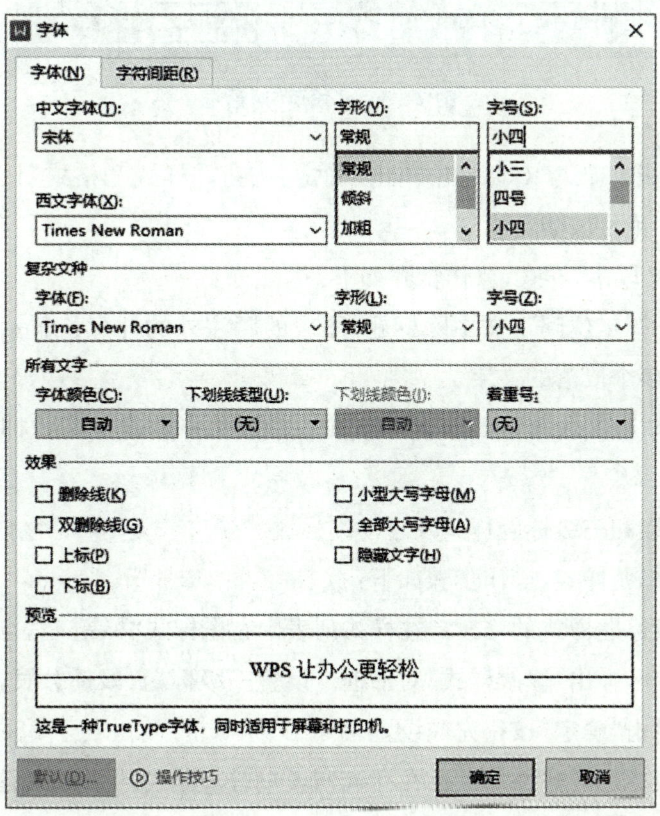

图 2-35 “字体”对话框

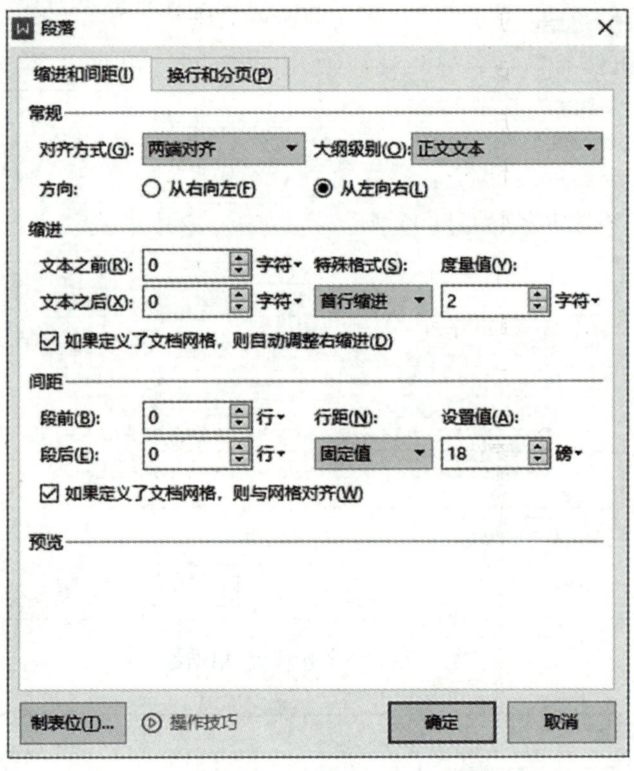

图 2-36 “段落”对话框

第 6 步:在“新建样式”对话框中单击“确定”按钮,“样式和格式”任务窗格中会显示新建的样式名称“论文段落”。

② 应用“论文段落”样式,操作步骤如下:

第 1 步:将光标定位到正文中除标题、图表的题注外的任意位置。也可以选择这些文字或同时选择多个段落的文字。

第 2 步:选择“论文段落”样式,光标所在段落或选择的文字部分即自动设置为所选的样式。

(2)一级、二级和三级标题样式及自动编号。

①修改各级标题样式,操作步骤如下:

第 1 步:一级标题样式的修改。在样式列表中右击样式“标题 1”,在弹出的快捷菜单中选择“修改”命令,弹出“修改样式”对话框。设置一级标题、段前分页,用小 3 号宋体字加粗、居中。再单击“确定”按钮完成设置。

第 2 步:二级标题样式的修改。在样式列表中右击样式“标题 2”,在弹出的快捷菜单中选择“修改”命令,弹出“修改样式”对话框。设置二级标题、用小 4 号黑体字、左对齐,首行缩进设为 0 厘米。再单击“确定”按钮完成设置。

第 3 步:三级标题样式的修改。在样式列表中右击样式“标题 3”,在弹出的快捷菜单中选择“修改”命令,弹出“修改样式”对话框。设置三级标题、用小 4 号宋体字、居左顶格对齐。再单击“确定”按钮完成设置。

②创建多级编号的标题样式,操作步骤如下:

第 1 步:选择“开始”选项卡,单击“编号”下拉按钮,单击“自定义编号”按钮,弹出“项目符号与编号表”对话框,单击“多级编号”选项,选择如图 2 - 37 所示选项,再单击“自定义”按钮,弹出“自定义多级编号列表”对话框。

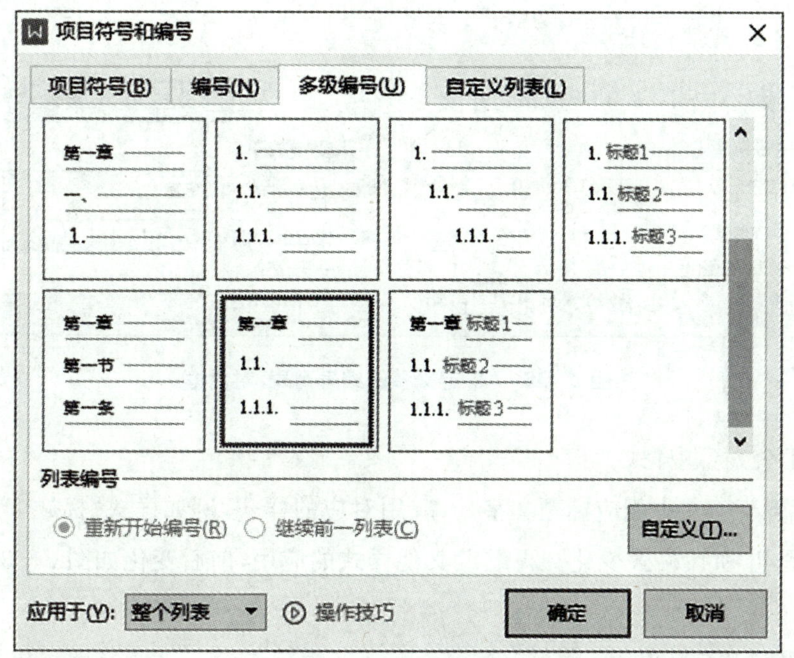

图 2 - 37　多级编号

第 2 步:一级标题(章名)的自动编号。在“自定义多级编号列表”对话框中,在“级别”下拉列表中选择“1”,在“编号样式”下拉列表中选择“1,2,3,...”,“编号位置”选择“居中”,在“将级别链接到样式”下拉列表中选择“标题 1”样式,如图 2 - 38 所示。

第 3 步:二级标题(节名)的自动编号。在“自定义多级编号列表”对话框中,在“级别”下拉列表中选择“2”,“编号位置”选择“左对齐”,在“将级别链接到样式”下拉列表中选择“标题 2”样式。

第 4 步:三级标题(次节)的自动编号,与第 3 步雷同。单击“确定”按钮完成一级、二级、三级标题的自动编号。

“样式和格式”任务窗格中会显示新的标题 1、标题 2 和标题 3 的样式。

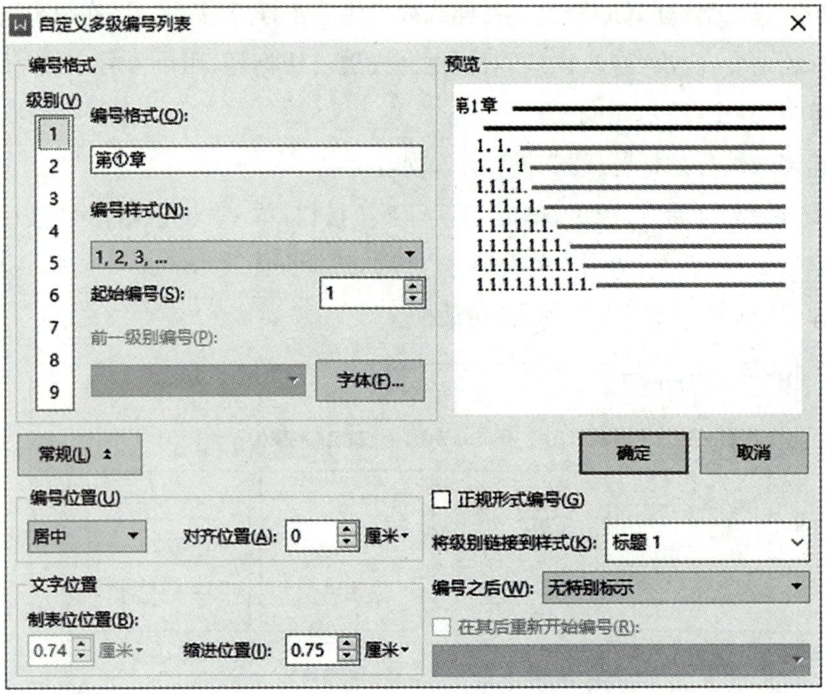

图 2-38 “自定义多级编号列表”对话框

③应用各级标题样式。

将光标置于正文中相应标题文字处，应用对应的样式，例如样式“标题 1”，文字的格式就按“标题 1”所设格式变化。再继续其他样式的应用，前后变化如图 2-39、图 2-40 所示。

(3)图题注及交叉引用。

①创建图题注的操作步骤。

第 1 步：将光标定位到毕业论文正文中第一个图下面一行文字内容的左侧，选择“引用”选项卡，单击“题注”按钮，弹出“题注”对话框，如图 2-41 所示。

第 2 步：在“标签”下拉列表中选择“图”。若没有标签“图”，则单击“新建标签”，在弹出的“新建标签”对话框中输入标签名称“图”，单击“确定”按钮返回。

第 3 步：“题注”文本框中会出现“图 1”，单击“编号”按钮，弹出“题注编号”对话框。格式选择“1,2,3,...”，选择“包含章节号”复选框，将“章节起始样式”设为“标题 1”，在“使用分隔符”下拉列表中选择“-(连字符)”，如图 2-42 所示，单击“确定”按钮返回。

第 4 步：单击“确定”按钮完成题注的添加，题注文字居中。重复操作上面的步骤，可以插入其他图的题注。

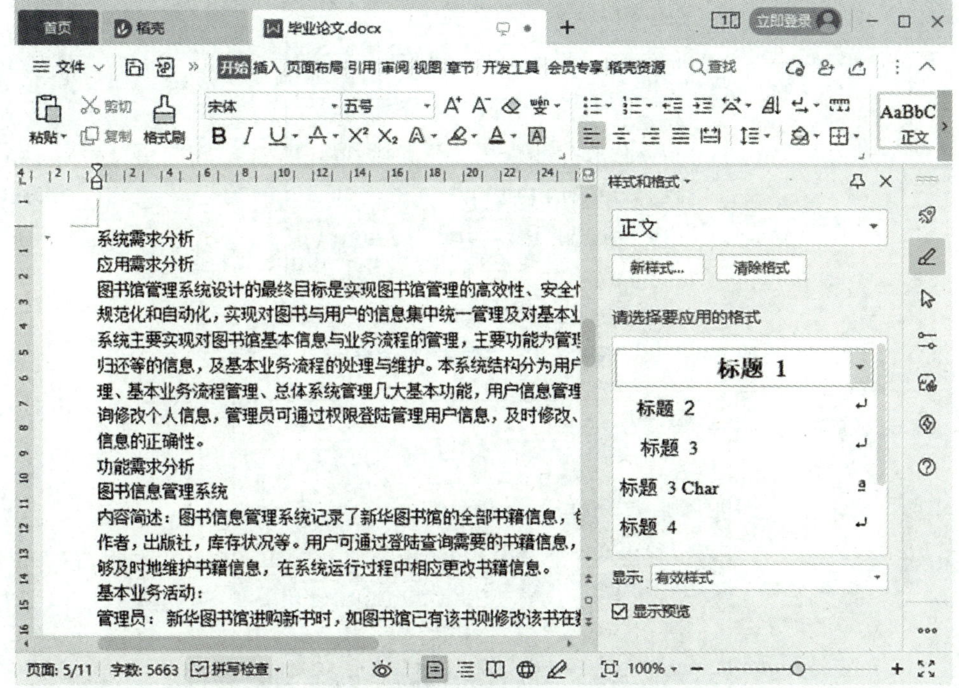

图 2-39　样式应用前

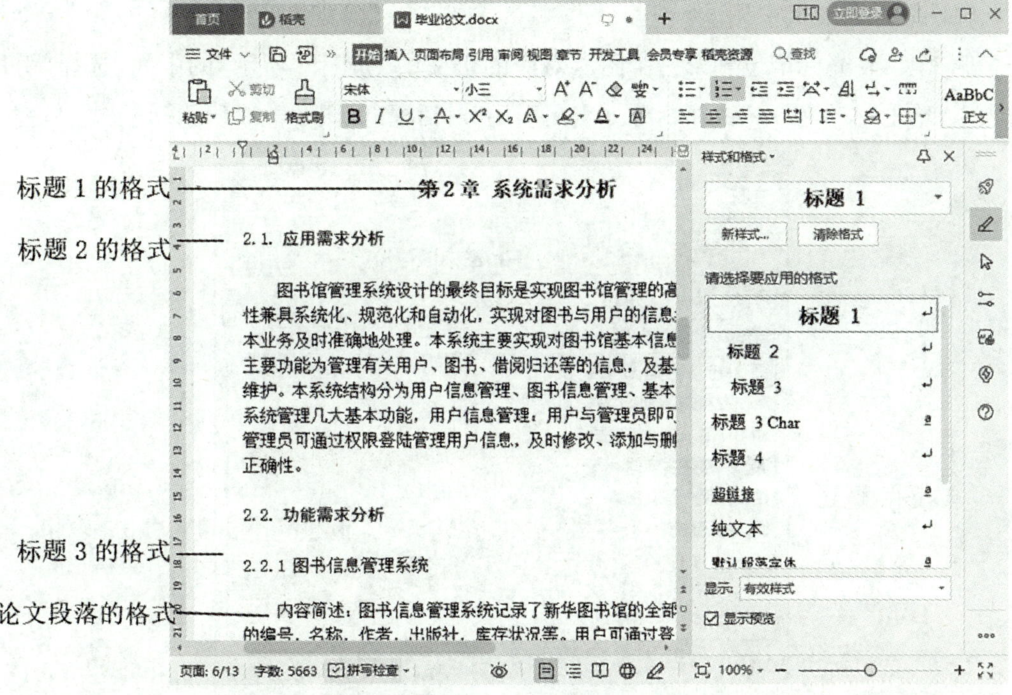

图 2-40　样式应用后

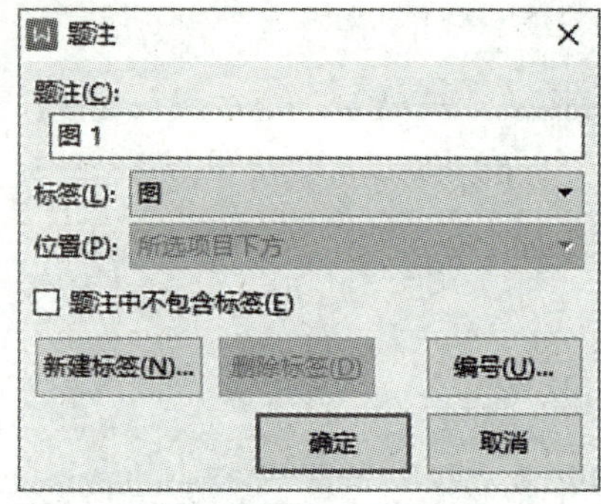

图 2-41 “题注”对话框

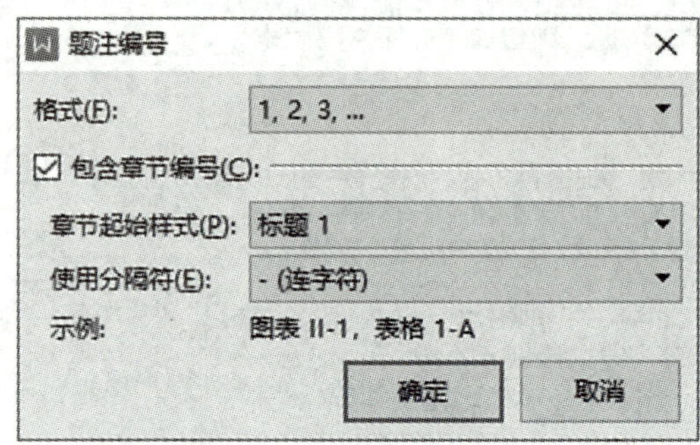

图 2-42 “题注编号”对话框

②图题注的交叉引用

第 1 步：将光标定位到第一个图所对应的正文中“如”和“所示”的中间，选择“引用”选项卡，单击“交叉引用”按钮，弹出“交叉引用”对话框，如图 2-43 所示。

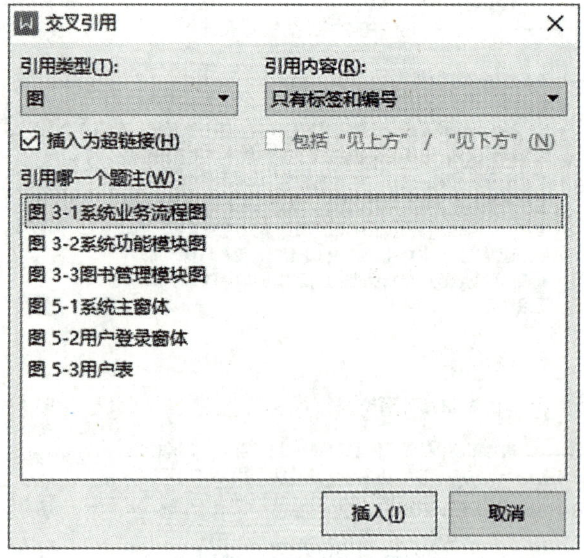

图 2-43 “交叉引用”对话框

第 2 步：在“引用类型”下拉列表中选择“图”选项；在“引用内容”下拉列表中选择“只有标签和编号”选项；在“引用哪一个题注”列表框中选择要引用的题注，单击“插入”按钮。

选择的题注编号将自动添加到文档中。按照上述步骤可实现所有图片的交叉引用。

4）设置页眉页脚

论文要求页码由正文起用阿拉伯数字连续编排，小五号字，页脚居中排列。页眉也由正文起设置，“毕业论文（设计）”与“学生姓名：论文题目”交替出现，小五号宋体字，居中排列。

（1）分节

“节”是文档格式化的最大单位（或指一种排版格式的范围），默认方式下将整个文档视为 1 节，故对文档的页面设置是应用于整篇文档的。若需要在多页之间采用不同的版面布局，需插入“分节符”将文档分成几“节”，然后根据需要设置每“节”的格式即可。

根据论文格式任务要求，封面、目录、中文摘要不需要添加页眉，只有正文才需要添加页眉。页眉和页脚的设置从正文第 1 章开始，需要在第 1 章文字前将整个文档分成两节。

第 1 步：在“第 1 章 绪论”处单击。

第 2 步：在“页面布局”选项卡“页面设置”选项组中单击“分隔符”按钮，在下拉列表中选“下一页分节符”，如图 2－44 所示。

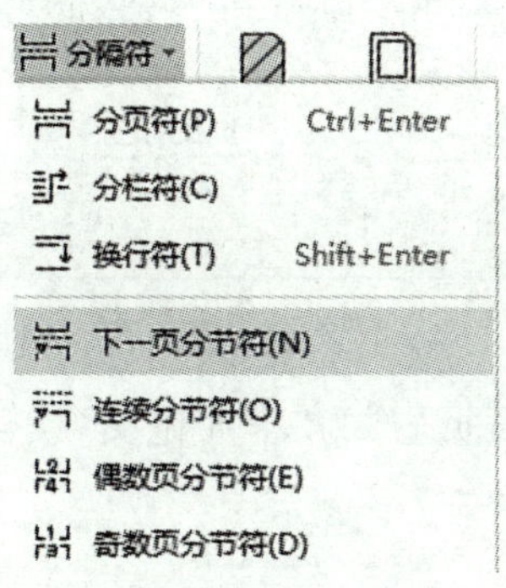

图 2－44　分节符

第 3 步：在“插入”选项卡中单击“页眉页脚”按钮，此时可看到全文分成两节（第 1 节和第 2 节），如图 2－45 所示。

（2）设置页眉和页脚（奇偶页不同）

第 1 步：光标置于第 1 节页眉中，这时可看到“页眉页脚”选项卡。

第 2 步：单击“页眉页脚选项”按钮，将弹出“页眉/页脚设置”对话框，勾选“奇偶页不同”复选框。要设置第 2 节与第 1 节不同的页眉和页脚，不勾选“页眉/页脚同前节”中所有复选框，如图 2-46 所示。

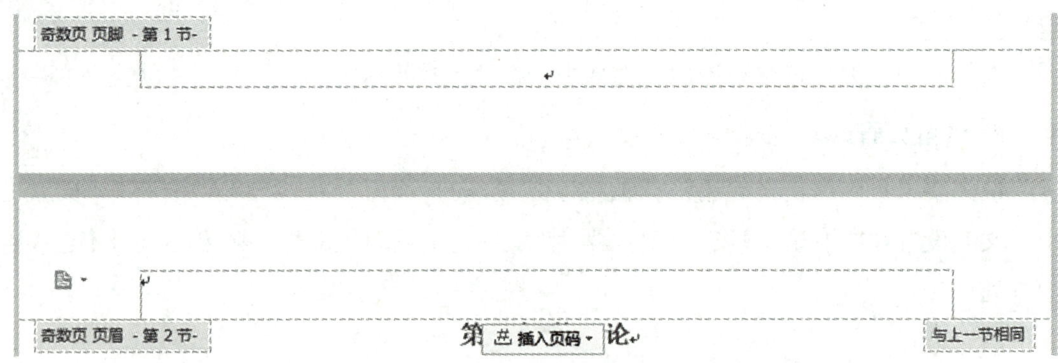

图 2-45　全文分成两节

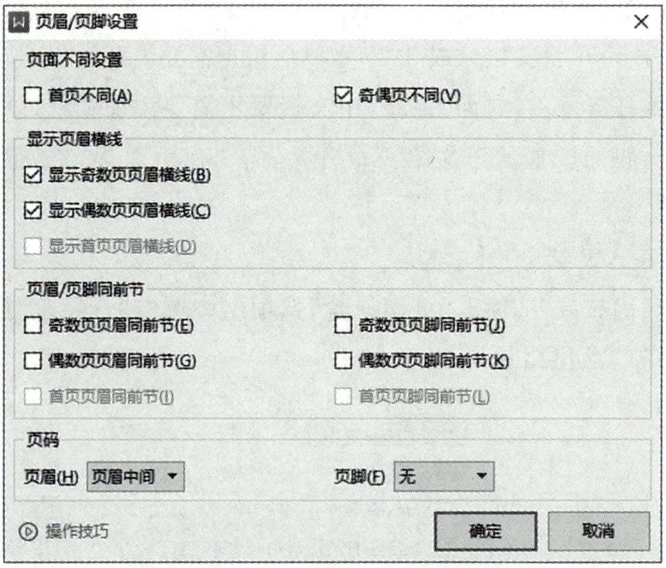

页眉/页脚设置
页面不同设置
☐ 首页不同(A)　☑ 奇偶页不同(V)
显示页眉横线
☑ 显示奇数页页眉横线(B)
☑ 显示偶数页页眉横线(C)
☐ 显示首页页眉横线(D)
页眉/页脚同前节
☐ 奇数页页眉同前节(E)　☐ 奇数页页脚同前节(J)
☐ 偶数页页眉同前节(G)　☐ 偶数页页脚同前节(K)
☐ 首页页眉同前节(I)　☐ 首页页脚同前节(L)
页码
页眉(H) 页眉中间　页脚(F) 无
操作技巧　确定　取消

图 2-46　“页眉/页脚设置”对话框

第 3 步：设置第 2 节“奇数页页眉”为“毕业论文(设计)”。设置页眉的格式为小五号宋体字，居中对齐，如图 2-47 所示。

图 2-47　奇数页页眉

第 4 步：设置第 2 节“偶数页页眉”，输入“学生姓名：论文题目”。格式为小五号宋体字，居中对齐，如图 2-48 所示。

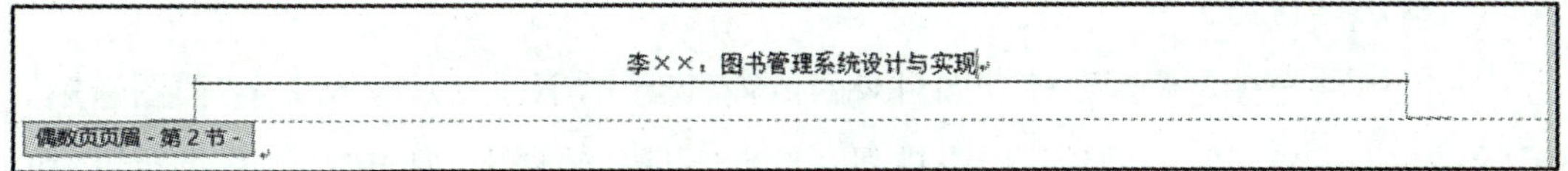

图 2-48　偶数页页眉

第 5 步：设置第 2 节“奇数页页脚”，单击“页码”按钮，在页脚中插入页码。设置为小五号宋体字，居中对齐。“偶数页页脚”也按此法设置。

5）设置目录、图目录

(1)生成目录

第 1 步：将光标定位到要插入目录的位置(毕业论文文档首页)，选择“引用”选项卡，单击“目录”下拉按钮，在弹出的下拉列表中选择“自定义目录”命令，弹出“目录”对话框。

第 2 步：在弹出的对话框中选中“显示页码”和“页码右对齐”选项，“显示级别”设置为 3。

第 3 步：单击“确定”按钮，完成目录的创建，如图 2-49 所示。

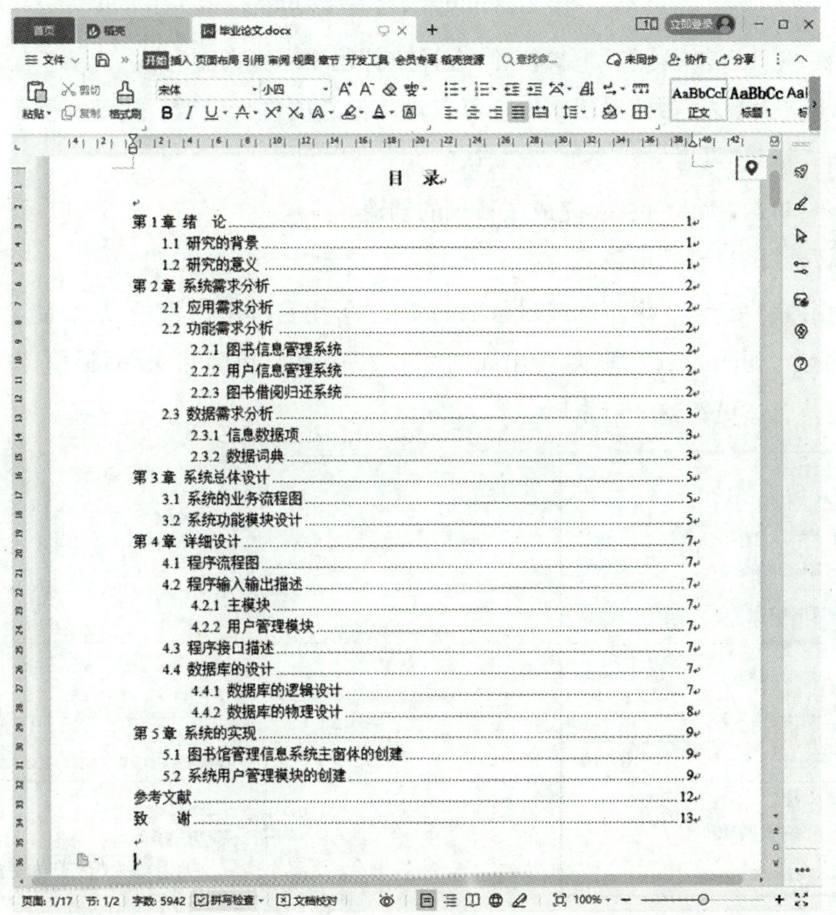

图 2-49　生成的论文目录

(2)生成图目录

第 1 步:将光标定位到要建立图目录的位置(目录的下一页),输入文字“插图清单”,格式设为:小 3 号宋体字,加粗,居中排列。选择“引用”选项卡,单击“描入表目录”按钮,弹出“图表目录”的对话框,如图 2-50 所示。

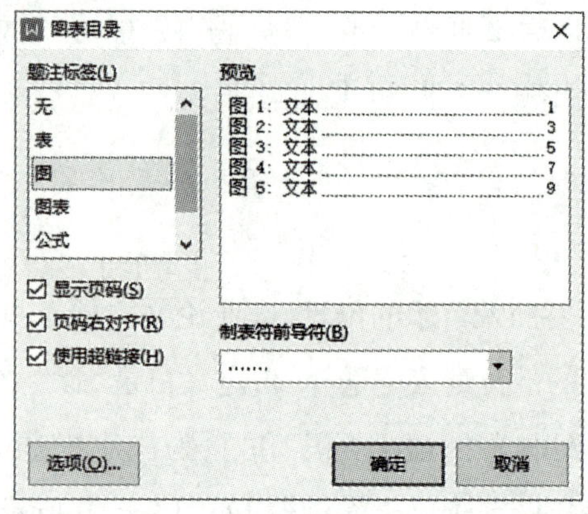

图 2-50 “图表目录”对话框

第 2 步:单击“题注标签”下拉按钮,选择“图”题注标签类型。

第 3 步:在“图表目录”对话框中还可以对其他选项进行设置,如“显示页码”“页码右对齐”等,与“目录”设置方法类似,取默认值。

第 4 步:单击“确定”按钮,完成图目录的创建。

(3)目录与图目录的更新

若文档内容更改,产生页码或目录项的变化,可用右键单击目录,从快捷菜单中选择“更新域”命令,如图 2-51 所示,弹出如图 2-52 所示的“更新目录”对话框,其中可选择“只更新页码”或“更新整个目录”。

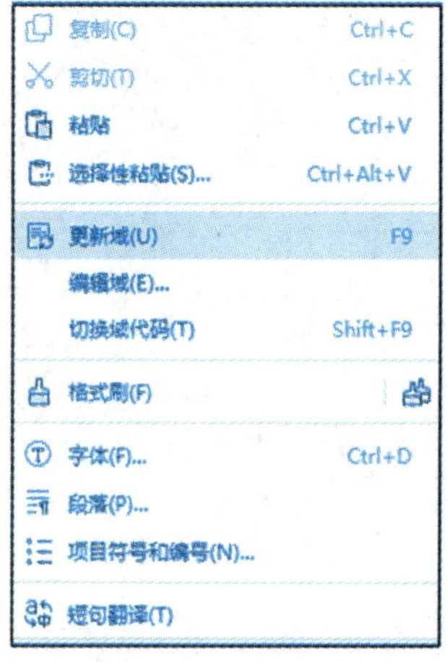

图 2-51 选择“更新域”

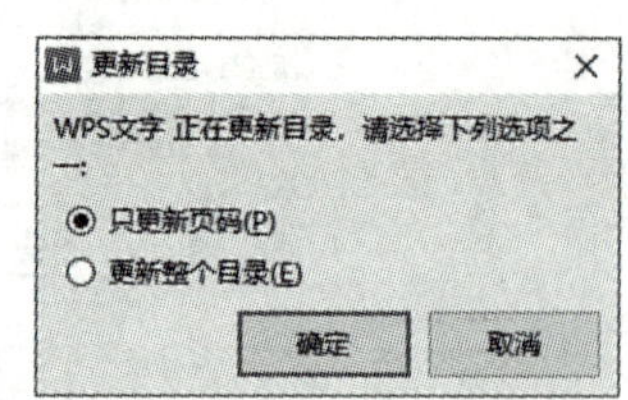

图 2-52 “更新目录”对话框

按照同样的方法可以更新图目录。

至此，毕业论文排版完毕。在整个排版过程中，可以注意到样式的重要性。采用样式，可以实现快速排版，修改格式时能够使整篇文档中多处用到的某个样式自动更改格式，并且易于进行文档层次结构的调整和生成目录。对文档的不同部分进行分节，有利于对不同的节设置不同的页眉和页脚等格式。

2.2　WPS 表格

2.2.1　WPS 表格概述

WPS 表格是集表格的制作、数据管理、分析于一体的功能强大的电子表格处理软件，被广泛应用于各行各业，是办公人员处理各类数据的必备工具。用户在制作电子表格时，经常会将多种类型的数据整合在一个工作簿中进行运算和发布，此时为了使表格的外观更加美观、排列更加合理、重点更加突出、条理更加清晰，还需要对工作表进行一系列的编辑操作。

1) WPS 表格的工作界面

WPS 表格的工作界面主要包括“标题”选项卡、“文件”按钮、“功能”选项卡、功能区、数据编辑区、单元格、工作表标签、状态栏等，如图 2－53 所示。

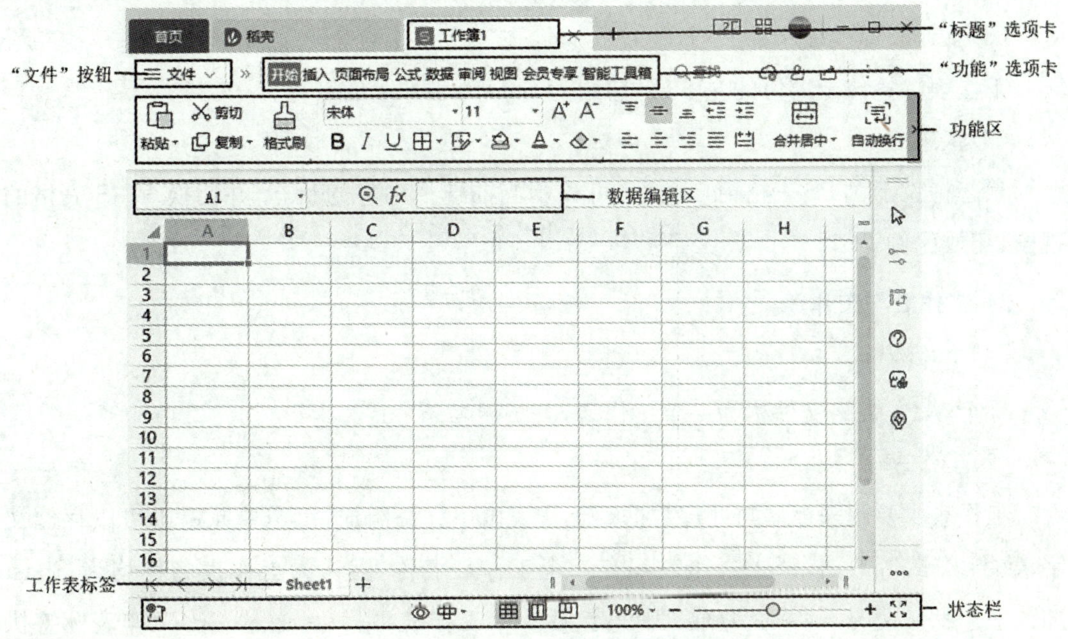

图 2－53　WPS 表格的工作界面

(1)“标题”选项卡

“标题”选项卡位于窗口顶端,用于显示 WPS 表格的名称。WPS 表格启动时,将出现一个名为“工作簿 1”的新工作簿,它是 WPS 表格默认建立的文件名,存盘时可以由用户输入一个合适的文件名。

(2)“文件”按钮

“文件”按钮用于表格文档的新建、保存、输出、打印等操作。

(3)“功能”选项卡

单击其中任一功能选项卡可打开对应的功能区,单击其他功能选项卡可切换到相应的功能区。

(4)功能区

选项组集成了 WPS 表格中绝大多数的功能,根据用户在功能选项卡栏中选择的内容,功能区可显示各种相应功能的命令按钮。

在功能区中,相似或相关的功能按钮以组的方式显示。一些组还在该组区域的右下角提供了扩展按钮,辅助用户以对话框的方式设置详细的属性。

(5)数据编辑区

数据编辑区用来显示和编辑活动单元格中的数据或公式,左侧是名称框。当选择单元格或区域时,相应的地址或区域名将显示在名称框中,在单元格中编辑数据或公式时,其内容同时出现在编辑栏中,可在其中编辑当前单元格的数据或公式。

(6)工作表标签

工作表标签位于窗口的左下部,初始为 Sheet1 工作表的名称。

(7)状态栏

状态栏位于 WPS 表格窗口底部,可显示当前选择内容的状态,并切换 WPS 表格的视图、缩放比例等。

2) 工作表与工作簿

(1)工作簿

一个 WPS 表格文件称为一个工作簿,其扩展名是. xlsx。

(2)工作表

工作表主要用来存储与处理数据。工作表由单元格组成,每个单元格中可以存储文字、数字、公式等数据,每张工作表都有一个工作表名称,默认的工作表名称均为 Sheet 加数字。默认情况下,每个工作簿中只包括 1 个工作表,用户可通过右击工作表标签执行相应的菜单命令来添加工作表。要切换工作表,只需要单击相应的工作表标签即可。

(3)单元格

单元格是 WPS 表格中的最小单位，主要是由交叉的行与列组成，其名称(单元格地址)是通过行号与列标来显示的，例如：A3 表示的就是第 3 行第 A 列的单元格。

单元格区域是一组被选中的、灰底显示的相邻或分离的单元格。对一个单元格区域的操作是对该区域中的所有单元格执行相同的操作。例如，A2:B4 指的是以 A2 单元格和 B4 单元格为对角线的一个矩形区域。

2.2.2 WPS 表格的基本操作

1) 数据录入

在 WPS 表格中，根据输入的数据性质，可以将数据分为数值型数据、文本型数据、日期型数据和逻辑型数据。

(1)文本型数据的输入

WPS 表格文本包括汉字、英文字母、数字及其他键盘能输入的符号。对于邮政编码、电话号码数据等，应设置成文本型，可在输入数字前加上一个英文状态的单引号。

(2)数值型数据的输入

在输入一个分数时，在整数和分数之间应该有一个空格，如 1 1/2。当分数小于 1 时，应该先输入一个 0 和一个空格，再输入该分数。例如，输入“1/3”时应输入“0 1/3”，如果省略“0”，则 WPS 表格会将它为日期，表示“1 月 3 日”。

如果要输入百分数，只需先输入数字，再加上“%”号即可。

WPS 表格将“E”或“e”作为科学记数法中的乘方符号处理，例如，1.38E+5 表示“1.38×10^5”。

(3)日期型输入

输入日期时，可以使用斜杠(/)或连字符(—)来分隔年月日，如输入“2022－7－11”表示 2022 年 7 月 11 日。

在输入时若按组合键“Ctrl+”，则取系统的当前日期。若按组合键“Ctrl+Shift+”，则取系统的当前时间。

(4)逻辑型数据的输入

可以直接在单元格中输入逻辑值 True(真)或 False(假)，一般是在单元格中进行数据比较运算时由 WPS 表格判断后自动产生的结果(True 或 False)，居中显示。

2) 编辑工作表

(1)单元格的选定

单击单元格，则该单元格就被选定，此时这个单元格就称为活动单元格，并且用粗框线显示出来。

(2)单元格区域的选定

①连续区域的选定:从指定单元格开始拖动鼠标至另一个单元格,就选定了以这两个单元格为对角的区域。

②不连续区域的选定:若要选定多个不连续的区域,可以在选定第一个区域之后,按住 Ctrl 键不放,再选定第二个。

③整行或整列的选定:单击行号或列标,可以选定一行或一列;若要选定连续的行或列,则从欲选定的起始行或列一直拖动到最后一行或列;若要选定不连续的行或列,则在选定行或列之后,按住 Ctrl 键不放,同时选定其他的行或列即可。

(3)编辑单元格数据

单击要修改的单元格,然后输入新的内容,则单元格中原有的内容被新输入的内容覆盖,按 Enter 键完成编辑。

双击要修改的单元格,或按 F2 键,则单元格中会出现插入点,此时可以对单元格中的数据进行编辑。

(4)单元格的插入与删除

①插入单元格。右击当前单元格,在弹出的快捷菜单中选择"插入"命令,在子菜单中选择相应的命令,如图 2-54 所示。

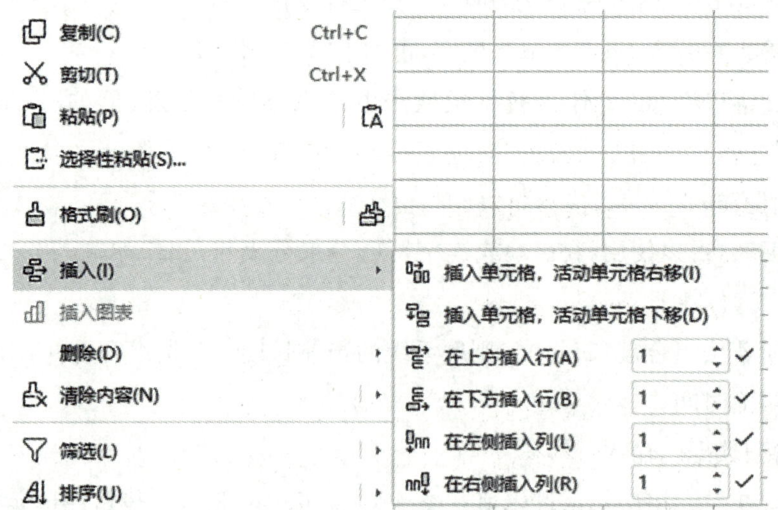

图 2-54 "插入"对话框

②删除单元格。右击要删除的单元格,在弹出的快捷菜单中选择"删除"命令,在子菜单中选择相应的命令,如图 2-55 所示。

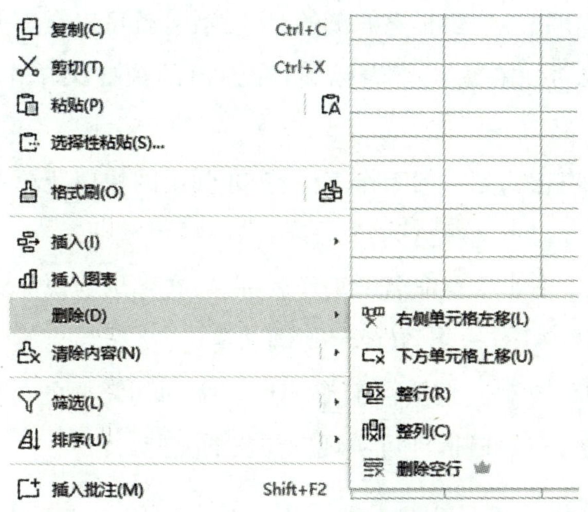

图2-55 “删除”对话框

(5)单元格数据的移动、复制和清除

①单元格数据的移动、复制。

通过“剪切”和“粘贴”操作完成单元格数据的移动，通过“复制”和“粘贴”操作完成单元格数据的复制。如果要移动或复制的源单元格与目标单元格相距较近，也可以用鼠标拖动的方法完成移动或复制(按住 Ctrl 键)。注意:采用鼠标拖动的方法时，必须先把光标移动到单元格边框，等光标变成四向箭头后才可以拖动。

②单元格数据的清除。

清除单元格是将单元格中的数据清除，单元格还保留在原位置，这与删除单元格是不同的。在“开始”选项卡的“编辑”选项组中，单击“清除”按钮，在其下拉菜单中选择相应命令即可实现。清除内容时也可以在选定单元格后直接按 Del 键。

(6)行高和列宽的调整

用户可以根据自己的需要来调整行高和列宽，调整的方法有按钮命令法和鼠标拖动法。

①按钮命令法。选定要调整的行或列，在“开始”选项卡对应的功能区中，单击“行和列”按钮，在其下拉菜单中选择“行高”或“列宽”命令，输入行高或列宽的值。

②鼠标拖动法。将鼠标指针置于行号或列号边界处，指针变成双向箭头后，拖动鼠标，直到得到满意的行高或列宽。

(7)工作表的操作

①选定工作表。单击工作表标签就可以选定工作表，选定的工作表标签的底色是白色。

②插入工作表。单击工作表标签右侧的“+”按钮，就可以在当前工作表的右边插入一张新的工作表。也可以右击工作表标签，在弹出的快捷菜单中选择“插入工作表”命令。

③删除工作表。右击要删除的工作表标签，在弹出的快捷菜单中选择“删除工作表”命令。

④重命名工作表。右击要重命名的工作表标签，在弹出的快捷菜单中选择“重命名”命令，然后直接输入新的工作表名，按 Enter 键确定。

⑤工作表的移动与复制。直接将工作表标签拖动到需要的位置，即可以移动工作表；若在拖动的同时按住 Ctrl 键，即可实现工作表的复制。

3）工作表的格式化

(1)设置字体

对于工作表中数据的字体设置，可以先选定要设置的文本或单元格区域，然后使用“开始”选项卡对应的功能区字体相关命令按钮来进行设置。

(2)对齐方式

对于工作表中数据对齐方式的设置，可以先选定要设置的单元格区域，然后通过在“开始”选项卡对应功能区的“单元格格式:对齐方式”扩展按钮来设置。也可以右击单元格区域，在弹出的快捷菜单中选择“设置单元格格式”命令，进行更为复杂的设置。

(3)设置数字格式

如果认为显示的数字格式不合适，就需要进行修改。选定要修改数字格式的单元格或区域，然后单击“开始”选项卡对应功能区的“单元格格式:数字”扩展按钮，弹出“设置单元格格式”对话框，选择“数字”选项卡，从“分类”列表框中选择所需的数字分类。

(4)设置边框和底纹

右击单元格区域，在弹出的快捷菜单中选择“设置单元格格式”命令，在“设置单元格格式”对话框中选择“边框”选项卡可以设置单元格的边框；选择“图案”选项卡可以设置单元格的填充效果。

2.2.3　公式与函数

WPS 表格的数据计算是通过公式实现的，对一些复杂的计算，WPS 表格还提供了函数供用户使用，从而减少了用户创建计算公式的麻烦。

1）公式

(1)运算符

WPS 表格中的运算符包括算术运算符、文本运算符、比较运算符和引用运算符 4 种。

算术运算符：＋(加)、－(减)、*(乘)、/(除)、%(百分比)、^(乘方)。

文本运算符：&(连接)。

比较运算符：＜(小于)、＜＝(小于等于)、＝(等于)、＞(大于)、＞＝(大于等于)、＜＞(不等于)。

引用运算符：:(区域运算符)、,(联合运算符)、空格(交叉运算符)。

如果在一个公式中同时出现了多种运算符，必须要按照一定的优先级次序进行运算。运算优先级从高到低依次是：小括号、引用运算、算术运算、文本运算、比较运算。

(2)输入公式

公式总是以等号“＝”开头，其后是公式表达式，公式中所有的标点符号都必须是英文半角状态下的符号。在一个公式中，可以包含各种运算符、常量、变量、函数、单元格地址等。

(3)公式的复制

为了提高输入效率，可以对单元格中输入的公式进行复制。复制公式的方法是：单击公式所在的单元格，拖动该单元格右下角的填充柄到同行或同列的其他单元格上。

2）单元格的引用

(1)相对引用

相对引用的格式是“列标行号”，如：A2 单元格使用相对引用后，系统会记住建立公式的单元格和被引用的单元格之间的相对位置关系，在复制这个公式时，新的公式单元格和被引用的单元格仍保持这种相对位置。

(2)绝对引用

绝对引用的格式是“$列标$行号”，如：$A$2 使用绝对引用后，建立公式的单元格和被引用的单元格之间的位置关系是绝对的，无论将这个公式复制到任何单元格，公式所引用的还是原来单元格的数据。

(3)混合引用

混合引用是指在单元格的引用中，一部分是相对引用，一部分是绝对引用。如 $C4 就表明保持“列”不发生变化，但“行”会随着新的复制位置发生变化。

3）函数

WPS 表格提供了大量已经定义好的函数，用户可以直接使用。在公式中合理地使用函数,可以节省用户的输入时间,简化公式的输入。根据函数的功能,可以将函数分成财务函数、统计函数、文本函数、逻辑函数、信息函数、数据库函数、日期与时间函数、查找与引用函数、数学与三角函数等。

(1)常用函数

①求和函数 SUM。

语法:SUM(number1,number2,…)

参数 number1,number2,… 为需要求和的参数。

功能:返回所有参数数值之和。

②求平均值函数 AVERAGE。

语法:AVERAGE(number1,number2,…)

功能:求所有参数的算术平均值。

③条件函数 IF。

语法:IF(logical_test,value_if_true,value_if_false)

参数 logical_test 是检测条件,可以是结果为 TRUE 或 FALSE 的任意值或表达式。

功能:当检测条件 logical_test 为 TRUE 时,返回值 Value_if_true;否则返回值 Value_if_false。

④统计函数 COUNT。

语法:COUNT(value1,value2,…)

参数 value1,value2,… 为要计数的数据,参数形式一般用区域地址表示。

功能:COUNT 函数返回区域内含有数字的单元格个数。

⑤条件计数函数 COUNTIF。

语法:COUNTIF(range,criteria)

参数 range 为任意区域地址;criteria 为确定 range 内哪些单元格将计数的条件。

功能:返回区域 range 内的满足条件 criteria 的单元格的个数。

(2)函数的输入

①直接输入法。

选中将要输入公式的单元格,输入一个"=",然后输入函数本身即可。例如输入单击 E2 单元格,输入"=SUM(B2:D2)"。

②插入函数法。

在"公式"选项卡中点击"插入函数"按钮,弹出"插入函数"对话框,如图 2-56 所示,引导用户正确输入函数。

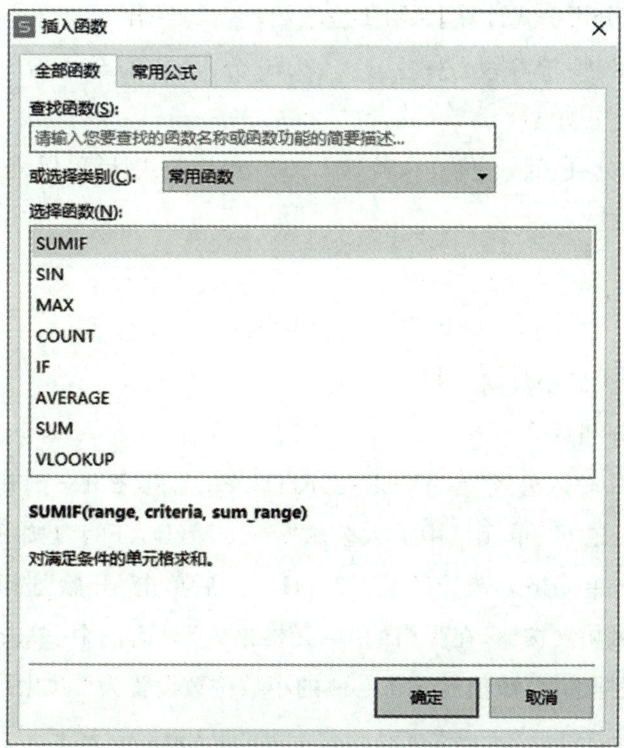

图 2－56　“插入函数”对话框

案例五　建立学生成绩分析表

1）案例任务

建立如图 2－57 所示的电子表格，要求：

	A	B	C	D	E	F	G	H	I
1	学生成绩分析表								
2	学号	姓名	性别	计算机	英语	数学	平均分	总分	评价
3	100001	黄心迪	女	96	91	89	92.0	276.0	A
4	100002	王珏	女	75	86	66	75.7	227.0	B
5	100003	王听雨	女	91	79	87	85.7	257.0	B
6	100004	张快乐	男	78	67	55	66.7	200.0	B
7	100005	邵军	男	64	56	69	63.0	189.0	C
8	100006	陈新	男	58	77	78	71.0	213.0	B
9	100007	胡兵	男	94	88	92	91.3	274.0	A
10	100008	程基	男	85	65	78	76.0	228.0	B
11									
12									
13		每门课最高分		96.0	91.0	92.0			
14		每门课最低分		58.0	56.0	55.0			
15		优秀		3	1	1			

学生成绩分析表

图 2－57　学生成绩分析表

①平均分和总分用公式计算，保留1位小数；

②根据总分算出评价等级（A：总分＞＝270分）、（B：总分＜270并且总分＞＝200分）、（C：总分＜200分）；

③每门课最高分、最低分、优秀人数（＞＝90分）用公式计算，保留1位小数；

④工作表格式化。

2）操作步骤

（1）输入数据

在工作表中输入原始数据。

（2）计算平均分和总分

在G3单元格中输入公式“＝AVERAGE(D3:F3)”，按Enter键确定，然后拖动填充柄到G10单元格。在H3单元格中输入公式“＝SUM(D3:F3)”，按Enter键确定，然后拖动填充柄到H10单元格。选择区域G3:H10，然后单击“开始”选项卡对应功能区的“单元格格式:数字”扩展按钮，在弹出的“单元格格式”对话框中，单击“数字”选项卡，在左侧的“分类”列表框选择“数值”，并将右侧的小数位数设置为1，如图2-58所示。

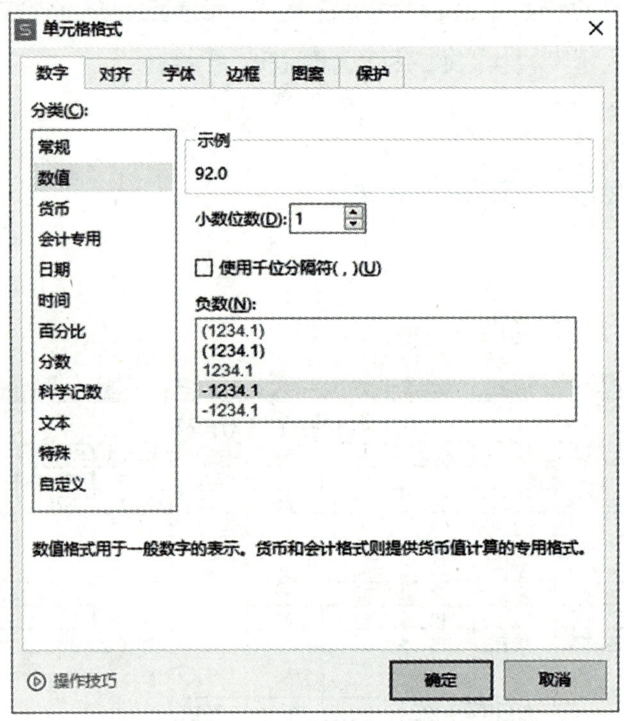

图2-58 “设置单元格格式”对话框

（3）计算评价

在I3单元格中输入公式“＝IF(H3＞＝270,"A",IF(H3＞＝200,"B","C"))”，按

Enter 键确定，然后拖动填充柄到 I10 单元格。

(4)计算每门课最高分

在 D13 单元格中输入公式“=MAX(D3:D10)”，按 Enter 键确定，然后拖动填充柄到 F13 单元格。

(5)计算每门课最低分

在 D14 单元格中输入公式“=MIN(D3:D10)”，按 Enter 键确定，然后拖动填充柄到 F14 单元格。选择区域 D13:G14，设置单元格格式，保留 1 位小数。

(6)计算优秀的人数

在 D15 单元格中输入公式“=COUNTIF(D3:D10,″>=90″)”，按 Enter 键确定，然后拖动填充柄到 F15 单元格。

(7)设置标题的格式

选择区域 A1:I1，在“开始”选项卡的“单元格格式：对齐方式”选项组中点击“合并居中”按钮，标题文字居中显示，再通过“字体设置”选项组将字体设为“楷体”，字号设为“20”。用同样的方法对其他区域文字进行设置。

(8)设置表格边框

选择数据区域 A2:I10，打开“设置单元格格式”对话框，在其中选择“边框”选项卡，单击“外边框”，再单击“内部”。用同样的方法对区域 B13:F15 进行设置。

(9)设置底纹

选择设置的数据区域，打开“设置单元格格式”对话框，在其中选择“图案”选项卡进行设置。

WPS 表格提供了多种专业格式方案供用户选择，以大大节省用于格式化工作表的时间。在“开始”选项卡的功能区中单击“表格样式”按钮，在弹出的下拉菜单中单击所需样式的方案。

3) 函数说明

(1)条件函数 IF

语法：IF(logical_test,value_if_true,value_if_false)

功能：当检测条件 logical_test 为 TRUE 时，返回值 Value_if_true；否则返回值 Value_if_false。

例如 IF(B2>=60,″及格″,″不及格″)表示：如果 B2 单元格中的数据大于等于 60 分，就显示及格，否则显示不及格。

(2)求最大值函数 MAX

语法:MAX(number1,number2,…)

功能:返回一组数值中的最大值。

(3)求最小值函数 MIN

语法:MIN(number1,number2,…)

功能:返回一组数值中的最小值。

2.2.4 数据管理

WPS 表格不仅提供了制表、计算功能,还提供了数据管理功能,如排序、筛选、分类汇总等操作,特别是提供了数据透视和分析功能。

1) 数据排序

排序是指按照某一特定的顺序重新排列数据清单中的各行,但排序并不改变行的内容。选中排序区域,在“数据”选项卡的功能区中,单击“排序”按钮右下角的小箭头,选择“自定义排序”,弹出“排序”对话框,如图 2-59 所示。

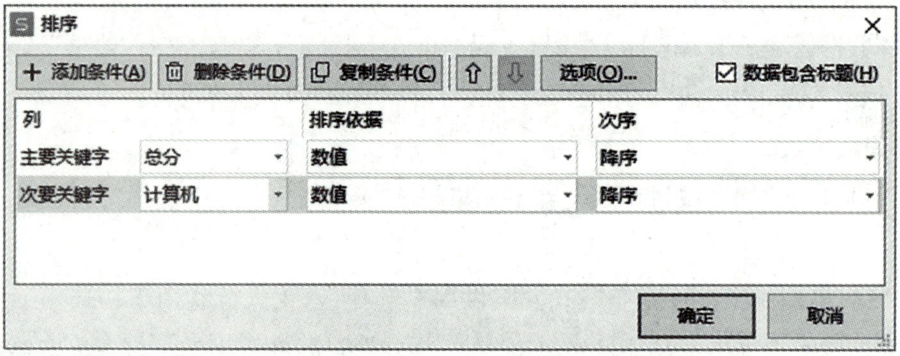

图 2-59 排序

默认情况下,对话框会出现一个“主要关键字”下拉列表框,在其中选择排序关键字。单击“添加条件”按钮,在“主要关键字”下拉列表框下方会出现“次要关键字”下拉列表框。

提示:“主要关键字”在排序是作为第一顺序的,如果主要关键字相同,则按照“次要关键字”作为排序第二顺序,其他依次类推。

2) 数据筛选

对数据进行筛选,就是在数据清单中提取满足特定条件的记录,暂时隐藏不满足条件的记录。在 WPS 表格中,数据筛选可以分为自动筛选和高级筛选两种方式。

(1)自动筛选

自动筛选就是按照一定的条件自动将满足条件的内容筛选出来。操作步骤如下：

①打开“学生成绩分析表”工作表，选中单元格区域。

②在“数据”选项卡对应的功能区中，单击“筛选”按钮的图案部分，此时每个列标题的右侧会出现一个下拉按钮，如图 2－60 所示。

	A	B	C	D	E	F	G	H	I
1	学生成绩分析表								
2	学号	姓名	性别	计算机	英语	数学	平均分	总分	评价
3	100001	黄心迪	女	96	91	89	92.0	276.0	A
4	100002	王珏	女	75	86	66	75.7	227.0	B
5	100003	王听雨	女	91	79	87	85.7	257.0	B
6	100004	张快乐	男	78	67	55	66.7	200.0	B
7	100005	邵军	男	64	56	69	63.0	189.0	C
8	100006	陈新	男	58	77	78	71.0	213.0	B
9	100007	胡兵	男	94	88	92	91.3	274.0	A
10	100008	程基	男	85	65	78	76.0	228.0	B

图 2－60　自动筛选

③单击下拉按钮，会弹出“筛选”对话框，可以根据内容、颜色和数字大小进行筛选。

(2)高级筛选

使用高级筛选可以对工作表和数据清单进行更加复杂的筛选操作。单击“筛选”按钮的文字部分，在弹出的菜单中选择“高级筛选”命令，然后可以进行“高级筛选”设置。要进行高级筛选，必须要先设置条件区域，并将含有筛选值的数据列的列标题作为该条件区域的第一行，条件区域的其他行输入筛选条件。条件区域与数据清单之间至少要空出一行或一列。几个筛选条件在同一行上是“与”的关系；在不同行上是“或”的关系。

3) 分类汇总和透视表

(1)建立分类汇总

分类汇总是将工作表数据按照指定某个字段(称为关键字段)进行分类，并按类进行数据汇总(求和、求平均、求最大值、求最小值、计数等)。分类汇总是先按关键字排序，再进行汇总。

在“数据”选项卡对应的功能区，单击“分类汇总”按钮可以创建分类汇总。在打开的“分类汇总”对话框中设置分类字段、汇总方式、汇总项即可。

(2)建立透视表

数据透视表从工作表的数据清单中提取信息，在“插入”选项卡对应的功能区中，单击“数据透视表”按钮，在弹出的“创建数据透视表”对话框中选择放置数据透视表的位置、选择单元格区域等。

案例六　数据管理操作

1）案例任务

对如图 2－61 中的电子表格进行数据管理操作，要求：

①对学生成绩按“专业”为主要关键字升序排列，对同一专业按“总分”降序排列。

②在学生成绩表中筛选出总分高于等于 240 分，并且数学分高于等于 80 分的男学生。

③求各专业学生的各门课程的平均成绩。

④统计各专业男女生的人数。

	A	B	C	D	E	F	G	H
1	学号	姓名	性别	专业	计算机	英语	数学	总分
2	100001	黄心迪	男	会计	96	91	89	276
3	100002	王珏	女	会计	75	86	66	227
4	100003	王昕雨	女	自动化	91	79	87	257
5	100004	张快乐	男	自动化	78	67	55	200
6	100005	邵军	男	艺术	64	56	69	189
7	100006	陈新	女	艺术	58	77	78	213
8	100007	胡兵	男	计算机	94	88	92	274
9	100008	程基	男	计算机	85	65	78	228

图 2－61　成绩表

2）操作步骤

(1)成绩排序

选择数据区域 A1:H9，在“数据”选项卡对应的功能区中，单击“排序”按钮的文字部分，在下拉菜单中选择“自定义排序”，最后在弹出的“排序”对话框中进行设置。

(2)数据筛选

选择数据区域 A1:H9，在“数据”选项卡对应的功能区中，单击“筛选”按钮的图案部分，在“总分”字段的右侧下拉箭头上单击，在下拉列表中单击“数字筛选”，在下拉菜单中选择“自定义筛选”，在弹出的“自定义自动筛选方式”对话框中设置筛选的条件，如图 2－62 所示；然后分别设置数学、性别字段自动筛选，筛选结果如图 2－63 所示。

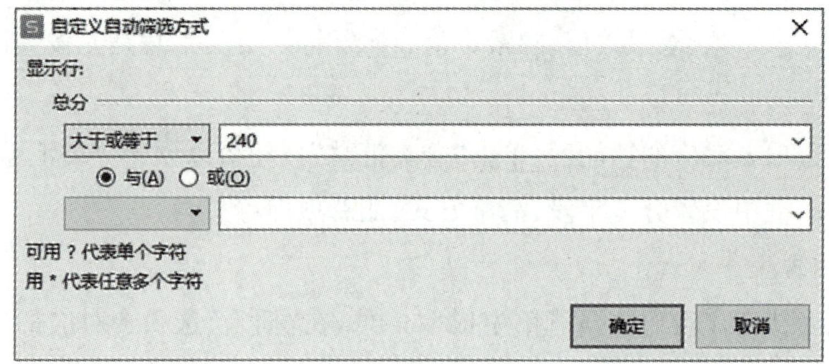

图 2－62　利用“自定义”设置筛选的条件

	A	B	C	D	E	F	G	H
1	学号	姓名	性别	专业	计算机	英语	数学	总分
2	100001	黄心迪	男	会计	96	91	89	276
8	100007	胡兵	男	计算机	94	88	92	274

图 2－63　数据自动筛选的结果

(3)求各专业学生的各门课程的平均成绩

单击“筛选”按钮的图案部分，使数据恢复原状。选择数据区域 A1:H9，先以“专业”字段为主要关键字进行排序，再单击“分类汇总”按钮，在弹出的“分类汇总”对话框中进行相应设置，如图 2－64 所示，分类汇总后的结果如图 2－65 所示。

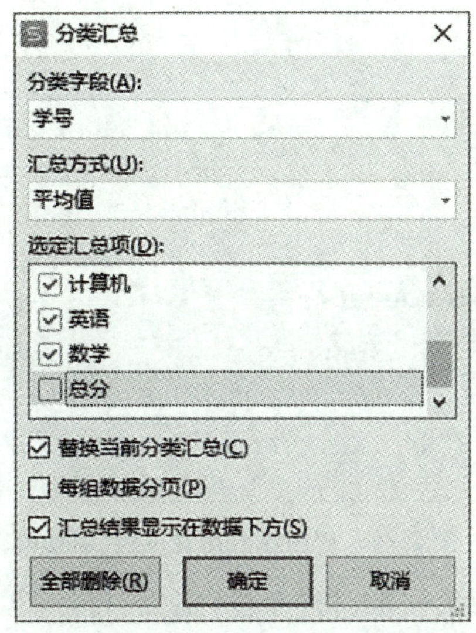

图 2－64　“分类汇总”对话框

	A	B	C	D	E	F	G	H
1	学号	姓名	性别	专业	计算机	英语	数学	总分
2	100001	黄心迪	男	会计	96	91	89	276
3	100002	王珏	女	会计	75	86	66	227
4				会计 平均值	85.5	88.5	77.5	
5	100003	王昕雨	女	自动化	91	79	87	257
6	100004	张快乐	男	自动化	78	67	55	200
7				自动化 平均值	84.5	73	71	
8	100006	陈新	女	艺术	58	77	78	213
9	100005	邵军	男	艺术	64	56	69	189
10				艺术 平均值	61	66.5	73.5	
11	100007	胡兵	男	计算机	94	88	92	274
12	100008	程基	男	计算机	85	65	78	228
13				计算机 平均值	89.5	76.5	85	
14				总平均值	80.125	76.125	76.75	

图 2－65　分类汇总结果

(4)统计各专业男女生的人数

再次单击“分类汇总”按钮，在弹出的对话框中选择下方的“全部删除”按钮，使数据恢复原状。选择数据区域 A1:H9，在“数据”或“插入”选项卡对应的功能区中单击“数据透视表”按钮，弹出“创建数据透视表”对话框，如图 2－66 所示，单击“确定”按钮。

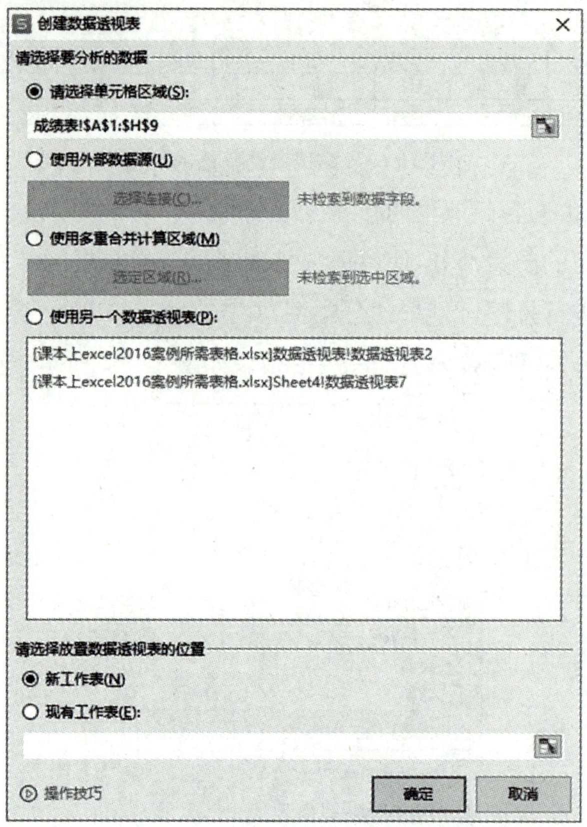

图 2-66 “创建数据透视表”对话框

在“数据透视表字段”对话框中，将“专业”拖到“行标签”区域，将“性别”拖到“列标签”区域，将“姓名”拖到“数值”区域。在设置过程中能看到透视表变化，数据透视表最终效果如图 2-67 所示。

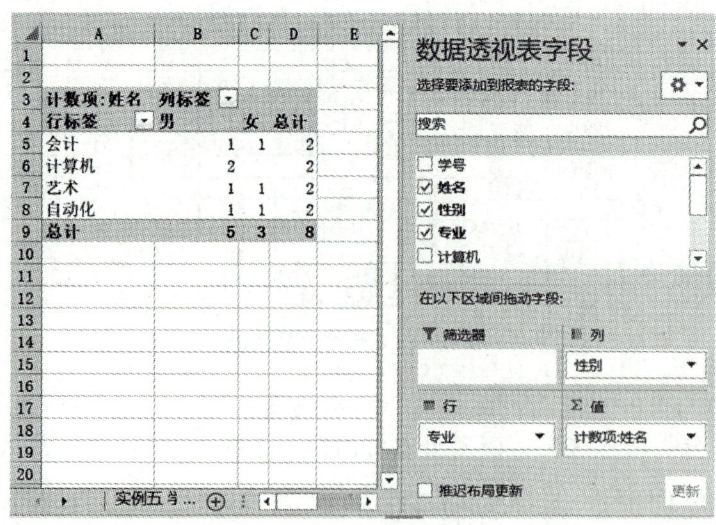

图 2-67 透视表结果

2.2.5 图表操作

WPS 表格可以创建图表、编辑图表内容，可以将数据清单中的数据形象、直观地表现出来。通过向工作表中添加图表，可以提高工作表的可读性，利用图形方式再现数据变动和发展趋势。

1）建立图表

WPS 表格提供了丰富的图表类型，每种图表类型又有多种子类型。用户准备好用于创建图表的工作表数据后，可以使用 WPS 表格的“插入”选项卡中的“全部图表”按钮来创建各种类型的图表。

2）编辑图表

图表创建完毕后，可以根据需要对图表中的数据、图表对象及整个图表的显示风格等进行修改，如更改图表类型、更改数据系列产生的方式、添加或删除数据系列，以及向图表中添加文本等。

(1)修改图表对象

在对图表对象进行编辑时，必须先选择它们。若要选择整个图表，只需在图表的空白处单击即可；若要选择图表中的对象，则要单击目标对象。选中对象以后，对所选对象进行格式设置。

此外，也可以切换到“图表工具”选项卡，在“图表元素”下拉列表框中选择所需元素的名称，以选择相应元素。选中的图表元素将突出显示，然后通过“属性”对话框设置图表元素的属性。

(2)改变图表类型

图表被创建之后仍可以更改图表的类型。在 WPS 表格中更改图表类型非常简单，只需选择图表，再在“图表工具”选项卡中选择“更改类型”按钮即可。

案例七　建立公司利润图表

1）案例任务

①如图 2-68 所示的电子表格，用公式计算收入增长和利润增长，结果用百分比表示，保留 1 位小数；

②根据表中数据分别建立两种图表，柱形图与折线图如图 2-69 所示。

	A	B	C	D	E
1	公司利润表				
2	年度	收入总额	利润总额	收入增长	利润增长
3	2012	1000	300		
4	2013	1100	350	10.0%	16.7%
5	2014	1230	400	11.8%	14.3%
6	2015	1300	440	5.7%	10.0%
7	2016	1500	520	15.4%	18.2%
8	2017	1700	600	13.3%	15.4%
9	2018	1850	760	8.8%	26.7%
10	2019	2080	980	12.4%	28.9%

图 2-68 公司利润表

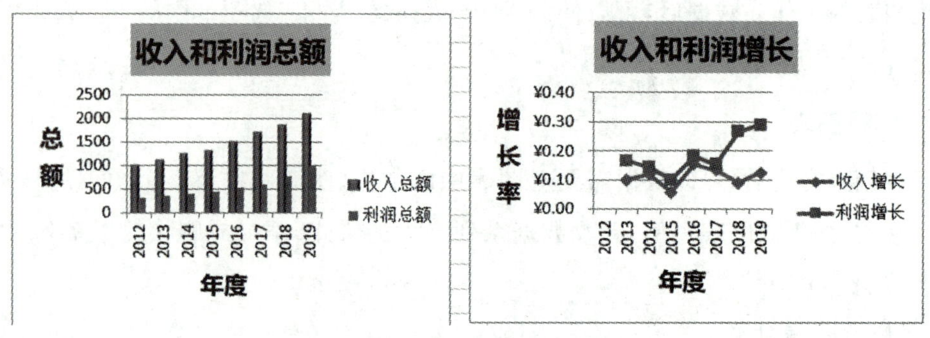

图 2-69 柱形图与折线图

2）操作步骤

(1)输入数据

在工作表中输入原始数据。

(2)计算收入增长

在 D4 单元格中输入公式“=(B4－B3)/B3”，按 Enter 键确定，然后拖动填充柄到 D10 单元格。

(3)计算利润增长

在 E4 单元格中输入公式“=(C4－C3)/C3”，按 Enter 键确定，然后拖动填充柄到 E10 单元格。然后选择数据区域 D4:E10，将数字格式设置为“百分比”，并保留 1 位小数。

(4)建立“收入和利润总额”图表

选择数据区域 A2:C10，在“插入”选项卡中单击“插入柱形图”按钮，在弹出的下拉列表中选择“簇状柱形图”，如图 2-70 所示。

(5)设置图表的标题

选中图表，二次单击“图表标题”文本框，将标题文字改成“收入和利润总额”。

(6)设置坐标轴的标题

选中图表，在“图表工具”选项卡对应的功能区中单击“添加元素”按钮，在下拉菜单

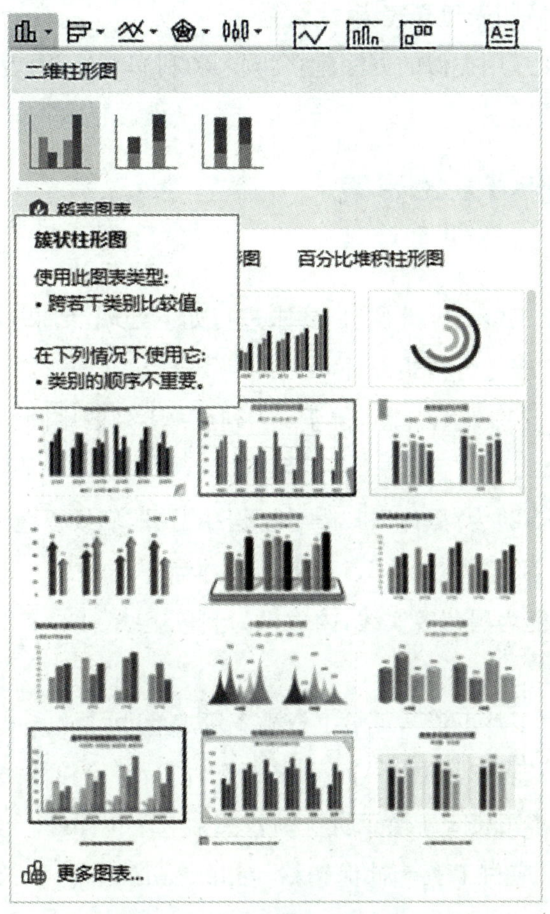

图 2-70　选择“簇状柱形图”

中选择“轴标题”,在接下来的子菜单中分别选择“主要横坐标轴标题”和“主要纵坐标轴标题”,最后将横坐标轴标题文字改成“年度”,纵坐标轴标题文字改成“总额”。

单击纵坐标轴标题文本框,在屏幕右侧的“属性”对话框中选择“标题选项”/“大小与属性”,将“文字方向”设置为“堆积”。

(7)调整图例位置

选中图表,在“图表工具”选项卡对应的功能区中单击“图表元素”下拉列表框,选择“图例”,在“属性”对话框中把“图例位置”设置成“靠右”。

(8)调整图表相关格式。

单击图表标题,利用“开始”选项卡的格式按钮工具将其字体设为“楷体”,字号为“16”;再将横坐标轴标题和纵坐标轴标题设置为“楷体 14 号”,文字颜色为“黑色”。

单击图表中的标题文本框,在“属性”对话框中选择“纯色填充”,单击“颜色”下拉按钮,在弹出的菜单中选择蓝色。

"收入和利润总额"图表建立完毕。

重复步骤(4)～(8),用类似的方法建立"收入和利润增长"图表。

案例八　六月份员工工资表

1）案例任务

打开"六月份员工工资.xlsx" 文件,要求进行如下处理,结果如图 2－71 所示。

(1)对"员工工资"表进行格式设置

①标题为"仿宋",20 号字,加粗,位于 A1 列至 N1 列的中间。将标题设置水平居中和垂直居中。

②表格区域(A2:N2)为"黑体",13 号字，居中对齐,底纹橙色。

③表格区域(A3:N22)为"楷体",11 号字,文本水平居中。

④整个表格外边框为黑色双实线,内边框为黑色虚线。

(2)计算公式设置

①计算"工龄"及"工龄工资",工龄工资满 1 年加 60 元。

②依据"津贴标准"表中数据用 Vlookup 函数计算出"岗位津贴"。

③应付工资＝基本工资＋工龄工资＋绩效奖金＋岗位津贴

④应扣所得税＝(应付工资－社保扣款－扣除标准 5000) * 税率－速算扣除数。实发工资＝应付工资－社保扣款－应扣所得税。

⑤应扣所得税高于 100 的单元格突出显示。

2020年6月份员工工资表

工号	姓名	部门	职务	入职日期	基本工资	工龄	工龄工资	绩效奖金	岗位津贴	应付工资	社保扣款	应扣所得税	实发工资
JS001	刘小强	技术部	技术员	7/4/2016	4005	3	180	1450	1650	7285	380	57.15	6847.85
JS002	张诚	技术部	专员	9/28/2017	3500	2	120	1380	1400	6400	440	28.8	5931.2
JS003	何佳	技术部	技术员	4/3/2016	4000	4	240	1400	1650	7290	440	55.5	6794.5
JS004	李明诚	技术部	专员	9/4/2016	3500	3	180	1400	1400	6480	440	31.2	6008.8
KH001	周齐	客户部	经理	8/18/2012	5473	7	420	1680	1800	9373	380	189.3	8803.7
KH002	张得群	客户部	高级专员	9/20/2013	3800	6	360	1500	1500	7160	440	51.6	6668.4
KH003	郑清	客户部	实习	8/4/2019	1900	0	0	500	600	3000	0	0	3000
KH004	舒小英	客户部	实习	6/9/2019	1900	0	0	500	600	3000	0	0	3000
SC001	李军	生产部	经理	4/8/2014	5000	6	360	1580	1800	8740	440	120	8180
SC002	何明天	生产部	高级专员	8/4/2015	3805	4	240	1400	1500	6945	440	45.15	6459.85
SC003	王林	生产部	专员	9/2/2017	3500	2	120	1380	1400	6400	440	28.8	5931.2
CW001	赵燕	财务部	会计	4/9/2016	3500	4	240	1450	1500	6690	380	39.3	6270.7
CW002	李丽	财务部	会计	9/5/2017	3500	2	120	1420	1500	6540	440	33	6067
XZ001	刘雪梅	行政部	经理	5/10/2014	5121	6	360	1600	1800	8881	380	140.1	8360.9
XZ002	李军华	行政部	专员	7/9/2016	3500	3	180	1480	1400	6560	440	33.6	6086.4
JS005	赵森	技术部	专员	6/9/2017	3500	2	120	1400	1400	6420	440	29.4	5950.6
JS006	曾杰	技术部	高级专员	9/22/2018	3800	1	60	1500	1500	6860	440	42.6	6377.4
KH005	罗小敏	客户部	实习	7/1/2019	2900	0	0	500	600	4000	0	0	4000
KH006	赵明亮	客户部	实习	7/9/2019	2900	0	0	500	600	4000	0	0	4000
JS007	吴浩	技术部	技术员	9/4/2017	4231	2	120	1400	1650	7401	440	58.83	6902.17

图 2－71　"6 月份员工工资表"效果

2）对"员工工资"表进行格式设置

(1)格式化单元格

第 1 步:选择 A1:N1 单元格区域,单击"开始"选项卡对应功能区中的"合并居中"按钮,将 A1:N1 单元格区域合并为一个单元格。打开“设置单元格格式”对话框，如图 2－72 所示，在“对齐”选项卡的“文本对齐方式“列表框中设置为水平居中对齐和垂直居中对齐。

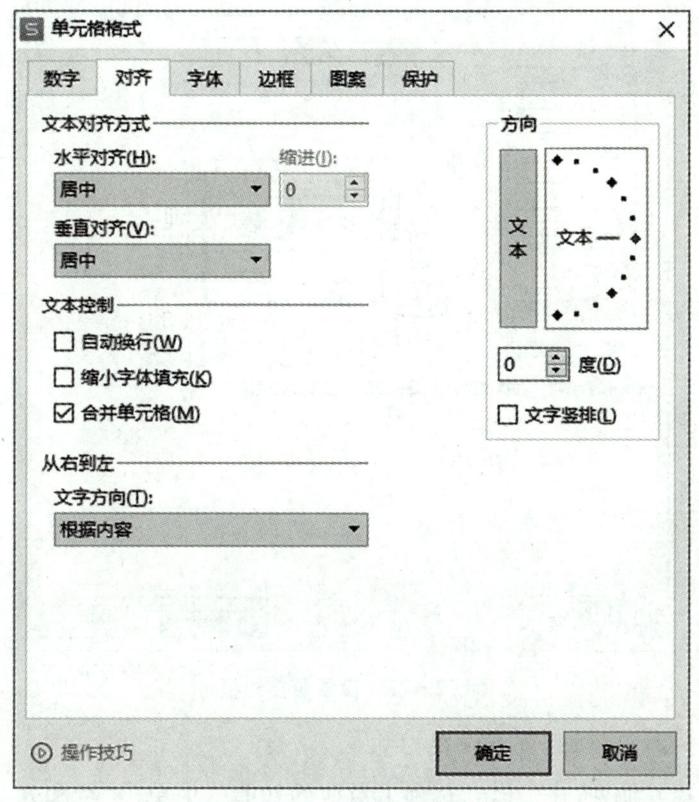

图 2－72　设置对齐

第 2 步：在“开始”选项卡中，将 A1 单元格设置为“仿宋”，“20 号字”，加粗。

第 3 步：选择 A2:N2 单元格区域，字体设置为“黑体”，“13 号字”，居中对齐；打开“设置单元格格式”对话框，在“图案”选项卡的“单元格底纹颜色”中选择“橙色”填充。

第 4 步：选择 A3:N22 单元格区域，设置字体为“楷体”，字号为“11”，文本居中对齐 。

(2)设置表格边框

第 1 步：选择整个表格 A1:N22，单击鼠标右键，在弹出的快捷菜单中选择“设置单元格格式”命令，弹出“设置单元格格式”对话框，选择“边框”选项卡，在“线条/样式”中选择“双实线”，单击“外边框“，将表格外边框设置为双实线，如图 2－73 所示。

第 2 步：在“线条/样式”中选择“细虚线”，单击“内部”，将表格内部边框设置为细虚线。

(3)设置行高和列宽

第 1 步：选择 A 列，在“开始”选项卡对应的功能区中单击“行和列”按钮，在弹出的下拉列表框中单击“列宽”按钮，弹出“列宽”对话框，设置为 8.5。

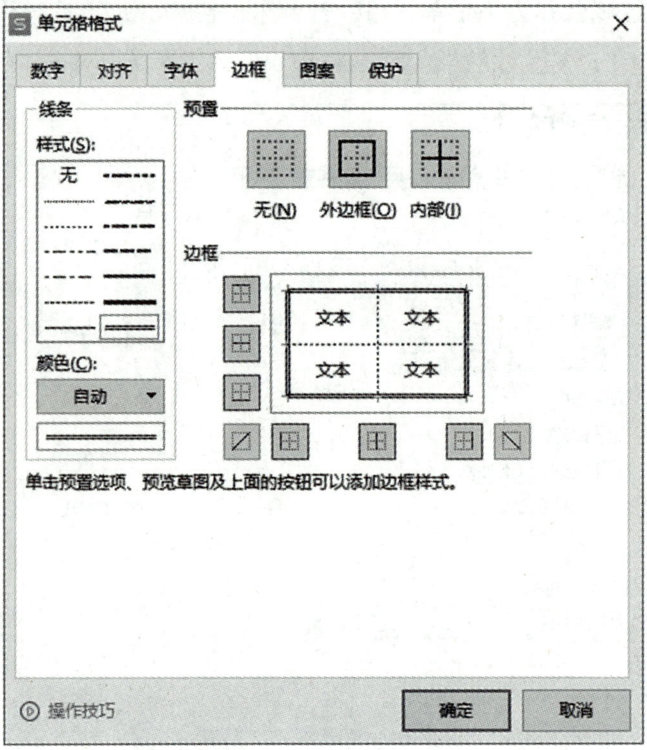

图 2-73 设置表格边框

第 2 步：选择 B 列，将其列宽设置为 9.5。

第 3 步：选择其他列，在“开始”选项卡对应的功能区中单击“行和列”按钮，在弹出的下拉列表框中单击“最合适的列宽”选项。

第 4 步：选择 2～22 行，在“开始”选项卡对应的功能区中单击“行和列”按钮，在弹出的下拉列表框中单击“最合适的行高”选项。

3) 计算工龄与工龄工资

(1)计算工龄

由于工龄可以根据入职日期算出，可以用公式来实现。

第 1 步：选择 G3 单元格，输入“=INT((″2020/6/1″-E3)/365)”，按 Enter 键确认，计算出 G3 的值。

第 2 步：选择 G3 单元格，鼠标指针指向 G3 单元格的填充柄，双击，在右下方选择“不带格式填充”，完成自动复制填充。

(2)计算工龄工资

第 1 步：选择 H3 单元格，输入“=G3＊60”，按 Enter 键确认，计算出 G3 的值。

第 2 步：鼠标指针指向 H3 单元格的填充柄，双击，选择“不带格式填充”，完成填充。

4）计算岗位津贴

将“津贴标准”工作表中的“岗位津贴”对应到“员工工资”工作表中的“岗位津贴”。需要根据“员工工资”工作表的“职务”查找“津贴标准”工作表中的“职位”，如果找到，就将其对应内容填充到此处。可以通过在“员工工资”工作表运用 VLOOKUP 函数，将“津贴标准”中的相应的数据找出来。

第 1 步：选择“津贴标准”工作表 A2:B7 区域，单击“公式”选项卡对应的功能区中的“名称管理器”按钮，在弹出的“名称管理器”对话框中单击“新建”按钮，弹出“新建名称”对话框，在“名称”文本框中输入“职位信息”，如图 2－74 所示。这样，需要引用“津贴标准”工作表 A2:B7 单元格区域的地方都可以用“职位信息”名称来替代。

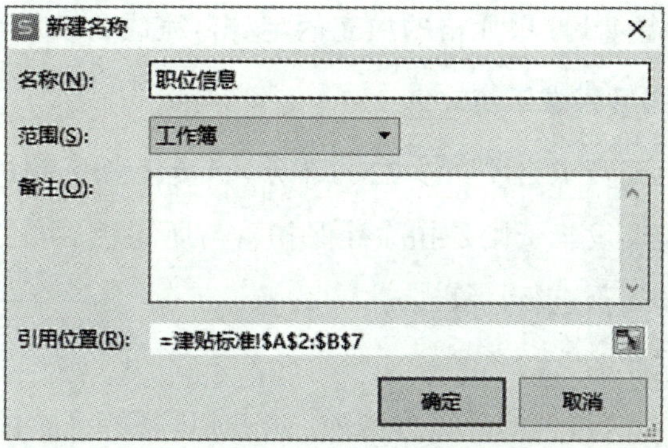

图 2－74　“新建名称”对话框

第 2 步：选择“员工工资”工作表的 J3 单元格，单击“公式”选项卡下的“插入函数”按钮，在弹出的“插入函数”对话框中选择 VLOOKUP 函数，选择 D3 作为 Lookup_value 参数值，Col_index_num 设置为 2，Range_lookup 设置为 0，如图 2－75 所示。

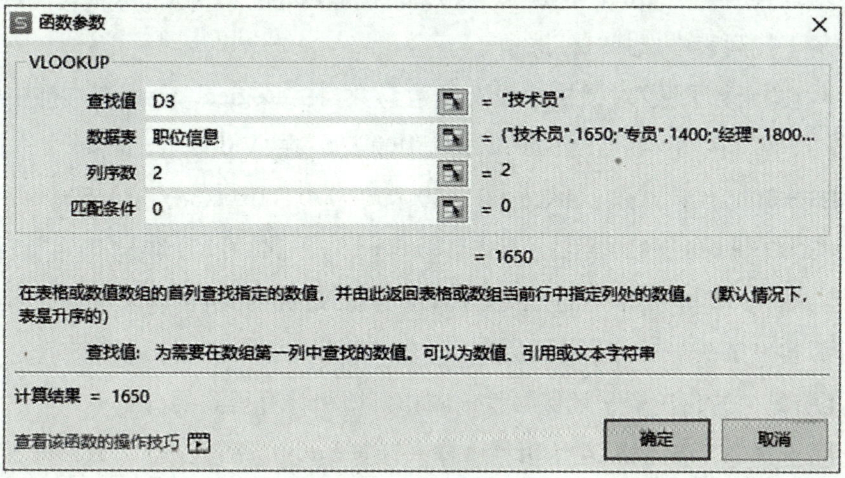

图 2－75　VLOOKUP 函数

第 3 步:将光标定位在 Table_array 参数区域,单击“公式”选项卡“定义的名称”中“用于公式”下拉列表框中的“职位信息”按钮,将名称“职位信息”作为 Table_array 参数值。对应的公式为“=VLOOKUP(D3,职位信息,2,0)”。

注:不定义区域名称,也可以直接引用单元格区域。公式可以改为“=VLOOKUP(D3,津贴标准! $A$2:$B$7,2,0)”。

第 4 步:鼠标指针指向 J3 单元格的填充柄,双击,完成自动复制填充。

5) 计算应付工资

第 1 步:选择“员工工资”工作表的 K3 单元格,输入公式“=F3+H3+I3+J3”,按 Enter 键确定。

第 2 步:鼠标指针指向 K3 单元格的填充柄,双击,完成自动复制填充。

6) 计算应扣所得税与实发工资

个人所得税是员工工资中必不可少的一部分,当员工工资超过一定数额时,就需要按超出的数额纳税。而实发工资则是扣除社保扣款与所得税后员工真正拿到手的工资。下面将对所得税和实发工资进行计算。

(1)计算应扣所得税

依据扣税标准,应扣所得税的计算方法为:应扣所得税=(应付工资-社保扣款-扣除标准 5000)*税率-速算扣除数。

月收入扣除 5 000 元,超出额在 0~3 000 元的,税率为 3%,速算扣除数为 0;超出额在 3 000~12 000 元的,税率为 10%,速算扣除数为 210;超出额超过 12 000 元的,税率为 20%,速算扣除数为 1 410。

第 1 步:选择 M3 单元格;单击“公式”选项卡“函数库”组中的“最近使用的函数”按钮;在弹出的下拉列表中选择“IF”选项。

第 2 步:在“函数参数”对话框中设置函数参数,在“Logical_test”文本框中输入“K3-L3-5000<=0;在“Value_if_true”文本框中输入 0;在“Value_if_ false”文本框中输入“IF(K3-L3-5000<=3000,(K3-L3-5000)*0.03,IF(K3-L3-5000<=12000,(K3-L3-5000)*0.1-210,(K3-L3-5000)*0.2-1410))”,单击“确定”按钮。

第 3 步:填充 M3 单元格中的公式,计算出所有人的应扣所得税。

(2)计算实发工资

实发工资是由应付工资-社保扣款-应扣所得税计算得到的。

第 1 步:选择 N3 单元格,在编辑栏中输入计算实发工资的公式“=K3-L3-M3”。

第 2 步:计算出应发工资按 Enter 键计算出结果,然后通过填充柄填充单元格中的公式。

7）设置条件格式

选择数据区域 M3:M22，在“开始”选项卡“样式”选项组中单击“条件格式”按钮，在弹出的下拉菜单中选择“大于”，对单元格数值大于 100 设置为浅红填充色、深红色文本。

8）函数说明

(1)函数 VLOOKUP

语法：VLOOKUP(lookup_value，table_array，col_index_num，[range_lookup])

功能：VLOOKUP 函数用于首列查找并返回指定列的值，字母“V”表示垂直方向。其中，第 1 参数 lookup_value 为要搜索的值，第 2 参数 table_array 为首列可能包含查找值的单元格区域，第 3 参数 col_index_num 为需要从 table_array 中返回的匹配值的列号，第 4 参数 range_lookup 用于指定精确匹配或近似匹配模式。

当 range_lookup 为 TRUE、被省略或使用非零数值时，表示近似匹配模式。当参数为 FALSE 时(常用数字 0 或保留参数前的逗号代替)，表示只查找精确匹配值，返回 table_array 的第一列中第一个找到的值，精确匹配模式不必对 table_array 第一列中的值进行排序。

例：如图 2－76 所示，要填写“表二”中某人的年龄，就需要根据他的姓名查找“表一”中的数据。例如，要填写“何佳”的年龄，就需要根据“何佳”的姓名在“表一”中找到“何佳”所在的行，然后将“何佳”所在行对应的年龄填写到“表二”的对应位置，B12 中公式为“＝VLOOKUP(A12，$B$3:$D$8,3,0)”。

B12　=VLOOKUP(A12,$B$3:$D$8,3,0)

	A	B	C	D
1	表一:			
2	编号	姓名	性别	年龄
3	1	张诚	男	20
4	2	何佳	女	30
5	3	李明诚	男	15
6	4	周洁	女	18
7	5	张得群	男	26
8	6	吴浩	男	19
9				
10	表二:			
11	姓名	年龄		
12	何佳	30		
13	李明诚			
14	吴浩			
15	张诚			
16	张得群			
17	周洁			

图 2－76　VLOOKUP 示例

(2)函数 INT

语法:Int(number)

功能:将数字向下舍入到最接近的整数。函数总是对数值沿减小方向取整数,没有四舍五入。当数值是正数时,截去小数保留整数;当数值是负数时,截去小数向整数入一位。

例:INT(11.82)结果为 11,INT(5.12)结果为 5。

2.3 WPS 演示

2.3.1 WPS 演示概述

WPS 演示制作演示文稿的功能非常强大,可以方便地输入标题、正文,插入图片、表格和图表等对象,可以灵活地美化幻灯片外观效果并调整布局。为了增强视觉效果,WPS 演示增加了更多的视频功能,新版本在主题获取上也更加丰富,除了内置的主题,还能下载网络主题,从而使制作出来的幻灯片展示效果声形俱佳、图文并茂,会使用户的观点和思想发挥得淋漓尽致,产生极强的感染力。使用令人耳目一新的视听功能及用于视频和照片编辑的新增和改进工具可以让用户创作出更加完美的作品。

1) 工作界面

在 WPS Office 中单击左侧的“新建”按钮,然后在打开的页面中选择“新建演示”→“新建空白演示”选项,即可启动 WPS 演示,并打开 WPS 演示的工作界面,如图 2-77 所示。

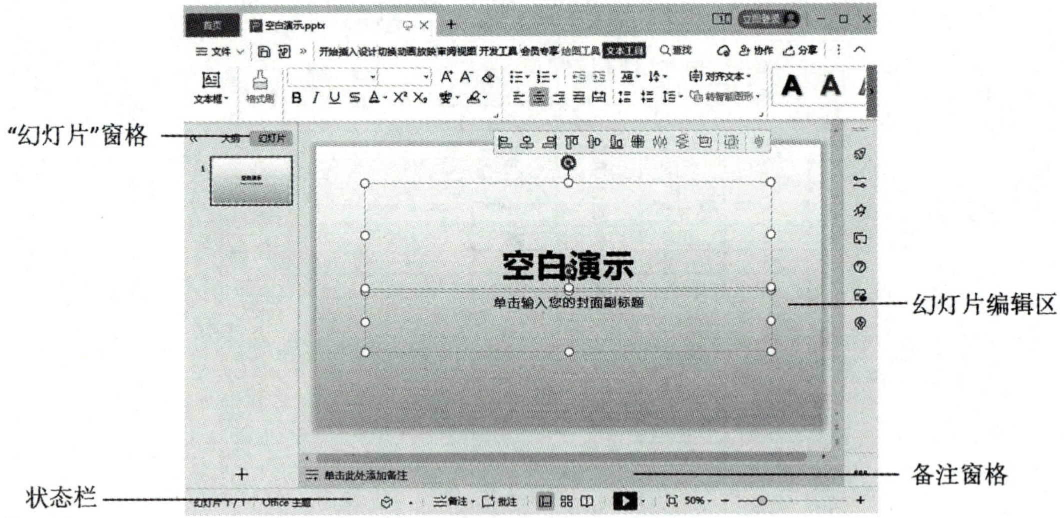

图 2-77 WPS 演示的工作界面

从图中可以看出，WPS演示的工作界面与WPS文字、WPS表格的工作界面类似。其中标题栏、选项卡等的结构及作用很接近(选项卡的名称以及功能区的按钮稍有不同)，下面介绍WPS演示特有的部分功能。

(1)“幻灯片”窗格

“幻灯片”窗格位于幻灯片编辑区的左侧，主要显示当前演示文稿中所有幻灯片的缩略图。单击某张幻灯片缩略图，可跳转到该幻灯片并在右侧的幻灯片编辑区中显示该幻灯片的内容。

(2)幻灯片编辑区

幻灯片编辑区位于演示文稿编辑区的中心，用于显示和编辑幻灯片的内容。在默认情况下，标题幻灯片中包含一个正标题占位符、一个副标题占位符，内容幻灯片中包含一个标题占位符和一个内容占位符。

(3)备注窗格

设计幻灯片时，在某些情况下可能需要在幻灯片中标注一些提示信息。如不希望这些信息在幻灯片中显示，则可将其添加到“备注”窗格。

(4)状态栏

状态栏位于工作界面的底端，用于显示当前幻灯片的页面信息，它主要由状态提示栏、“隐藏或显示备注面板”按钮、视图切换按钮组、“从当前幻灯片开始播放”按钮、“最佳显示比例”按钮和显示比例栏6部分组成。其中，单击“隐藏或显示备注面板”按钮，将隐藏备注面板；单击“从当前幻灯片开始播放”按钮，可以播放当前幻灯片。若想从头开始播放，则需要单击“播放”按钮右侧的下拉按钮，在打开的下拉列表中进行选择；用鼠标拖曳显示比例栏中的缩放比例滑块，可以调节幻灯片的显示比例；单击“最佳显示比例”按钮，可以使幻灯片显示比例自动适应当前窗口的大小。

2) 在演示文稿中的几个概念

(1)演示文稿

演示文稿是WPS演示中最基本的概念。WPS演示打开的每一个文件就是一个演示文稿。演示文稿可以是幻灯片、大纲、注释等形式的内容。

(2)幻灯片

幻灯片是演示文稿的最重要组成部分。一个演示文稿一般包含多张幻灯片，当一个演示文稿被演示时，视觉效果是通过幻灯片来实现的。在幻灯片中，制作者可以自由地增加、删除、修改图片、声音、数据表格、图表等内容。幻灯片可以打印，也可以直接在计算机屏幕上用WPS播放。

(3)对象

对象是幻灯片的重要组成元素。向幻灯片中所插入的文字、图表、结构图、图形、表格以及其他元素,都可称为对象。每一个对象在幻灯片中都有一个占位符(在幻灯片窗格中显示的虚线框)。用户可以选择对象,进行移动、复制、删除等操作。

3) 演示文稿视图

WPS 演示为用户提供了普通视图、幻灯片浏览视图、阅读视图和备注页视图 4 种视图模式,在工作界面下方的状态栏中单击相应的视图按钮切换或在“视图”选项卡中单击视图按钮即可进入相应的视图。各视图的功能分别如下:

(1)普通视图

普通视图是 WPS 演示默认的视图模式,打开演示文稿即可进入普通视图,单击“普通视图”按钮也可切换到普通视图。在普通视图中,可以对幻灯片的总体结构进行调整,也可以对单张幻灯片进行编辑。

(2)幻灯片浏览视图

单击“幻灯片浏览”按钮即可进入幻灯片浏览视图。在该视图中可以浏览演示文稿中所有幻灯片的整体效果,并且可以对其整体结构进行调整,如调整演示文稿的背景、移动或复制幻灯片等,但是不能编辑幻灯片中的内容。

(3)阅读视图

单击“阅读视图”按钮即可进入阅读视图。进入阅读视图后,可以在当前计算机上以窗口方式查看演示文稿放映效果,单击“上一页”按钮和“下一页”按钮可切换幻灯片。

(4)备注页视图

在“视图”选项卡中单击“备注页”按钮,可进入备注页视图。备注页视图可以将“备注”窗格以整页格式进行查看和使用,在备注页视图中可以更加方便地编辑备注内容。

2.3.2 编辑演示文稿

新建演示文稿的方法很多,如新建空白演示文稿、利用模板新建演示文稿等,用户可根据实际需求进行选择。

1) 文本的编辑

(1)输入文本

在一个幻灯片视图中添加文本的最简单的方式是直接在占位符(如图 2-78 所示)中输入文本。而要在占位符之外添加文本,通常需要使用“文本框”按钮。

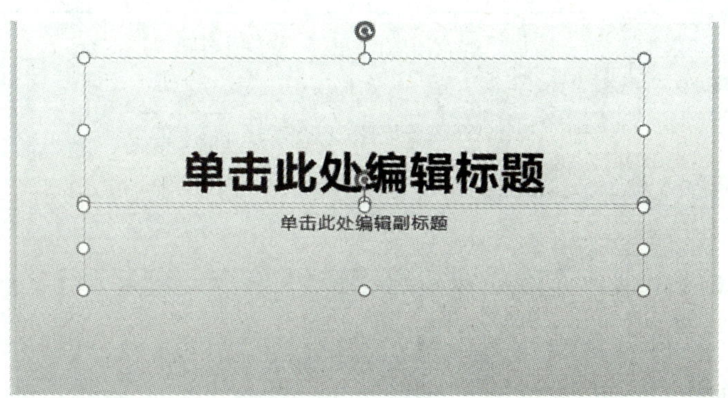

图 2-78 占位符

(2)文字格式化

用户输入文本时,自动按系统默认的字体、字号等格式显示文本。为了使幻灯片清晰、美观、个性化,需对文本进行格式化操作。

选择需要格式化的文本,在“开始”选项卡“字体”选项组中选择相应的按钮,或单击右下角的扩展按钮,弹出如图 2-79 所示的“字体”对话框进行设置。

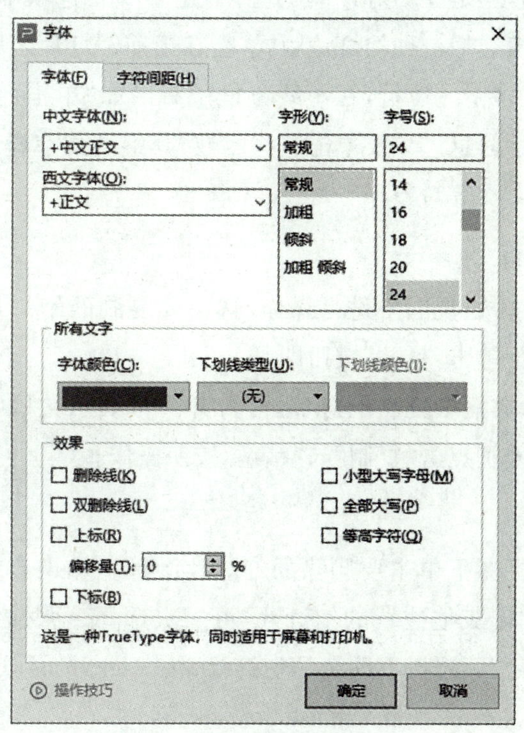

图 2-79 “字体”对话框

(3)段落格式化

选中一段或若干段需要设置格式的文字,在“开始”选项卡“段落”选项组中选择相应的按钮,或单击右下角的扩展按钮,弹出如图 2-80 所示的“段落”对话框进行设置。

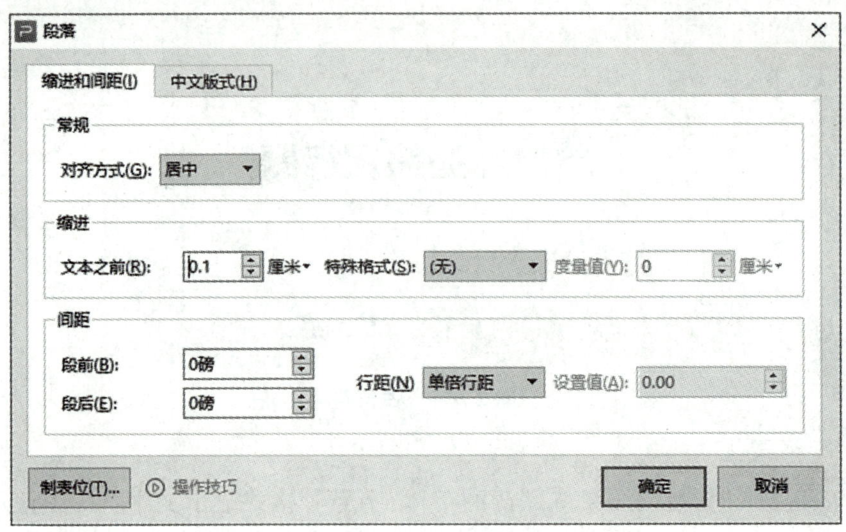

图 2－80 “段落”对话框

2）插入幻灯片

无论是在普通视图，还是在幻灯片浏览视图，在“开始”选项卡中单击“新建幻灯片”按钮，在弹出的下拉列表选择一种幻灯片版式，会在当前幻灯片之后添加一张新幻灯片。

新建的幻灯片中有多个占位符，在虚线方框中有诸如“单击此处添加标题”“单击此处添加文本”等文字提示信息。只要单击这些区域，其中的文字提示信息就会消失，用户就可以在此添加标题、文本等对象。

3）复制幻灯片

在“幻灯片浏览”或普通视图中进行操作，选中要复制的幻灯片，在“开始”选项卡中单击“复制”，到目标位置单击“粘贴”按钮即可。

如果要从别的演示文稿中复制幻灯片，可打开两个演示文稿，在“视图”选项卡中单击“重排窗口”按钮，再分别点击“复制”与“粘贴”按钮操作。

4）删除幻灯片

在浏览视图、普通视图下单击要删除的幻灯片图标。如果有多张幻灯片要删除，按下 Shift 键的同时，再单击其他位置的幻灯片，可一次选择多张连续的幻灯片；按下 Ctrl 键，依次单击其他幻灯片，可选择不连续的幻灯片，按 Backspace 或 Delete 键可删除选中的幻灯片。

2.3.3 设置演示文稿的外观

1）使用模板

模板是一组预设的背景、字体格式等的组合，在新建演示文稿时可以使用模板，对于已经创建好的演示文稿，也可应用模板。WPS 演示提供了丰富的在线模板，用户可以直接下载使用。在线模板分为收费和免费两类。

在“设计”选项卡的“模板”列表中选择需要的模板，或单击“更多设计”按钮，再在打来的对话框中选择。

幻灯片模板为用户完成了幻灯片设计方面的大部分工作，用户只需填入相应的内容，即可快速制作出一组优秀的幻灯片。WPS 演示中预设的模板如果不能满足实际需要，用户还可以根据需要对模板进行自定义设置。在“设计”选项卡中单击“配色方案”按钮，在打开的下拉列表中选择一种模板颜色，如图 2-81 所示，即可将颜色方案应用于所有幻灯片，还可以修改搭配好的颜色方案。

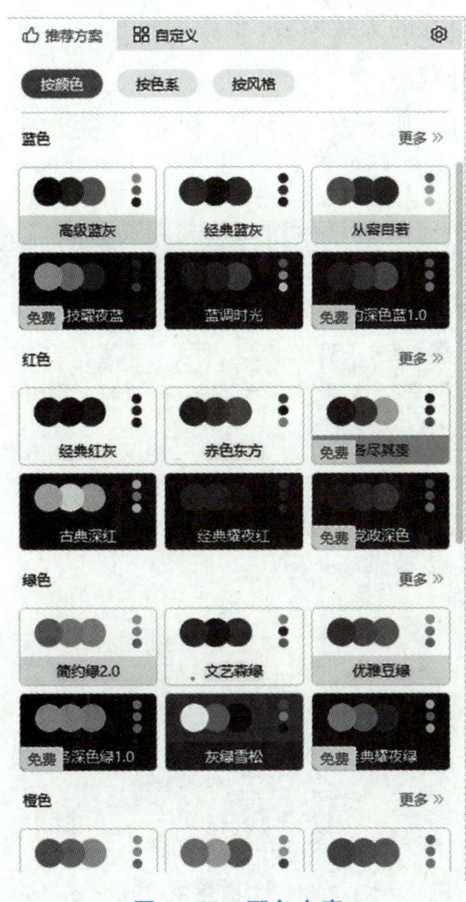

图 2-81　配色方案

2）使用母版设置幻灯片外观

母版实质上是在制作演示文稿中，一张具有特殊用途的幻灯片。它可被看作一个用于构建幻灯片的框架，母版的特点是其中包含已经设置格式的各种占位符。

在幻灯片中，各种文字、图片以及对象都是放置到占位符中的。通过对母版上的这些占位符进行格式设置，就能够控制所有基于该母版创建的幻灯片的标题、主要文本以及背景项目的格式。在幻灯片母版中进行的格式设定，将影响到整个演示文稿。因此，当需要所有的幻灯片都具有一致的外观效果时，可以在幻灯片母版上设置，而不用在每张幻灯片上都进行设置。

母版有幻灯片母版、讲义母版和备注母版三种，可以通过“视图”选项卡中 3 个母版进行设置。“幻灯片母版”用于用户进行全局更改，包括字形、占位符大小、位置、背景设计和配色方案。“讲义母版”是设置每页纸张上显示的幻灯片数量、排列方式以及页眉和页脚的信息等内容在纸稿中的显示方式。讲义是指演讲者在放映演示文稿时使用的纸稿，纸稿中显示了每张幻灯片的大致内容、要点等。“备注母版”用于控制注释的内容和格式，使注释具有统一的外观。

最常用的是幻灯片母版，如图 2-82 所示，它可以控制演示文稿的各种格式特征的全局改变。

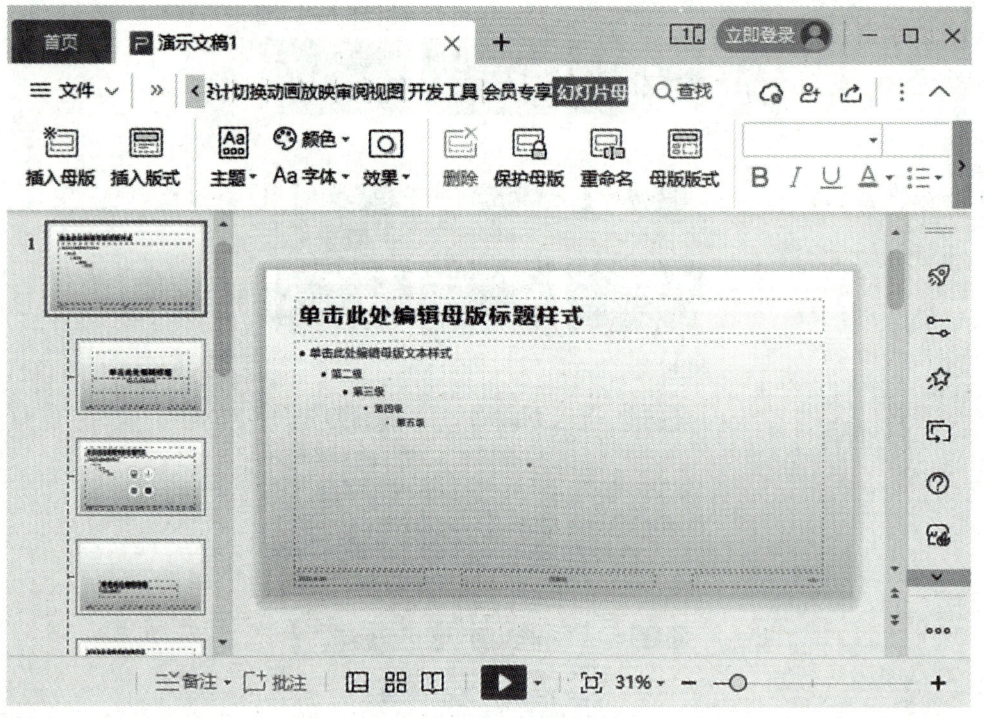

图 2-82　幻灯片母版

提示：注意区分幻灯片母版与母版中的一个版式。母版影响整套幻灯片，母版中的一个版式影响与其版式一样的幻灯片。

2.3.4　动态效果

1）自定义动画

自定义动画，设置幻灯片中的文本、插入的图片、形状、表格、图表等放映时出现或退出时的动画效果，包括出现的顺序、时间间隔、出现的动作、配合的声音、出现后的状态等内容，这样就可以突出重点、控制信息流程，提高演示的生动性和趣味性。自定义动画可应用于幻灯片、占位符或段落中的项目。

在普通视图下，选定要设置动画的对象，用户切换到“动画”选择卡，如图 2 - 83 所示，在其中选择不同的动画效果。

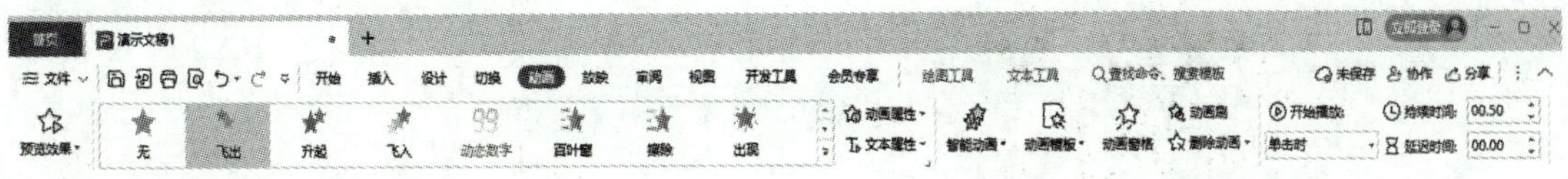

图 2 - 83　“动画”选择卡

可以单击扩展按钮 ，将出现下拉菜单，其中有 5 类动画，分别是“进入”“强调”“退出”“动作路径”“绘制自定义路径”。

2）动画效果设置

在幻灯片中添加 5 类动画效果后，可进一步设置按字母、字或段落动画显示文本的效果来控制播放效果。

单击“动画”选项组中“动画窗格”按钮，在右侧展开“动画窗格”窗格，如图 2 - 84 所示。单击动画效果的下拉按钮，在下拉菜单中选择“效果选项”，将打开对应的动画效果对话框，在其中可以设置动画的效果、持续时间、延迟时间等参数。

3）幻灯片切换

幻灯片切换是指在幻灯片放映过程中从一张幻灯片切换到下一张幻灯片时出现的动画效果。

普通的两张幻灯片之间没有设置切换动画，但在制作演示文稿的过程中，用户可根据需要添加切换动画，这样可提升演示文稿的吸引力。

幻灯片设置不同的切换方式会出现不同的效果选项，单击“效果选项”按钮，可在弹出的下拉菜单中选择不同的效果选项。为幻灯片添加切换效果后，还可对所选的切换效果进行设置，包括设置切换声音、速度、切换方式以及更改切换效果等。

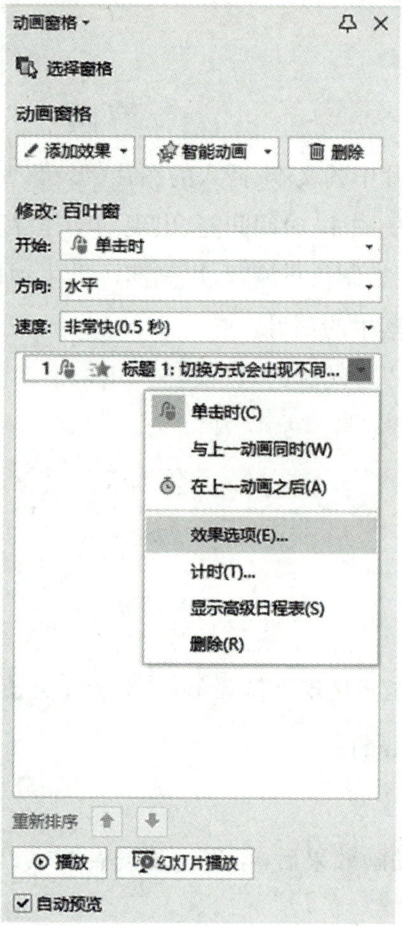

图 2-84　动画窗格

案例九　铜陵学院宣传

1）案例任务

新建演示文稿，命名为"铜陵学院宣传"，共 6 张幻灯片，效果如图 2-85 所示。在幻灯片中插入母版，组织架构图、文本框、表格、图等对象，通过编辑超链接、动画等操作来修饰和完善。

2）设置背景方案

第 1 步：在幻灯片的空白处右击鼠标，在快捷菜单中选择"设置背景格式"，打开"对象属性"对话框。

第 2 步：在对话框中的填充下拉列表中选择"橙色，着色 4"主题颜色，选择"渐变填充"单选按钮，在色标颜色中选择"浅绿"标准颜色，调整各个滑块参数，如图 2－86 所示，最后单击"全部应用"按钮。

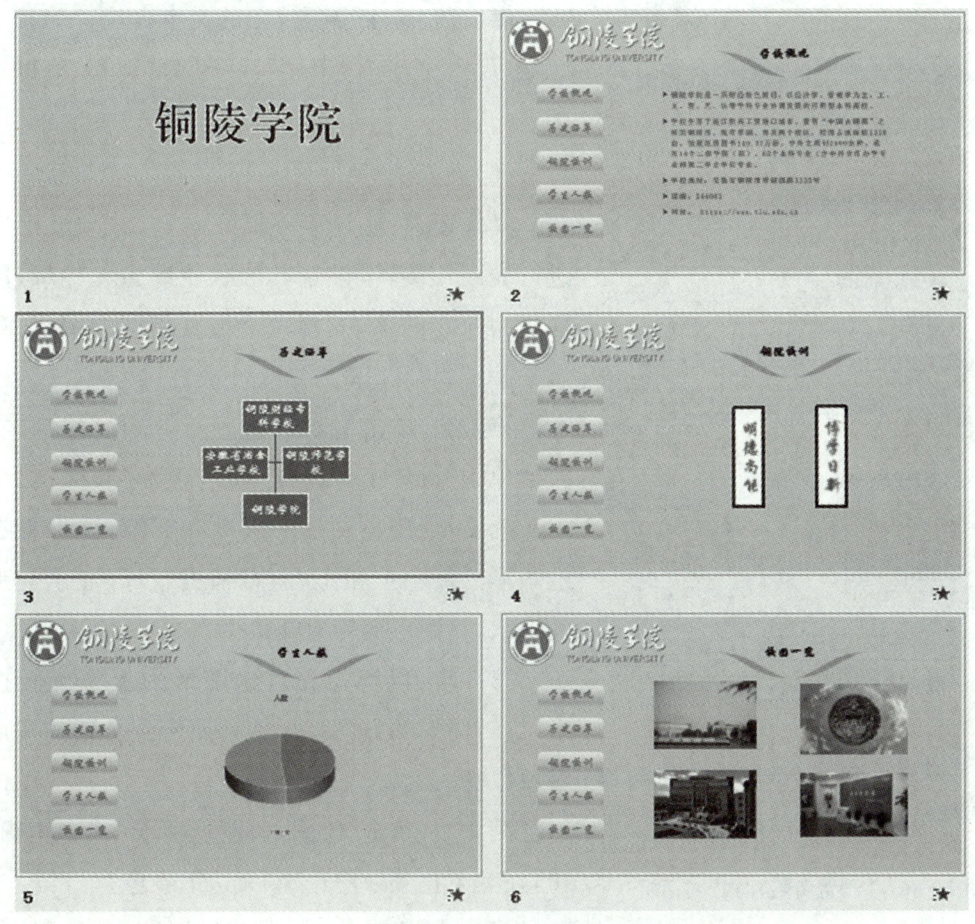

图 2－85　案例效果

3）编辑幻灯片母版

选择"视图"选项卡中的"幻灯片母版"按钮，切换到幻灯片的母版视图。

（1）插入图片文件

第 1 步：选择第一张母版，单击"插入"选项卡中"图片"按钮。

第 2 步：在"插入图片"对话框中，选取案例所带的本地素材"logo. png"，单击"打开"按钮。

第 3 步：将图片移动到母版的左上角。

（2）设置文本的字体、段落格式和项目符号

具体要求：设置母版标题占位符，字体为华文行楷，24 号。文本占位符中第一级文本为宋体，16 号。调整标题和文本占位符的大小和位置。

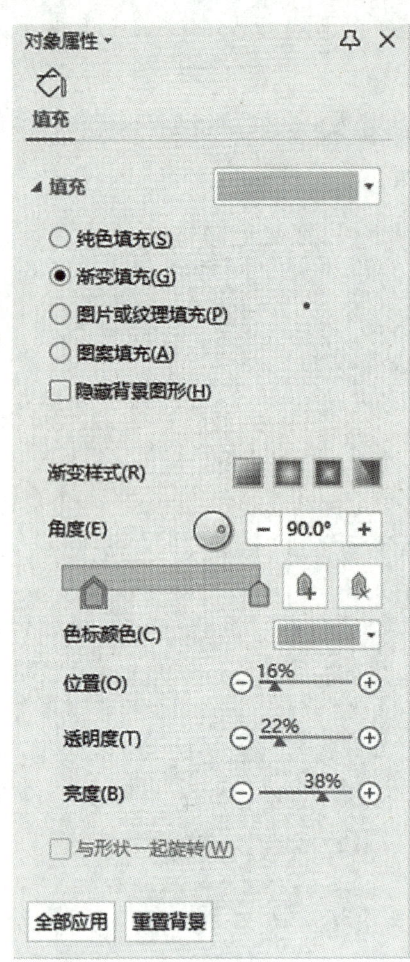

图 2-86 “设置背景格式”对话框

第 1 步:选中母版视图的标题占位符,字体为“华文行楷”,字号为“24”。

第 2 步:选中母版视图的文本占位符的第一级文本,设置字体为“宋体”,字号为“16”。项目符号为➤。

(3)插入波形

具体要求:在母版上插入自选图形“波形”,并进行变形和旋转,设置其形状轮廓为无轮廓,阴影样式为向右偏移,复制一个与其相同的图形,进行水平翻转。

第 1 步:单击“插入”选项下“形状”按钮,在下拉菜单中选择“星与旗帜”下的“波形”形状。

第 2 步:调整图形的高度和宽度,鼠标指在自选图形的黄色按钮上,向左拖曳鼠标,显示变形后的形状,将图形变为树叶状。

第 3 步:鼠标指在自选图形的上方旋转按钮上,旋转图形的方向。当旋转图形到合适的角度时释放鼠标。

第 4 步:单击“绘图工具”选项卡中的“轮廓”按钮,在其下拉菜单中选择“无边框颜色”。

第 5 步:单击“形状效果”按钮,在其下拉菜单中选择“阴影”下的“向右偏移”。

第 6 步:选中自选图形,按住 Ctrl 键不动,拖曳鼠标复制出另一个自选图形。对第二个图形,如图 2-87 所示,设置水平翻转为水平对称图形,调整两个自选图形的大小和位置。

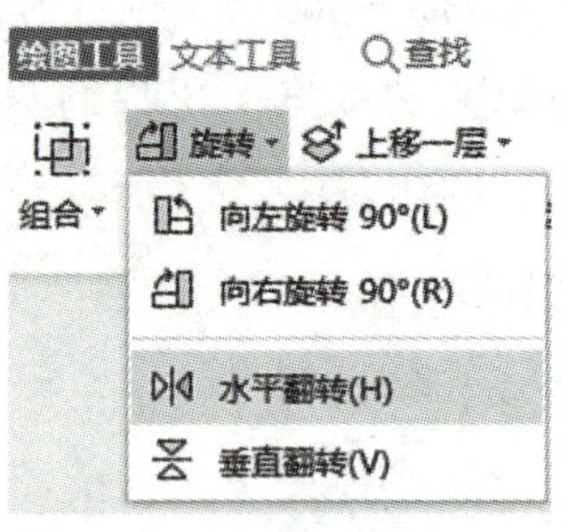

图 2-87 水平翻转

(4)插入圆角矩形

具体要求:在母版上插入自选图形“圆角矩形”,设置其填充效果为“渐变”,形状轮廓为“无轮廓”,阴影样式为“内部向下”,添加文本“学校概况”,字体为“华文行楷”,字号为“24”。

再复制 4 个圆角矩形,分别添加文本“历史沿革”“铜院校训”“学生人数”“校园一览”。

第 1 步:单击“插入”选项下“形状”按钮,在下拉菜单中选择“矩形”下的“圆角矩形”,在幻灯片上拖曳出合适大小的圆角矩形。

第 2 步:单击“绘图工具”选项下的“填充”按钮,在其下拉菜单中选择“渐变”下的浅色的“渐变填充”。

第 3 步:单击“绘图工具”选项下的“轮廓”按钮,在其下拉菜单中选择“无边框颜色”。

第 4 步:单击“绘图工具”选项下的“形状效果”按钮,在其下拉菜单中选择“阴影”子菜单下的“内部向下”。

第 5 步:在圆角矩形上单击鼠标右键,在快捷菜单中选择“编辑文字”命令,输入文本“学校概况”。字体为“华文行楷”,字号为“24”,颜色为“浅蓝”。复制出 4 个圆角矩形。将其余 4 个圆角矩形的文本分别改为“历史沿革”“铜院校训”“学生人数”“校园一览”。

第 6 步:选中 5 个圆角矩形,单击“绘图工具”选项下的“对齐”按钮,在其下拉菜单中选择“左对齐”,使各个图形的左边距相同,再设置“纵向分布”使各个图形的垂直间距相同。关闭母版视图,切换到普通视图。

4) 编辑第一张幻灯片

(1)设置空白版式

在第一张幻灯片上右击鼠标,选择快捷菜单的“版式”下的“空白”命令,则该幻灯片上没有占位符。

(2)忽略母版背景

右击鼠标,在快捷菜单中选择“设置背景格式”,打开“对象属性”对话框。选择“隐藏背景图形”复选框,则此幻灯片上不会出现母版中所插入的图片和自选图形。

(3)插入艺术字

选择“插入”选项卡的“艺术字”按钮,在下拉菜单中选择“填充-黑色,文本 1,轮廓-背景 1”的艺术字样式。文本改为“铜陵学院”,“字体”设置为“华文中宋”,“字号”设置为“100”。

(4)自定义动画

第 1 步:选中文本,在“动画”选项卡的动画样式中选择“飞入”。

第 2 步:在“动画”选项组的“持续时间”输入 2 秒。

如果想设置更多的效果,打开“动画窗格”对话框,在列表中选择需要的动画效果。

5）编辑第二张幻灯片

(1)插入新幻灯片

具体要求:插入版式为“标题和内容”的幻灯片。

操作步骤:单击“开始”选项卡的“新建幻灯片”按钮,再单击“开始”选项卡的“版式”按钮,在下拉菜单中选择“标题和内容”版式。

(2)编辑文本

在幻灯片上输入标题“学校概况”,内容文本输入如图 2－88 所示的文字。选中文本并打开“段落”对话框,在“段前”的数值框中输入“10 磅”,行距中输入“1.5 倍行距”。

图 2－88　第二张幻灯片

(3)设置动画效果

具体要求:设置文本的动画效果为“按第一级段落飞入”。

操作步骤:选中文本,在“动画”选项卡的动画样式列表中选择“飞入”。

6）编辑第三张幻灯片

(1)插入新幻灯片

插入版式为“标题和内容”的幻灯片,输入标题为“历史沿革”。

(2)插入组织结构图

第 1 步:选择“插入”选项卡的“智能图形”按钮,打开智能图形窗口后,在上方菜单中选择“层次结构”的“组织结构图”,如图 2－89 所示,幻灯片上出现一个组织结构图对象。

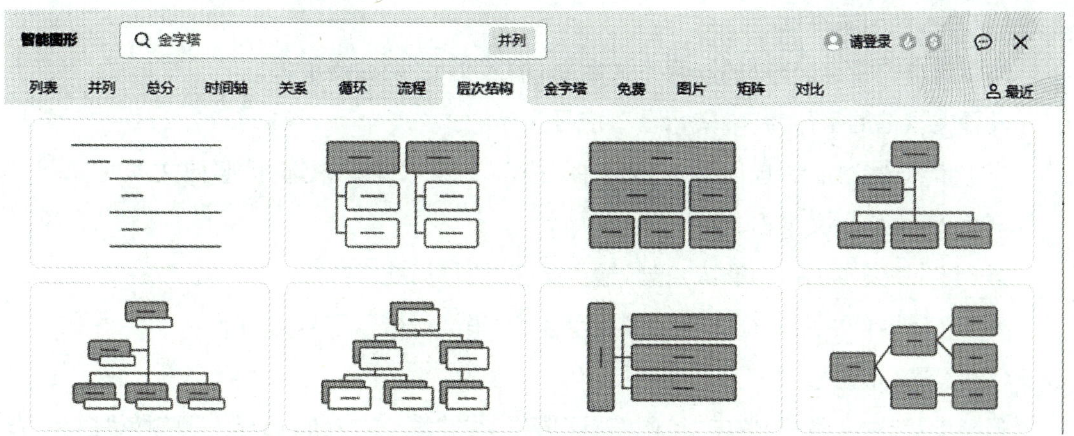

图 2-89　插入智能图形

第 2 步:在组织结构图的第一个图块中单击鼠标,出现插入点,输入文本“铜陵财经专科学校”,删除其他图块。

第 3 步:选中“铜陵财经专科学校”图块,右击鼠标并在快捷菜单中选择“添加项目”的“添加助理”命令,如图 2-90 所示,在新建的图块中输入“安徽省冶金工业学校”。再次执行此操作,在新增的图块内输入“铜陵师范学校”。

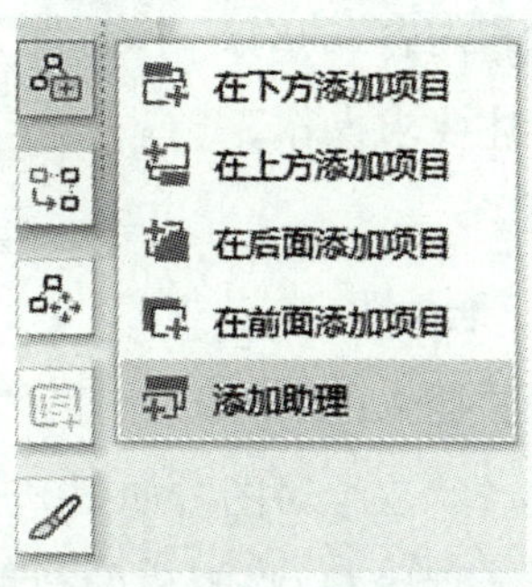

图 2-90　添加助理

第 4 步:选中“铜陵财经专科学校”图块,右击鼠标并在快捷菜单中选择“在下方添加项目”命令,在新建的图块中输入“铜陵学院”。

第 5 步:设置组织结构图的字体为“华文新魏”,字号为“26”。单击“格式”选项卡的“填充”按钮,选择“矢车菊蓝,着色 2,深色 25%”主题颜色填充。用鼠标拖动各个图块的控制点,将图块调整为适当的大小。

7) 编辑第四张幻灯片

(1)插入新幻灯片

插入版式为“只有标题”的幻灯片,标题为“铜院校训”。

(2)插入竖向文本框

具体要求:在幻灯片上插入垂直文本框,输入文字“明德尚能 ”。

设置文本框的字体为“华文行楷”,字号为40。

第1步:选择“插入”选项卡中“文本框”按钮,在下拉菜单中选择“竖向文本框”。

第2步:拖曳出文本框。

第3步:在文本框内的插入点处,输入文字“明德尚能 ”。

第4步:选择文字“明德尚能”,设置字体为“华文行楷”,字号为“40”。

(3)设置文本框格式

第1步:选中文本框,单击“绘图工具”选项卡的“填充”按钮,选择主题颜色“白色,背景1”。

第2步:单击“绘图工具”选项卡的“轮廓”按钮,选择“线型”下的“6磅”命令。

第3步:在“文本工具”选项卡艺术字样式列表中选择“填充-中宝石碧绿,着色3”。复制该文本框,将文字改为“博学日新”。

8)编辑第五张幻灯片

(1)插入新幻灯片

具体要求:插入版式为“标题和内容”的幻灯片,标题为“学生人数”。

操作步骤:如前所示,按照上述要求操作。

(2)插入图表

具体要求:在幻灯片上插入三维饼图。

第1步:单击内容占位符上的“插入图表”按钮,打开“图表”对话框。

第2步:在“图表”对话框中选择“三维饼图”,如图2-91所示。

第3步:右击图形,打开编辑数据窗口,将不要的数据行删除。输入数据如图2-92所示,拖动相应图块改变大小。

9)编辑第六张幻灯片

(1)插入新幻灯片

具体要求:插入版式为“标题”的幻灯片,标题为“校园一览”。

操作步骤:如前所示,按照上述要求操作。

(2)插入图片

具体要求:在幻灯片上插入四个图片文件。

操作步骤:单击“插入”选项卡中的“图片”按钮,打开“插入图片”对话框。在“插入图片”对话框中,选择需要插入的文件“南门.jpg”。

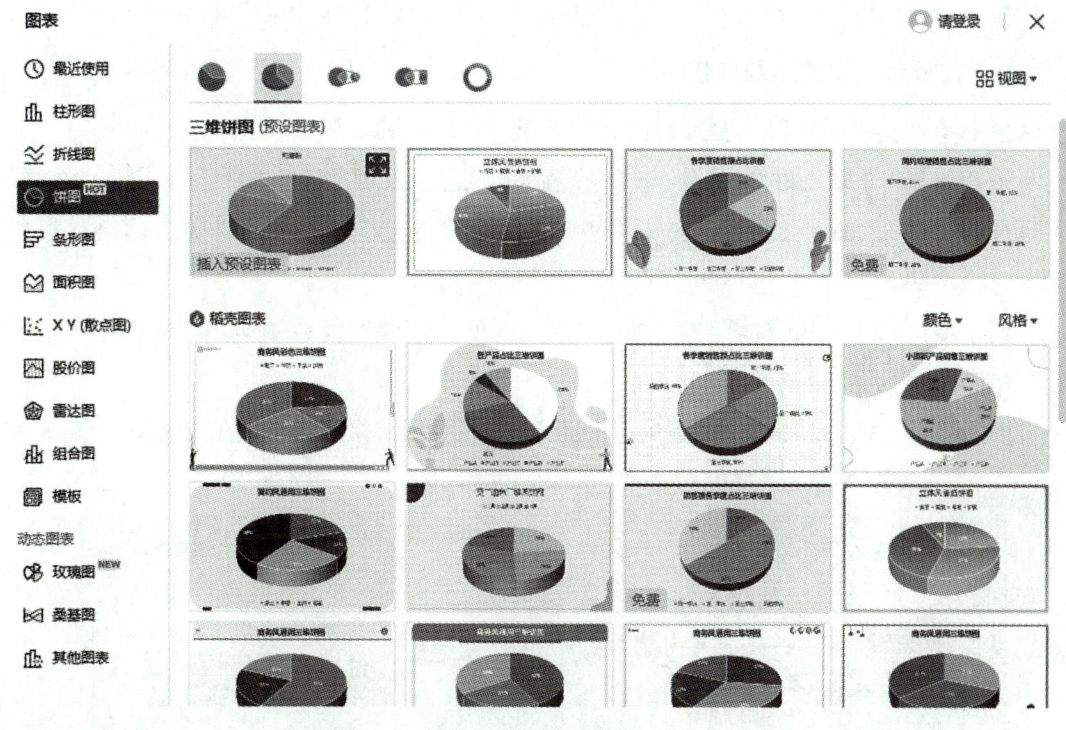

图 2-91　三维饼图

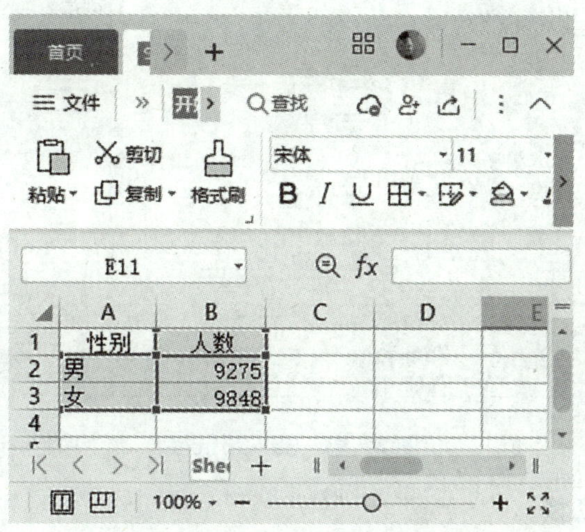

图 2-92　男女人数

用同样的方式，插入图片“鸟瞰图”“图书馆”“沈浩基地”。再将四张图片调整到适合的大小和位置。

(3)设置动画效果

具体要求：设置四个组合对象的动画效果为自左侧、右侧、顶部、底部快速切入。

第 1 步：单击“动画”选项卡的“飞入”按钮，“效果选项”中选择“自左侧”。

第 2 步：将其他动画“飞入”效果方向分别设为“自右侧”“自顶部”“自底部”。

10）在母版上设置超级链接

第 1 步：切换到幻灯片的母版视图，选择第一张幻灯片母版。

第 2 步：单击圆角矩形（文本为“学校概况”），选中该对象。（注意：选中该矩形，而不是选中文本）。右击鼠标，在快捷菜单中选择“超链接”命令，打开“插入超链接”对话框。

第 3 步：在“插入超链接”对话框，如图 2－93 所示，在“链接到”中选择“本文档中的位置”，然后在“请选择文档中的位置”的列表框中选择第二张幻灯片。

用同样的方法，为其他几个圆角矩形插入超级链接，链接到对应的幻灯片。

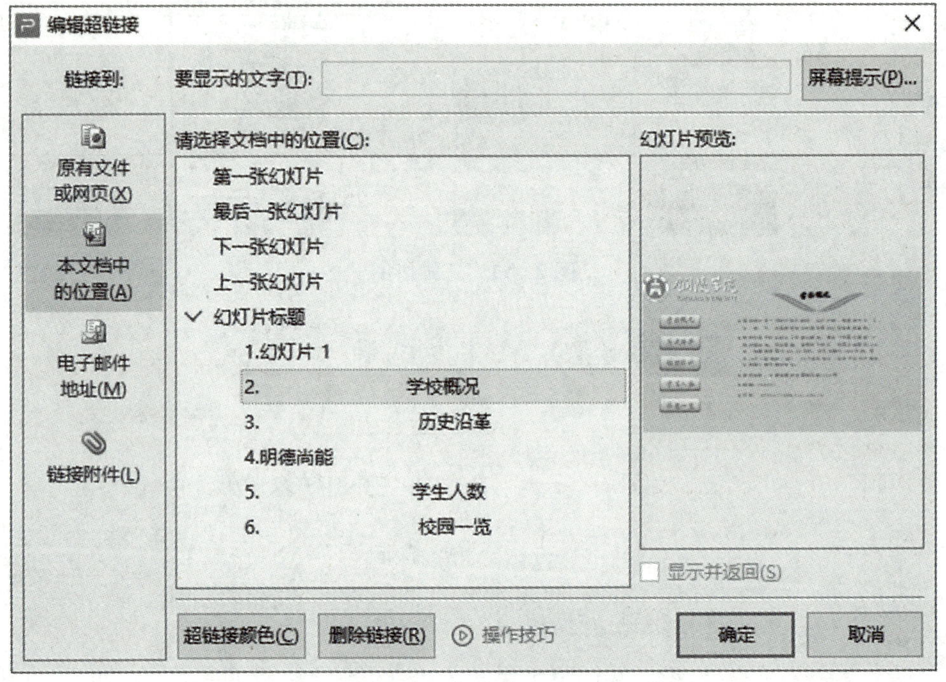

图 2－93 插入超链接

11）设置幻灯片切换

具体要求：设置所有幻灯片的切换方式为随机，每隔 2 秒切换。

操作步骤：在“切换”选项卡列表中选择“随机”切换效果，在“速度”的数值框中输入“2”。再单击“应用到全部”按钮，将此设置应用到所有幻灯片。放映演示文稿时，每张幻灯片播放 2 秒，然后切换到下一张幻灯片。

本章小结

本章采用由浅入深、由易到难的方式讲解，结构清晰、内容丰富，其主要内容包括以下三个方面。

1. WPS 文字：WPS 文字创建和编辑文档、格式编辑、图文排版，以及在文档中绘制表格、长文档排版等知识。

2. WPS 表格：创建与编辑 WPS 表格、计算表格数据的操作方法，以及管理表格数据、分析表格数据等知识。

3. WPS 演示：使用 WPS 创建、编辑与美化幻灯片、应用多媒体与制作动画以及交互与放映演示文稿等知识。

本章对办公软件实用案例进行了高效梳理，将知识点融入 9 个实用性强的案例中，通过实例讲解将 WPS 应用思路、方法和技巧分享给读者，从而在完成任务的过程中轻松掌握相关知识。

课外阅读材料 2

云计算与 WPS+云办公

云办公是依托于云计算运行的，需要在互联网环境下工作。因此与传统办公系统相比，云办公系统依赖稳定的网络环境，云办公系统能够实现很多强大的功能，云环境下使用的办公系统比普通系统要更易用、更易操作。

1. 云计算技术

云计算是近年来发展起来的互联网新技术，在网络存储、网络安全、网络游戏等领域开始广泛应用。该技术是基于互联网的相关服务、使用和交付模式，通过互联网来提供动态易扩展且经常是虚拟化的资源。通过这种方式，允许共享的软硬件资源和信息按照需求提供给计算机或者其他设备。用户可以通过网络使用某商业应用，而该应用的软件、数据均存在于云服务器上。云计算有以下几个特点：

(1)支持海量信息处理

云规模很大，提供云服务企业投入成千上万台服务器用于云计算，强大的计算能力保障海量数据通信存储系统高效、稳定运行。

(2)资源可分配

云资源是动态流转的,可按照需求分配。这就意味着云计算可以根据用户需求,实现资源调节。用户资源需求较高时,云调配启动闲置资源,减轻计算压力;资源需求较低时,云转入节能模式,提高资源的利用率。此外,云的规模可以扩展,满足应用和用户规模增长的需要。

(3)支持各种终端

云计算可以构建在不同的平台之上,即可以有效兼容各种不同种类的硬件和软件基础资源。用户在任意位置使用各种终端均可获取应用服务,无须固定有形的实体,计算机可以,手机也可以。而且在云的支撑下可以构造出千变万化的应用,同一个云可以同时支撑不同的应用运行。

2）云计算技术在现代办公系统中的应用

(1)资源共享

云计算可以将信息共享到云端,办公团队所有人都可以通过网络贡献该资源。其中共享的资源不仅包括办公团队内部人员分享的资源,还可以通过接口获得云服务器上允许共享的外部信息。这种资源共享方式不仅能提高团队内部有效资源利用率,还以外部信息作助力,增加办公效率。应用传统办公系统的大多数企业会设置多个数据中心,不同数据中心的信息共享和调度都有一定限制,且共享和调度功能实现较为复杂,在资源共享、资源利用方面,云计算在现代办公系统中的应用成效显著。

(2)协同办公

云办公应用具有强大的协同特性,其强大的云存储能力让数据文档无处不在,更结合云通讯等新型概念,围绕文档进行直观沟通讨论,或进行多人协同编辑,从而大大提高团队协作项目的效率与质量。

(3)在线办公

云计算的虚拟化让云办公系统可以借助智能设备为载体,云办公应用可以帮助客户随时记录与修改文档内容,并同步至云存储空间。云办公应用让用户无论使用何种终端设备,都可以使用相同的办公环境,这就实现了办公的移动化和碎片化,云办公系统的用户可用多种终端设备随时通过互联网进行办公。

3）WPS＋云办公

WPS Office 作为国产通用办公软件,打破了 MS Office 在国内办公软件领域的垄断,给用户更多的选择,对我国办公信息化的安全提升有很大的促进作用,是国产软件的典型代表和骄傲。在云服务未来大趋势下，金山办公有针对性地推出了WPS+云办公，该产品不仅代表着金山办公WPS品牌的升级，也代表着其从工具向服务的转型，而这种转型也高度契合了金山办公应用户需求而改变的服务理念。

WPS+云办公包含四大元素：WPS Office套件、WPS云协作、WPS云邮箱和WPS云管理。WPS+云办公能够同时在Web端、手机端和PC端登录，仅需一个账号，即可实现随时随地上传下载文档，还能实现团队即时沟通和协作。

WPS云协作是WPS+云办公最亮眼的特色之一。基于云储存和云计算技术，WPS云协作最大的特色是完全摆脱"本地"，所有存储在WPS云办公的文件只存在于云端，不占用电脑或手机内存。在WPS云协作中，团队成员可共同完成一份文档的撰写和编辑，每位成员的编辑不仅清晰可见，而且所有版本都会实时自动保存。

习　题　2

一、单项选择题

1. 在WPS文字中，样式是一组________的集合。

A. 格式　　B. 模板　　C. 公式　　D. 控制符

2. 在WPS文字中，"视图模式"不包括________。

A. 页面视图　　B. 阅读版式视图

C. Web版式视图　　D. 浏览视图

3. 在WPS文字中编辑一篇文稿时，如需快速选取一个较长段落文字区域，最快捷的操作方法是________。

A. 直接用鼠标拖动选择整个段落

B. 在段首单击，按住Shift键不放再单击段尾

C. 在段落的左侧空白处双击鼠标

D. 在段首单击，按住Shift键不放再按End键

4. WPS文字"格式刷"按钮可用于复制文本或段落的格式，若要将选中的文本或段落格式重复应用多次，应该________。

A. 单击"格式刷"按钮　　B. 双击"格式刷"按钮

C. 右击"格式刷"按钮　　D. 拖动"格式刷"按钮

5. 在WPS文字文档编辑时，应首先进行________，这是因为该操作对许多操作都将产生影响。

A. 页面设置　　B. 打印预览　　C. 设置字体　　D. 设定页码

6. 在WPS文字中，若想控制段落的第一行第1字的起始位置，应该调整________。

A. 悬挂缩进　　B. 首行缩进　　C. 左缩进　　D. 右缩进

7. 在 WPS 文字中，如果文档中某一段与其前后两段之间要求留有间隔，最好的解决方法是________。

A. 在每两行之间用按回车键的办法添加空行

B. 在每两段之间用按回车键的办法添加空行

C. 通过“段落”对话框来增加段前、段后距

D. 用“段落”对话框来增加行间距

8. 在 WPS 文字中，下面关于表格创建的说法错误的是________。

A. 只能插入固定结构的表格　　B. 插入表格可自定义表格的行、列数

C. 插入表格能够套用格式　　D. 插入的表格可以调整列宽

9. 在 WPS 表格中要录入邮编，数字分类应选择________格式。

A. 常规　　B. 数值　　C. 科学计数　　D. 文本

10. 在工作表中，对选取不连续的区域时，首先按下________键，然后单击需要的单元格区域。

A. Ctrl　　B. Alt　　C. Shift　　D. Backspace

11. 在 WPS 表格中，文本运算符________是将字符型的值进行连接。

A. $　　B. ＃　　C. ?　　D. &

12. 对工作表中区域 A2:A6 进行求和运算，在选中存放计算结果的单元格后，键入________。

A. SUM（A2:A6）　　B. A2＋A3＋A4＋A5＋A6

C. ＝SUM（A2:A6）　　D. ＝SUM(A2,A6)

13. 在 WPS 表格中，若单元格 C1 中公式为＝A1＋B2，将其复制到单元格 E5，则 E5 中的公式是________。

A. ＝C3＋A4　　B. ＝C5＋D6　　C. ＝C3＋D4　　D. ＝A3＋B4

14. 在 WPS 表格中，创建公式的操作步骤是________。

①在编辑栏键入“＝” ②键入公式 ③按 Enter 键 ④选择需要建立公式的单元格

A. ④③①②　　B. ④①②③　　C. ④①③②　　D. ①②③④

15. 若在单元格中出现一连串的“＃＃＃＃”符号，则需要________。

A. 删除该单元格　　B. 重新输入数据

C. 删除这些符号　　D. 调整单元格的宽度

16. 在 WPS 表格中，若将某单元格的数据“100”显示为 100.00 时，应将该单元格的数据格式设置为________。

A. 常规　　B. 数值　　C. 日期　　D. 文本

17. 如要终止幻灯片的放映，可直接按________键。

A. Ctrl+C　　B. Esc　　C. End　　D. Alt

18. 要在每张幻灯片上添加一个公司的标记，应该在________中进行操作。

A. 大纲视图　　B. 普通视图

C. 幻灯片母版　　D. 幻灯片浏览视图

19. 在 WPS 演示中，可以为文本、图形等设置动画效果，以突出重点或增加演示文稿的趣味性，需打开________选项卡。

A. 插入　　B. 放映　　C. 动画　　D. 视图

20. 通过添加________动画，可以在放映幻灯片时让指定的对象沿轨迹运动

A. 进入　　B. 强调　　C. 退出　　D. 自定义路径

二、填空题

1. 在使用 WPS 文字过程中，可随时按________键以获得系统帮助。

2. WPS 文字中"斜体"按钮是________，"加粗"按钮是________。

3. 在 WPS 文字中，可以通过________选项卡对所选内容添加批注。

4. 在 WPS 文字中插入了图片后，会出现________选项卡，可对图片进行设置。

5. WPS 表格的数据类型分为________、________、________和________。

6. 单元格 A1 中值为 5，A2 中值为 3，函数 IF(A1>A2，MAX(A1，7)，A2)结果为________。

7. 在 WPS 表格中，若要对 A3 至 B7、D3 至 E7 两个矩形区域中的数据求平均数，并把所得结果置于 A1 中，则应在 A1 中输入公式________。

8. WPS 表格中________函数按列查找，返回该列所需查询序列所对应的值。

9. 用 WPS 演示创建的用于演示的文件称为________，里面的每一页称为________。

10. 将文本添加到幻灯片最简易的方式是直接将文本键入幻灯片的占位符中。要在其他地方添加文字，可以在幻灯片中________。

三、简答题

1. 要为文档不同的章节设置不同的页眉与页脚，该如何操作?

2. 简述长文档的排版过程。

3. 简述 WPS 表格中工作簿、工作表、单元格之间的关系。

4. 简述 WPS 表格单元格相对引用、绝对引用和混合引用。

5. 简述 WPS 演示中占位符的作用。

四、操作题

1. WPS 文字操作题

将以下文字内容录入到文档中，并进行排版：

正确理解评估方案　认真做好评估工作

评估方案原来用的是2002年颁布的，今年年初教育部指示要修改评估方案，但从执行情况来看，总体上还是可行的，所以只是局部进行调整，基本框架没有变。局部的指标和观测点进行了一些调整。下面我就着重来讲这些变化了的地方。

办学指导思想。办学指导思想是很重要的，是学校秉承实际，在长期办学过程中总结出来的，而且也是贯穿于我们学校的各项工作。办学指导思想怎么来考察，主要是通过这几个方面。第一个就是学校的定位，第二个就是学校的办学思路。主要是从这两方面来看。定位就是说，学校依据什么来定位，我想主要依据有三方面：第一个方面是社会和经济对学校的要求。具体地说就是定位要适应企业经济、国民经济的要求，要适应社会的发展，科学技术发展对学校的要求，这是第一个依据。第二个依据就是要依据自身的条件。第三个依据就是学校发展的潜力。从这三个方面来确定学校的定位。

师资队伍。师资队伍总的来说应该比较好理解。师资队伍从新的方案来说增加了两个观测点。一个是生师比，一个是教师水平。

教学条件与利用。在这个指标中大家要注意，它既讲条件又讲利用。一个学校教学条件不够当然不行，但是一个学校有了条件但没有充分利用，没有充分发挥条件的效率，那也是不行的。所以“既讲条件又讲利用”这个指标，特别是第一个二级指标，教学基本设施，新方案中变化比较大。之所以变化比较大主要是因为今年2月份教育部颁布了高等学校办学的基本条件。

教学管理。这个也没有大的变化。在教学管理中主要考察两个方面，一个是教学管理队伍，一个是教学质量的控制。

(1)给文档进行排版，该页面设为A4纸，上、下、左、右边距均设置为3厘米，将正文的字体设为“小四”“宋体”；

(2)将标题“正确理解评估方案 认真做好评估工作”制作成艺术字，插入到文档开头，居中；

(3)给文档插入自选图形“笑脸”，图文环绕方式为“四周型”；

(4)给第1段首行空2个字符，给第2～5段设置编号；

(5)将第2段中的“学校”替换为“学院”；

(6)给第2段分两栏(有分隔线，栏宽不等偏左)，第3段分3栏(无分隔线，栏宽相等)；

(7)给文档加上页眉和页脚，页眉为“办学思考”，居右排列，字体红色。页脚插入页码，居中排列。

2. WPS 表格操作题

创建一个工作簿文件 EX1. XLSX，完成以下操作：

(1)建立如下内容工作表，并用函数求出每人的全年工资，表格数据全部 12 磅、居中，并自动调整行高和列宽，数值数据前加货币符号(人民币)，表格标题为红色，合并居中，工作表命名为“工资表”。

	A	B	C	D	E	F
1	工资表					
2	姓名	第一季度	第二季度	第三季度	第四季度	全年
3	程东	6500	6802	7020	7406	
4	王梦	6468	6980	8246	7467	
5	刘丽	7012	3908	6489	8216	
6	王芳	6388	6766	6685	7589	

(2)将工资表复制为一个名为“排序”的新工作表，在“排序”工作表中，按全年工资从高到低排序，全年工资相同时按第四季度工资从低到高排序。

(3)将工资表复制为一张新工作表，并为此表数据创建“簇状柱形图”。

3. WPS 演示操作题

制作一个以“北京故宫“为主题的演示文稿，不少于 5 张幻灯片，要求：

(1)输入文字，插入图片和艺术字。

(2)创建超链接。

(3)在幻灯片中，设置幻灯片的切换过渡效果，添加相应的动画、动作。

(4)设计主题或背景，版面布局合理，逻辑清晰。

第 3 章 Raptor 程序设计

本章主要介绍算法设计和程序设计，以及一种可视化的程序设计环境 Raptor 软件。Raptor 是为初学程序设计的人提供的程序设计环境，利用 Raptor 可直观地看到算法的流程，容易判断算法的正确性。

3.1 程序设计与算法设计

程序设计是用计算机解决问题，算法设计是程序设计的核心。

3.1.1 为什么要学习程序设计

计算机与网络作为现代工具已深入各行各业和日常生活，人们的学习、生活、工作都离不开它们。计算机和网络的使用水平已成为人们最基本的素质之一，也是人们必备的基本技能。对在校大学生来说，学习计算机和网络的使用不仅是必修课，也是走向社会的立足之本，要想将来成为一名优秀的科技工作者，就必须要了解计算机的工作原理，也就必须要学习计算机程序设计，否则无法在自己所从事的工作领域深入地应用计算机。学习程序设计，重点是要不断培养自己的计算思维能力。计算思维就是寻找现代计算机能实现的算法的思维过程，程序设计是实践计算思维的重要手段之一。

3.1.2 为什么要学习算法设计

算法是程序设计的灵魂，解决任何一个问题都要有算法。

所谓算法，就是为解决问题而采取的步骤和方法，即第一步做什么，第二步做什么，第三步做什么，如此下去直至求出问题的解。打个比方，做一道菜的正确算法是：先择菜，然后洗菜，最后炒菜。如果先炒菜，然后择菜，最后洗菜，那就是算法错误。

数据是算法的处理对象，一个问题中会有各种类型的数据，算法就是按一定顺序对这些数据进行处理以得到期望的结果。

数据类型和数据结构（数据组织形式）不同，对应的算法也不同。例如，从有序的队列 1、2、3、4、5 中找出 3，与从无序列的集合{2,1,5,3,4}中找出 3 的算法不一样。再例如，从非数值数据（字符串）“12345”中找出“3”，与从数值数据 12345 中找出 3 的算法也不一样。

可以看出，设计算法时必须要考虑数据结构。著名的计算机科学家沃思（Nikiklaus Wirth）提出了程序定义的式子：

程序＝数据结构＋算法

这个式子说明了程序与算法的关系，以及数据结构选择的重要性，数据结构不同算法也有所区别。对初学程序设计的人来讲，应该把主要精力放在算法设计上，等到有一定的程序设计能力后再把主要精力放在数据结构设计上。

计算机算法分为两大类：数值算法和非数值算法。数值算法是求问题的近似解，例如代数方程、方程组、定积分、插值、拟合、微分方程的近似解。非数值算法涉及的范围很广，常见的是事务处理，例如排序、查找等。

例 3-1 求和 1＋2＋3＋…＋100。

算法 1：先求 1＋2，再加 3，再加 4，一直加到 100，即(…((1＋2)＋3)＋…＋100)。

算法 2：将式子 1＋2＋3＋…＋100 等价变形为：

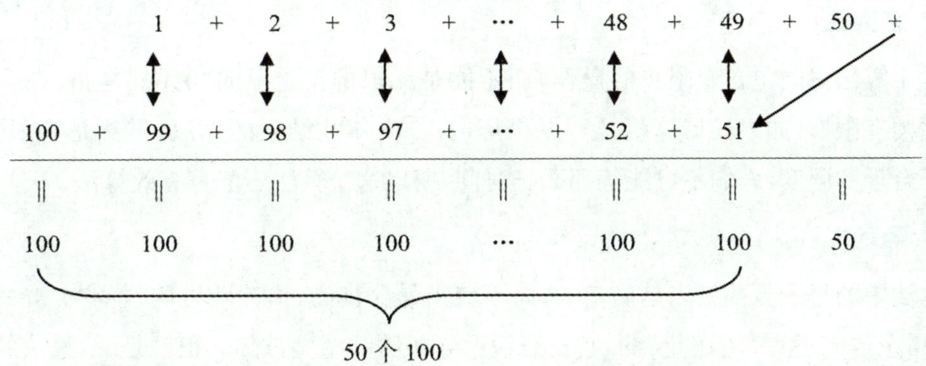

算法 3：因为数列 1,2,3,…,100 是公差为 1 的等差数列，故可以利用等差数列前 n 项和公式 $S_n=\frac{n(a_1+a_n)}{2}$ 计算：

$$1+2+3+\cdots+100=S_{100}=\frac{100(1+100)}{2}=5050$$

例 3-2 现有 64 枚一元硬币，其中有一枚是假的，真假硬币的重量相差较大。怎样把这一枚假硬币找出来？

算法 1: 借助自己的双手。每次自己两只手上各拿一枚,如果重量差不多,说明这两枚硬币都是真的,把这两枚硬币放在一旁,重复上面做法,总有一次感觉重量不一样。如果感觉重量不一样,说明这两枚硬币中有一枚是假的,这时将右手上的硬币放下来,重新换一个,若重量差不多,说明刚放下的是假的;若感觉重量不一样,说明左手上拿的是假的。此方法最坏情况下要试 33 次,最好情况下要试 2 次。

算法 2: 借助一个天平秤。每次天平秤的两边各放 1 枚,过程与算法 1 一样。

算法 3: 借助一个天平秤。第一步,天平两边各放 32 枚,天平肯定是斜的。第二步,将较重的 32 枚拿出来(拿较轻的 32 枚方法相同),天平的两边各放 16 枚,若天平是斜的,假硬币肯定在这 32 枚中;否则,假硬币在较轻的 32 枚中;把含有假硬币的 32 枚拿出来。第三步,重复第二步,直到剩下最后 2 枚。第四步,将天平右边的硬币拿下来,重新换一个,若天平是平的,说明刚拿下来的是假的;若天平是斜的,说明左边的是假的。此方法最坏情况下要试 9 次,最好情况下要试 6 次。

从例 3-1 和例 3-2 可以看出,同一个问题可以有不同算法,这些算法有优劣之分,有的算法步骤少、计算简单、不易出错,而有的算法步骤多、计算复杂、容易出错。要想设计出好的算法,需要不断学习、积累经验。

3.1.3 算法的特点

算法具有以下五个特点:

1) 有穷性

一个算法只能包含有限步的操作,而不能是无限的。这里的“有限”是指“在合理的范围之内有限”。如果让计算机执行一个历时 1000 年才结束的算法,虽然是有限的,但超过了合理的限度,人们不可能等那么长时间,所以这个算法不能算有效算法。

2) 确定性

算法中的每一步都应当是确定的,而不应当是含糊的、模棱两可的。如“n 被一个整数除,得余数 r”这是“不确定”的,它没有说明 n 被哪一个整数除。也就是说,算法的含义应当是唯一的,而不应当产生“歧义性”。所谓“歧义性”,是指可以被理解为两种或多种含义。

3) 可行性

算法中的每一步必须是计算机语言能实现的。比如,想在计算机屏幕上显示一张九九乘法表,如果我们对计算机说:显示一张九九乘法表,这个算法很好(只需对计算机说一句话),但目前的计算机语言没办法实现,所以这个算法是不可行的。

4）输入

输入是指在执行算法时需要从外界取得必要的信息。例如，求两个整数 m 和 n 的最大公约数，则需要输入 m 和 n 的值。没有输入的算法缺乏灵活性。一般情况下，一个算法应有一个或多个输入。

5）输出

算法是为了求出问题的“解”，“解”就是输出。但算法的输出不一定是在屏幕上显示出来或打印在纸上，可以是保存在硬盘或 U 盘上的文件。没有输出的算法是没有意义的，一个算法至少要有一个输出。

3.1.4 算法的表示

算法的表示方法有很多，常用的有：自然语言、流程图、N-S 图、伪代码、计算机语言等。下面重点介绍自然语言、流程图和计算机语言表示法，其他两种表示法请读者自己查阅资料。

1）用自然语言表示算法

自然语言就是人们日常使用的语言，如汉语、英语或其他语言。用自然语言表示算法通俗易懂，但容易出现“歧义性”，往往要根据上下文才能判断其正确含义。例如这句话：“张先生对李先生说他的孩子考上了大学”。到底是张先生的孩子考上大学呢，还是李先生的孩子考上大学呢？光从这句话本身难以判断。此外，用自然语言描述包含分支结构和循环结构的算法不太方便。因此，除了很简单的问题以外，一般不用自然语言描述算法。

例 3－3 求边长为 a 的正方形外接圆面积。

算法用自然语言描述如下：

第一步：输入正方形边长 a
第二步：计算外接圆直径 $d=a\sqrt{2}$
第三步：计算外接圆半径 r＝d/2
第四步：计算外接圆面积 S＝3.1415926×r×r
第五步：输出外接圆面积 S

2）用流程图表示算法

流程图是用图形表示算法的工具，它利用不同的几何图形表示不同的操作，利用流程线表示算法的执行方向。用流程图表示算法直观形象、易于理解。

流程图所用符号的含义,见表 3 - 1。

表 3 - 1 流程图所用符号的含义

符号	名称	含义
	起止框	表示算法开始或结束
	输入输出框	表示输入数据或输出结果
	判断框	对给定的条件进行判断,根据条件是否成立,决定如何执行其后的操作。它有一个入口、二个出口
	处理框	表示处理功能,如计算、变量赋值等
↓ →	流程线	表示算法的执行方向
	连接点	用于将画在不同地方的流程线连接起来,可以避免流程线的交叉或过长,使流程图清晰

例 3 - 4 求边长为 a 的正方形外接圆面积的算法流程图。

算法的自然语言描述见例 3 - 3,对应的流程图如图 3 - 1 所示。

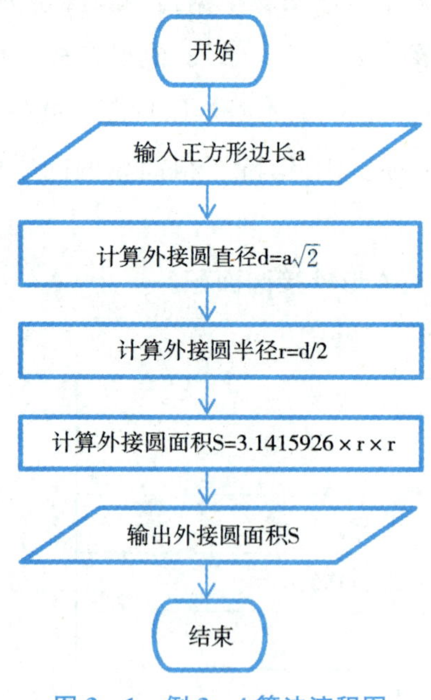

图 3 - 1 例 3 - 4 算法流程图

例 3 - 5 寻物启示流程图。

所采用的算法流程图如图 3 - 2 所示,算法功能一目了然。

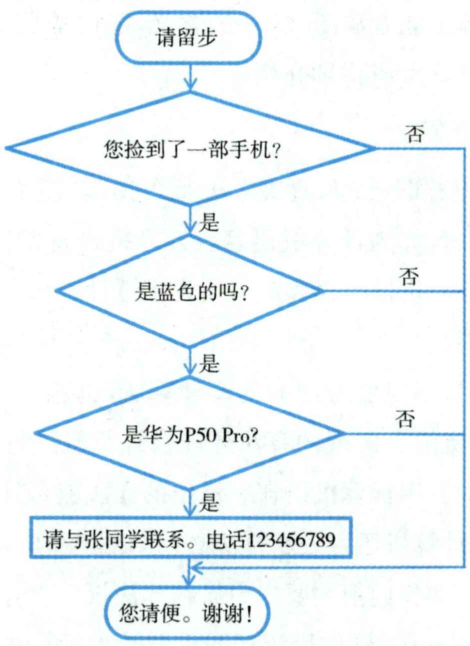

图 3－2　例 3－5 算法流程图

例 3－6　给出 1＋2＋3＋…＋10 算法流程图。

采用的算法是先求 1＋2，再加 3，再加 4，…，一直加到 10，即

$$((((((((1+2)+3)+4)+5)+6)+7)+8)+9)+10$$

对应的流程图如图 3－3 所示。

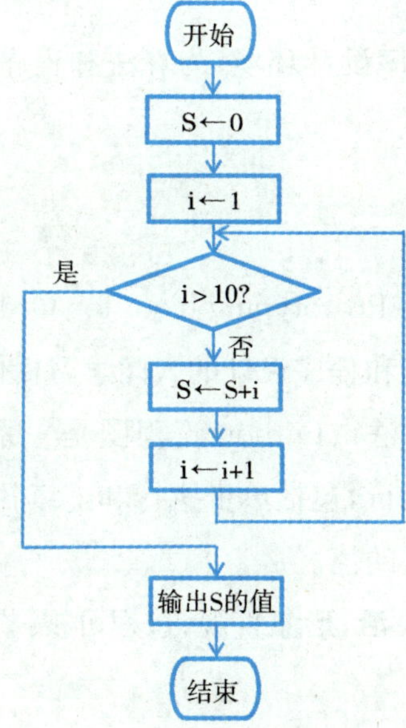

图 3－3　例 3－6 算法流程图

相信大多数读者大体上能看懂图 3－3 的含义，图中的记号 $S \leftarrow 0$、$i \leftarrow 1$、$S \leftarrow S+i$、$i \leftarrow i+1$ 起什么作用，在 3.2 节有详细介绍。

3) 用计算机语言表示算法

要让计算机了解人的意图，按人的要求进行工作，就需要有与计算机交流的语言。这种人与计算机交流的语言称为计算机语言。计算机语言发展经历了机器语言→汇编语言→高级语言三个阶段。机器语言和汇编语言接近计算机元器件特性，高级语言接近人类思维方式和表达习惯。

用计算机解决问题时，不仅要考虑如何设计算法，也要考虑如何用计算机语言实现这个算法，只有能用计算机语言实现的算法才能被计算机执行，因此算法中的每一步必须是计算机语言能实现的。用计算机语言表示出的算法就是计算机程序，编写计算机程序的过程叫程序设计，用计算机语言表示算法必须严格遵循所用语言的语法规则。

为了让初学程序设计的我们把主要精力放在算法设计上，无需学习计算机语言也能实现算法，3.2 节介绍的 Raptor 软件用流程图形象地表示算法。运行程序时，我们随时可以看到算法执行到了哪一步、运算过程有没有错误。重要的是用 Raptor 软件设计出的算法流程图可以直接转换成 Java、C＋＋、C＃、Ada 高级语言程序。

3.2 Raptor 简介

Raptor 是一种可视化的程序设计环境，为算法和程序设计初学者提供了简单易用、形象直观的实验环境。

3.2.1 特点

Raptor(Rapid Algorithmic Prototyping Tool for Ordered Reasoning)是基于流程图的可视化程序设计环境，为算法和程序设计的入门学习提供实验环境。

Python 用流程图来表示算法。Python 流程图是一系列相互连接的图形符号的组合，可在其环境下直接调试和运行，包括单步执行和连续执行的模式，可直观地显示当前执行符号的位置，以及所有变量的值。

Raptor 的主要特点：简洁灵活，形象直观，过程可视，操作简单，容易掌握。

3.2.2 程序设计环境

Raptor 由绘图编程窗口和主控台窗口组成。

1) 绘图编程窗口

绘图编程窗口用于编制程序，如图 3－4 所示。

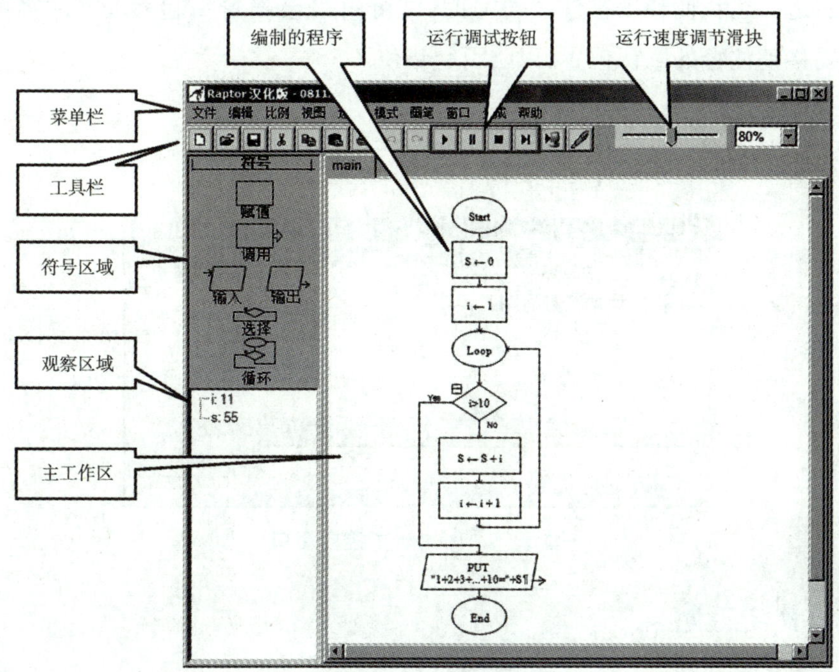

图 3－4　Raptor 绘图编程窗口

编程窗口左上方有 6 种不同的图形符号，分别代表一种不同的语句。各图形符号所代表的语句功能见表 3－2。这些符号与前面 3.1 节中算法流程图里的符号很相似，请注意区分。

表 3－2　6 种图形符号的功能

图形符号	名称	对应语句	功能
	赋值	赋值语句	给变量赋值
	调用	调用语句	调用系统自带的子程序，或用户定义的子程序
	输入	输入语句	将键盘输入的数据赋给一个变量
	输出	输出语句	显示变量或表达式的值
	选择	选择语句	实现选择结构
	循环	循环语句	实现循环结构

还有一种注释符号。注释是用来帮助别人理解程序或备忘用的，特别是在程序代码比较复杂、很难理解的情况下，注释可以提高程序的可读性。注释本身不会被执行。

若要为某个符号添加注释，右击该符号，在弹出的快捷菜单中单击“注释”命令，然后在弹出的“注释”窗口中输入说明文字，最后单击“完成”按钮，注释符号即会出现在被注释符号的右边。当我们移动被注释符号时，注释符号会随着一起移动。注释可以移动，但建议不要移动注释的默认位置，以防引起错位。

2）主控台窗口

主控台窗口用于显示程序运行结果，如图 3-5 所示。

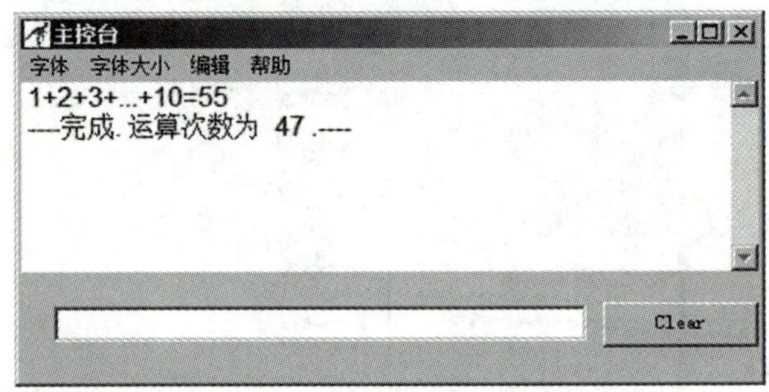

图 3-5 Raptor 主控台窗口

3.2.3 常量与变量

1）常量

程序运行过程中值固定不变的量称为常量。Raptor 把常量划分为 4 种类型，见表 3-3。

表 3-3 Raptor 常量类型

类型	说明	示例
符号型	Raptor 内部定义的用符号表示的常量	pi(圆周率 3.1416)、e(无理数 2.7183)、true(真或是或 1)、false(假或否或 0)
数值型	数学上的实数	7、−5、8.31、−4.29
字符型	用单引号括起来的一个字符	'f'、'@'
字符串型	用双引号括起来的一串字符	"China"、"student"

2）变量

程序运行过程中值可以改变的量称为变量。每个变量都要有名字，变量名必须以字母开头，后面可以跟字母、数字、下划线。同一程序中的两个变量名不能相同，变量名不能与符号常量名相同。变量的特征是可以反复赋值，当给某变量重新赋值时，旧的值会被新的值替代，旧的值就不存在了，因此，在某个时刻一个变量只能保存一个数据。

Raptor 变量分为 3 种类型：数值型、字符型、字符串型。变量的类型是由所赋值的类型自动确定的。

3）数组

对于简单的问题，编程时使用几个变量就够了。对于较为复杂的问题，例如要对一个有 50 人班级的某门课成绩进行排名，如果用 50 个变量进行处理，操作起来相当麻烦，而且效率低下。为了方便对一组数据进行处理，数学上用数列 $a_1,a_2,a_3,\cdots,a_n$ 来表示，计算机语言用数组来表示，Raptor 也不例外。为了便于标注元素下标，Raptor 是这样表示上面数列的：$a[1],a[2],a[3],\cdots,a[n]$，在计算机语言中不叫数列而叫数组，其中 a 为数组名，数据项 $a[1]$、$a[2]$、$a[3]$、…、$a[n]$为数组元素，[1]、[2]、[3]、…、[n]为元素下标，n 为数组大小。

综上所述，数组是有序数据的集体，每个数组要有自己的名字，数组名和变量名的命名规则相同，数组中的每个元素都可以当作单个变量来使用，数组的大小根据需要确定。

程序是通过输入语句和赋值语句给数组元素赋值，数组大小由多次给元素赋值中最大的下标确定。例如，第一次给元素赋值 $a[6]\leftarrow 7.53$，则数组 a 的大小为 6，数组其他元素的值初始化为 0，如图 3-6 所示。

$a[1]$	$a[2]$	$a[3]$	$a[4]$	$a[5]$	$a[6]$
0	0	0	0	0	7.53

图 3-6　第一次给数组 a 赋值的结果

第二次给元素赋值 $a[10]\leftarrow$'@'，则数组 a 的大小变为 10，数组元素的值如图 3-7 所示。

$a[1]$	$a[2]$	$a[3]$	$a[4]$	$a[5]$	$a[6]$	$a[7]$	$a[8]$	$a[9]$	$a[10]$
0	0	0	0	0	7.53	0	0	0	'@'

图 3-7　第二次给数组 a 赋值的结果

只有一个下标的数组叫一维数组，下标从 1 开始，可以在程序运行中动态增加元素。一维数组用于处理数列和向量。

我们在解决问题时，有时会遇到矩阵和行列式，例如，矩阵

$$B=\begin{pmatrix} b_{11} & b_{12} & b_{13} & b_{14} \\ b_{21} & b_{22} & b_{23} & b_{24} \\ b_{31} & b_{32} & b_{33} & b_{34} \end{pmatrix}$$

矩阵和行列式都是由若干行、若干列的数据排成的矩形阵列，横排为行，竖排为列。要想标明数据项的位置，则需要两个下标：行标、列标。行标是行的编号，列标是列的编

号。有两个下标的数组叫二维数组，两个下标都是从 1 开始，二维数组的大小等于行数乘以列数，二维数组元素表示方式：数组名[行标，列标]。例如，给二维数组 B 的元素赋值 $b[3,4]$←5.73，则数组 B 各元素初始化结果如图 3-8 所示，该数组的大小是 3×4=12。

行标↓ 列标→	1	2	3	4
1	0	0	0	0
2	0	0	0	0
3	0	0	0	5.73

图 3-8　二维数组 *B* 的创建和初始化结果

同一维数组一样，可以在程序运行中动态增加二维数组的元素。二维数组用于处理矩阵和行列式。

3.2.4　基本运算

几乎所有的程序都需要对数据进行运算，对数据的运算一般是通过运算符来实现的。Raptor 提供了多种运算符，按其功能可分为算术运算符、关系运算符、逻辑运算符、字符串连接运算等。

1）算术运算

算术运算符有 7 种，见表 3-4。

表 3-4　算术运算符

运算符	含义	功能	举例
+	加法	求两个数据的和	6+2 的值是 8
−	减法	求两个数据的差	6−2 的值是 4
*	乘法	求两个数据的积	6 * 2 的值是 12
/	除法	求两个数据的商	6/2 的值是 3
* * 或^	幂	求幂运算	3 * * 2 或 3^2 的值是 9
mod	取模	求两个实数相除后的余数。余数符号与除数符号相同	20 mod 3 的值是 2 −20 mod 3 的值是 1 20 mod −3 的值是−1 −20 mod −3 的值是−2
rem	取余	求两个实数相除后的余数。余数符号与被除数符号相同	20 rem 3 的值是 2 −20 rem 3 的值是−2 20 rem −3 的值是 2 −20 rem −3 的值是−2

从表 3-4 的最下面两行可以看出，mod 运算和 rem 运算都是用来求两个实数相除后的余数，但得到的余数符号有区别，请注意区分。

2）关系运算

关系运算又叫比较运算，用于比较两个数据的大小。关系运算符有 6 种，见表 3－5。

表 3－5　关系运算符

运算符	含义	举例
＞	大于	2＞1 的值是 1
＜	小于	2＜1 的值是 0
＞＝	大于或等于	2＞＝1 的值是 1
＜＝	小于或等于	2＜＝1 的值是 0
＝	等于	2＝1 的值是 0
！＝	不等于	2！＝1 的值是 1

3）逻辑运算

实际生活中经常遇到“真”与“假”、“是”与“否”、“对”与“错”，称它们为逻辑值，逻辑“真”用符号常量 true 或数值 1 表示，逻辑“假”用符号常量 false 或数值 0 表示。逻辑运算是对逻辑值进行运算，逻辑运算符有 3 种，见表 3－6。

表 3－6　逻辑运算符

运算符	含义	对操作数的要求	举例
not	非	只右边有操作数	not true 的值是 false
and	与	左右两边各有一个操作数	true and false 的值是 false
or	或	左右两边各有一个操作数	true or false 的值是 true

“非”运算（not 运算）规则见表 3－7。

表 3－7　not 运算规则

操作数	运算规则
true	not true 的值是 false
false	not false 的值是 true

“与”运算（and 运算）规则见表 3－8。

表 3－8　and 运算规则

操作数 1	操作数 2	运算规则
true	true	true and true 的值是 true
true	false	true and false 的值是 false
false	true	false and true 的值是 false
false	false	false and false 的值是 false

从表 3－8 可以看出，“与”运算的运算规则可以概括成一句话：两个都真“与”是真，有

一个假“与”是假。

“或”运算(or 运算)规则见表 3-9。

表 3-9 or 运算规则

操作数 1	操作数 2	运算规则
true	true	true or true 的值是 true
true	false	true or false 的值是 true
false	true	false or true 的值是 true
false	false	false or false 的值是 false

从表 3-9 可以看出,“或”运算的运算规则可以概括成一句话:两个都假“或”是假,有一个真“或”是真。

为了便于记忆,我们把“与”运算和“或”运算的运算规则概括成一句话:两个都真“与”是真,两个都假“或”是假。

4) 字符串连接运算

将两个字符串连接成一个字符串,使用运算符+,如"I am a"+"student."的值是"I am a student."。

字符串连接运算符和算术运算中的加法运算符一样,都是+,但我们很容易从这个运算符两边的数据类型来区分是字符串连接运算还是加法运算。如果+两边是数值型数据,则是加法运算;如果+两边是字符串型数据,则是字符串连接运算。

需要注意的是 Raptor 不允许进行字符连接运算,即运算'a'+'#'是无效的。

3.2.5 函数

3.2.4 中介绍的 4 种运算符只能进行简单的运算,复杂的运算是通过函数来实现的。Raptor 提供的函数中常用的函数及功能见表 3-10。

表 3-10 常用函数

类型	函数	功能	举例
数学运算函数	sqrt	求平方根	sqrt(2)的值是 1.4142
	abs	求绝对值	abs(-2.3)的值是 2.3000
	log	求自然对数	log(e)的值是 1
	ceiling	向上取整	ceiling(3.7)的值是 4 ceiling(3.1)的值是 4 ceiling(-3.7)的值是-3
	floor	向下取整	floor(3.7)的值是 3 floor(3.1)的值是 3 floor(-3.7)的值是-4

续表

类型	函数	功能	举例
三角函数	sin	正弦	sin(pi/4)的值是 0.7071
	cos	余弦	cos(pi/3)的值是 0.5000
	tan	正切	tan(pi/6)的值是 0.5774
	cot	余切	cot(pi/6)的值是 1.7321
	arcsin	反正弦	arcsin(1)的值是 1.5708
	arccos	反余弦	arccos(1)的值是 0
	arctan	反正切	arctan(5,2)的值是 1.1903
	arccot	反余切	arccot(5,2)的值是 0.3805
其他函数	random	生成一个 0～1 之间的随机数	random 的值是 0.5264(每次的值都不确定)
	length_of	对于数组,返回元素个数,对于字符串,返回字符个数	若 b[5]←3,则 length_of(b)的值是 5 若 a ←" Hello China!",则 length_of(a)的值是 12

3.2.6 表达式

表达式是指由常量、变量、运算符、括号、函数连接起来的式子。一个表达式经过计算后会得到一个结果,这个结果叫表达式值。求表达式值时,要特别注意各运算的优先级和表达式值的类型。表达式的类型由其中的运算符来确定,因此表达式的类型有:算术表达式、关系表达式、逻辑表达式、字符串连接表达式和混合表达式。

一个表达式中往往有多种运算,先算谁后算谁,叫运算优先级。各运算优先级的先后顺序:函数、括号、幂运算、乘法和除法、加法和减法、关系运算符、not、and、or。

例 3-7 求表达式 4＋5^2/(3 * 6－(sqrt(9)＋abs(－8)＋floor(2.1)))＋e－pi 的值。

解:原式＝4＋5^2/(3 * 6－(3＋8＋2))＋e－pi

＝4＋5^2/(3 * 6－13)＋e－pi

＝4＋5^2/5＋e－pi

＝4＋25/5＋e－pi

＝4＋5＋e－pi＝8.5767

3.2.7 变量赋值语句

赋值语句在编程中使用十分普遍,赋值语句用来给变量赋值,它对应绘图编程窗口符号区域中的“赋值”符号 赋值。

单击符号区域中的“赋值”符号，在流程线上单击，插入“赋值”语句 。双击“赋值”语句，弹出“Assignment”窗口，在 Set 右边的文本框中输入变量名或数组元素，在 to 右边的文本框中输入要赋的值，如图 3-9 所示，这里是给变量 a 赋值 5。输入结束后单击下面的“完成”按钮，程序中的赋值语句如图 3-10 所示。

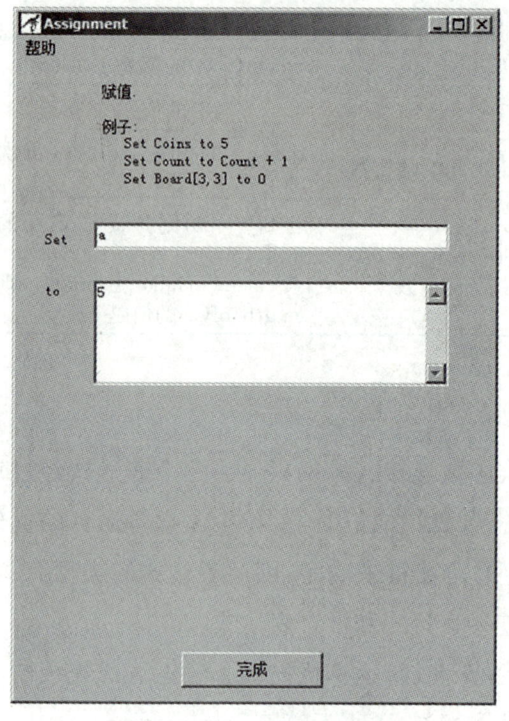

图 3-9 “Assignment”窗口

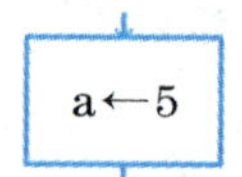

图 3-10 程序中的赋值语句

3.2.8 输入与输出语句

几乎每个程序都会用到输入和输出语句，输入语句的作用是通过键盘输入数据，输出语句的作用是利用主控台窗口显示程序的运行结果，它们分别对应绘图编程窗口符号区域中的“输入”符号 输入 和“输出”符号 输出。

1) 输入语句

单击符号区域中的“输入”符号，在流程线上相应位置单击，插入“输入”语句 。双击“输入”语句，弹出“输入”窗口，在“输入提示”下面的文本框中输入提示信息"Please enter the value of a:"，在“输入变量”下面的文本框中输入变量名 a，如图 3-11 所示，单击下面的"完成"按钮,程序中的输入语句如图 3-12 所示。

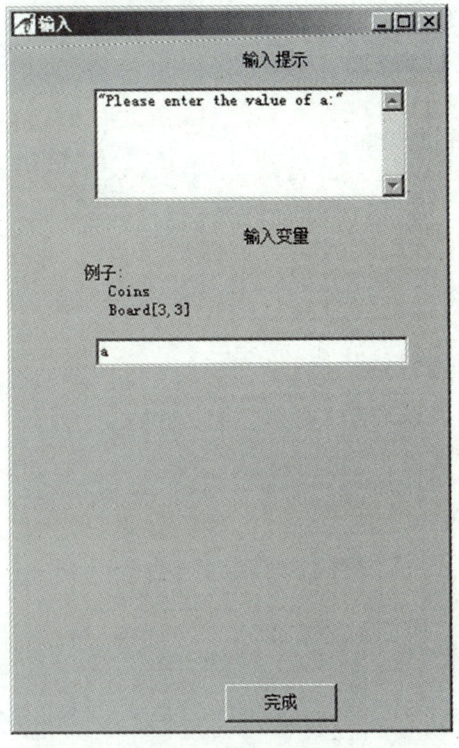

图 3-11　输入窗口

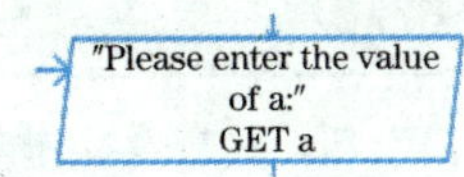

图 3-12　程序中的输入语句

当程序运行到该输入语句时,出现如图 3-13 所示的输入对话框,可以在提示信息"Please enter the value of a:"下面的文本框中输入要给变量 *a* 赋的值。

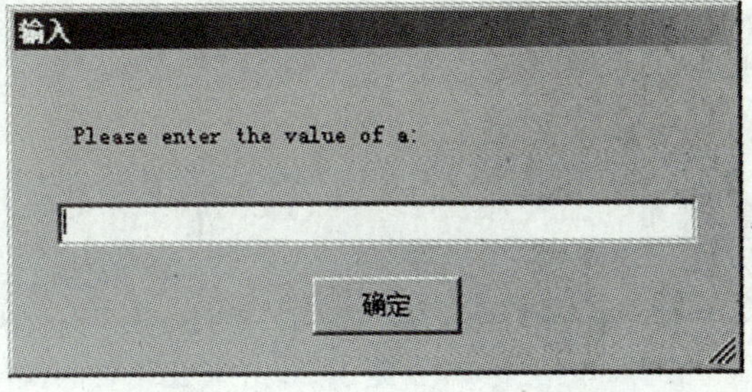

图 3-13　执行输入语句时出现的对话框

2) 输出语句

单击符号区域中的"输出"符号,在流程线上相应位置单击,插入"输出"语句 。双击"输出"语句,弹出"输出"窗口,在"输入你要输出的内容"下面的文本框中输入"The value of a is"+a,如图 3-14 所示,单击下面的"完成"按钮,程序中的输出语句如图 3-15 所示。

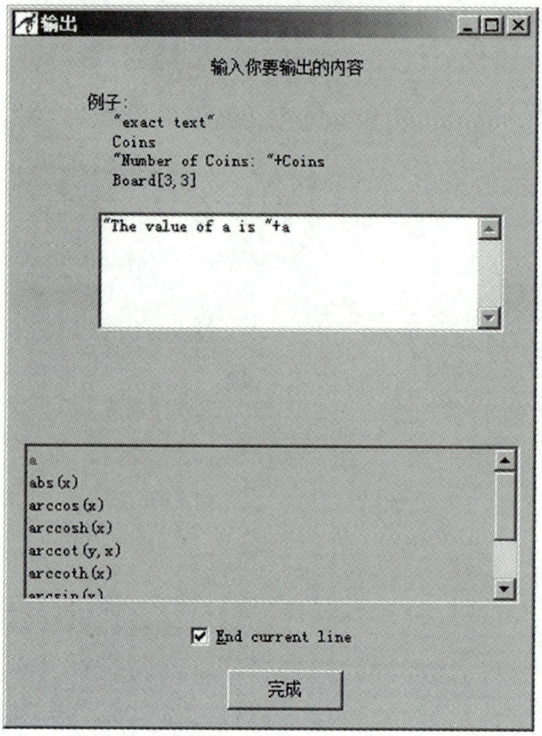

图 3－14　输出窗口

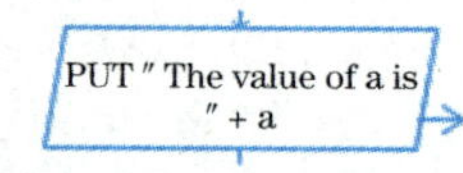

图 3－15　程序中的输出语句

输出语句格式：字符串 1＋变量 1＋字符串 2＋变量 2＋…。

当程序运行到输出语句时，在主控台窗口显示：字符串 1 变量 1 的值 字符串 2 变量 2 的值 …，若变量 a 的值是 5，则图 3－15 中输出语句的执行结果如图 3－16 所示。

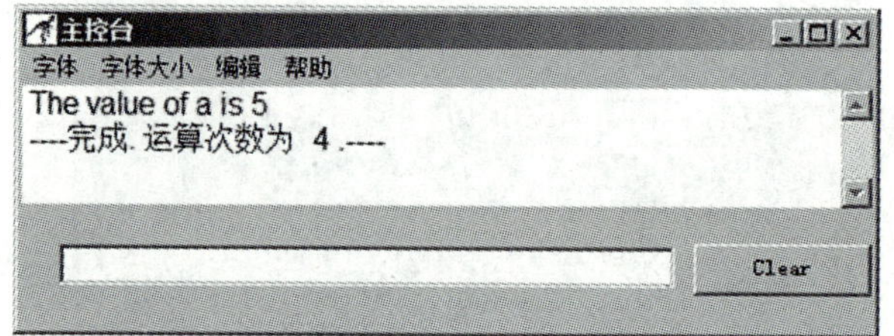

图 3－16　变量 a 的值是 5 时，图 3－15 中输出语句的执行结果

3.3　Raptor 程序设计

程序设计是用计算机语言表示算法的过程，Raptor 程序设计就是用 Raptor 流程图来表示算法。

3.3.1 程序的三种基本结构

在计算机语言中，任何复杂的算法都可以用三种基本结构来实现：顺序结构、选择结构（又称分支结构）、循环结构。

1）顺序结构

顺序结构是指程序从上往下执行，因此我们在写程序时要把先执行的语句写在上面，后执行的语句写在下面，就像我们平时读书、看报从上往下阅读是一样的。

2）选择结构

选择结构是指从两个或多个情况里选择一个，就像走路走到岔路口时，该选哪一条路，要根据条件来确定，条件成立时怎么走，条件不成立时又怎么走。

3）循环结构

循环结构是指反复执行某一段程序，由于解决问题的需要，一段程序执行完后要返回去再执行一遍，直到任务完成为止。就好像在标准运动场400米跑道上跑10000米，跑完一圈接着跑下一圈，总共要跑25圈，也就是要循环25次。

3.3.2 顺序结构程序设计

任何程序都是顺序结构，编程时首先写算法第一步所对应的语句，然后写算法第二步所对应的语句，再写算法第三步所对应的语句，如此下去。

例3-8 求长是4.78米、宽是3.16米的长方形面积。

算法的自然语言表示：

第一步：计算长方形面积S←4.78×3.16
第二步：输出长方形面积S

Raptor程序如图3-17所示。

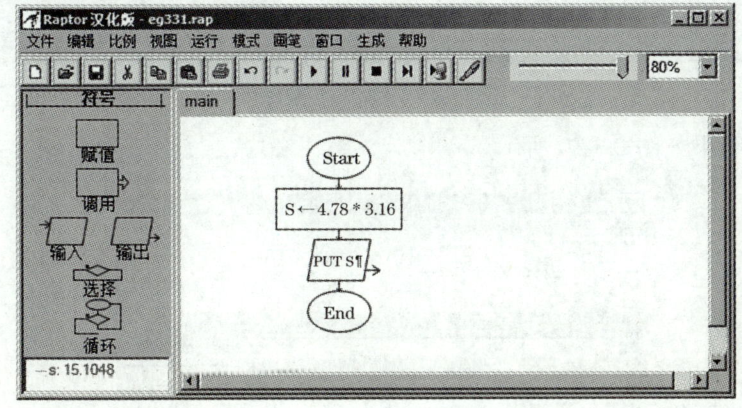

图3-17 例3-8程序

程序运行结果如图 3-18 所示。

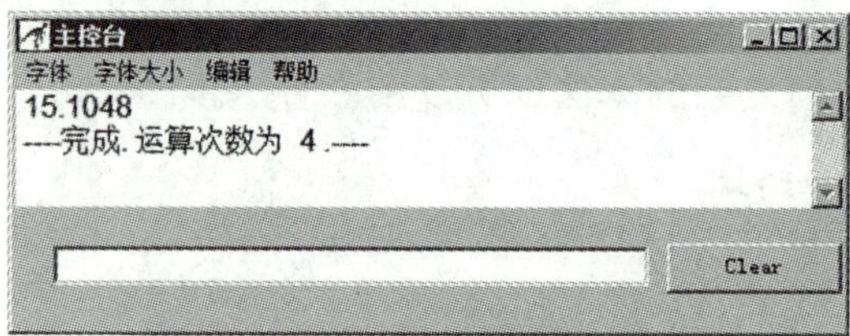

图 3-18 例 3-8 程序运行结果

例 3-9 求边长为 8.2 米的正方形外接圆面积。

算法的自然语言表示：

第一步：计算外接圆直径 d←8.2×$\sqrt{2}$
第二步：计算外接圆半径 r←d/2
第三步：计算外接圆面积 S←3.1415926×r×r
第四步：输出外接圆面积 S

Raptor 程序如图 3-19 所示。

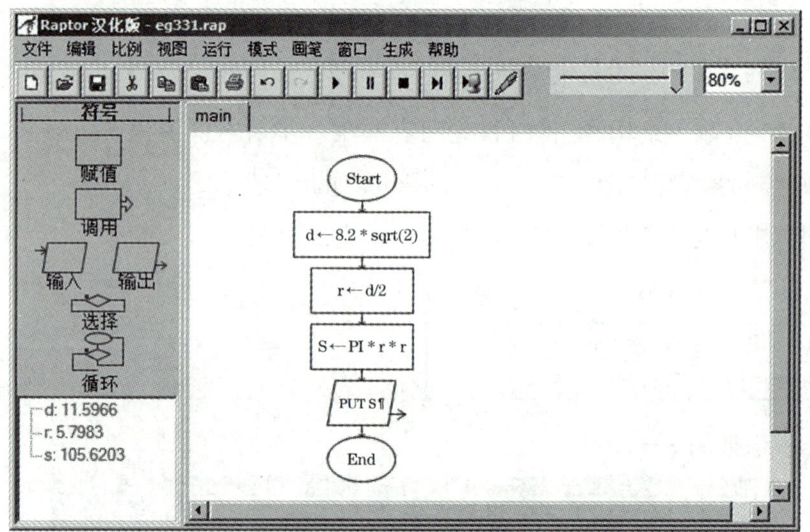

图 3-19 例 3-9 程序

程序运行结果如图 3-20 所示。

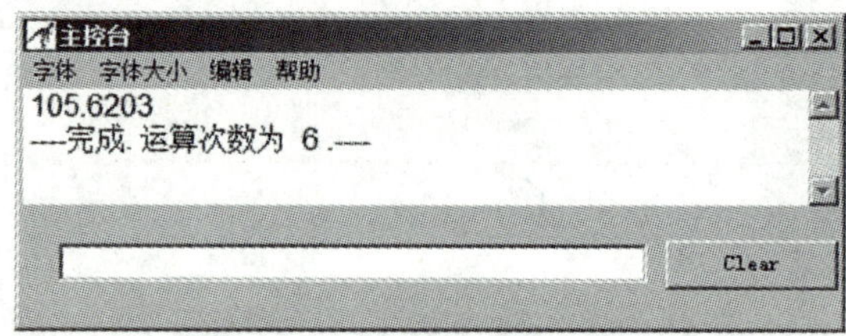

图 3-20 例 3-9 程序运行结果

例 3－10　求边长为 a 米的正方形外接圆面积。

算法的自然语言表示：

第一步：输入正方形边长 a
第二步：计算外接圆直径 d←a$\sqrt{2}$
第三步：计算外接圆半径 r←d/2
第四步：计算外接圆面积 S←3.1415926×r×r
第五步：输出外接圆面积 S

Raptor 程序如图 3－21 所示。

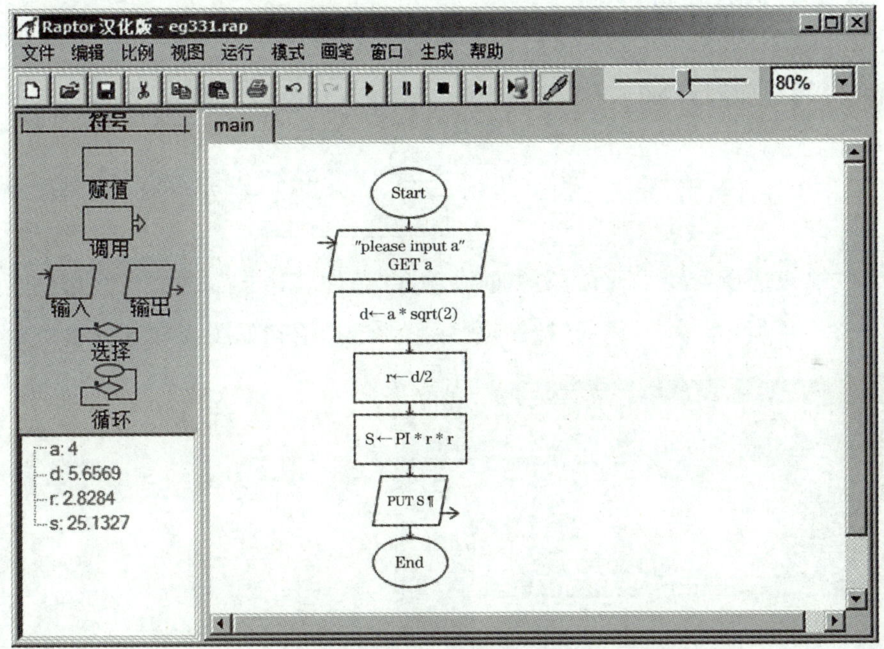

图 3－21　例 3－10 程序

程序运行时，如果 a 的值输入的是 8.2，则程序运行结果如图 3－22 所示。

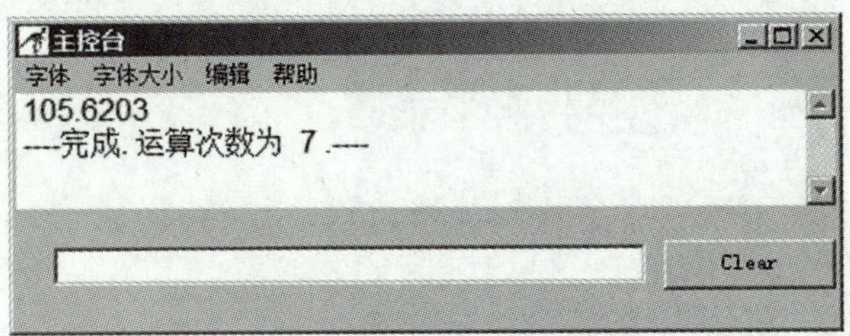

图 3－22　例 3－10 程序运行结果一

运行程序时，如果 a 的值输入的是 4，则程序运行结果如图 3－23 所示。

从例 3－9 和例 3－10 的算法可以看出，例 3－10 算法比例 3－9 算法多了一步“输入

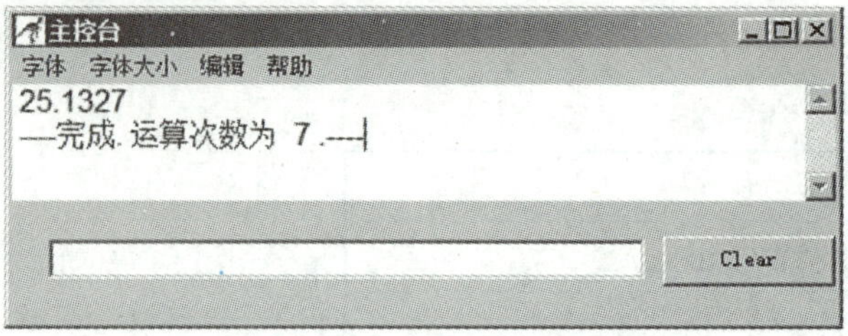

图 3-23　例 3-10 程序运行结果二

正方形边长 a”，例 3-10 就可以求任何一个正方形外接圆面积，但例 3-9 只能求边长为 8.2 米的这一种正方形外接圆面积。因此，没有数据输入的程序缺乏灵活性。

3.3.3　选择结构程序设计

选择结构用绘图编程窗口符号区域中的“选择”符号  选择 实现。单击“选择”符号，在流程线上相应位置单击，插入“选择”语句 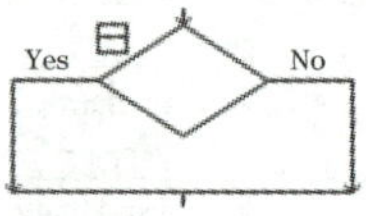 。双击“选择”语句，弹出“选择”窗口，在“输入选择条件”下面的文本框中输入“条件表达式”，若输入的条件表达式是 $x<0$，如图 3-24 所示，单击“完成”按钮，程序中的选择语句如图 3-25 所示。

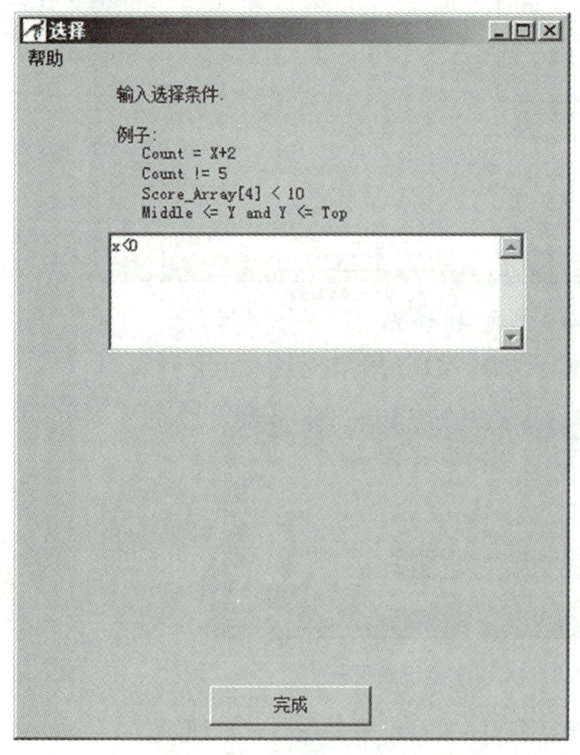

图 3-24　“选择”窗口

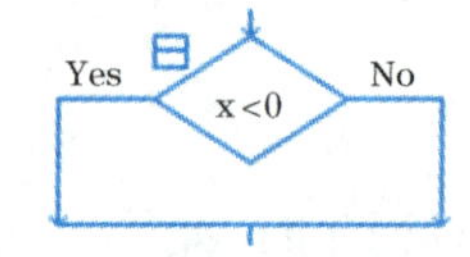

图 3-25　程序中的选择语句

例 3-11　从键盘输入两个实数，输出它们中的大者。

算法的自然语言表示：

第一步：输入实数 a
第二步：输入实数 b
第三步：a>=b 时输出 a，否则输出 b

Raptor 程序如图 3-26 所示。

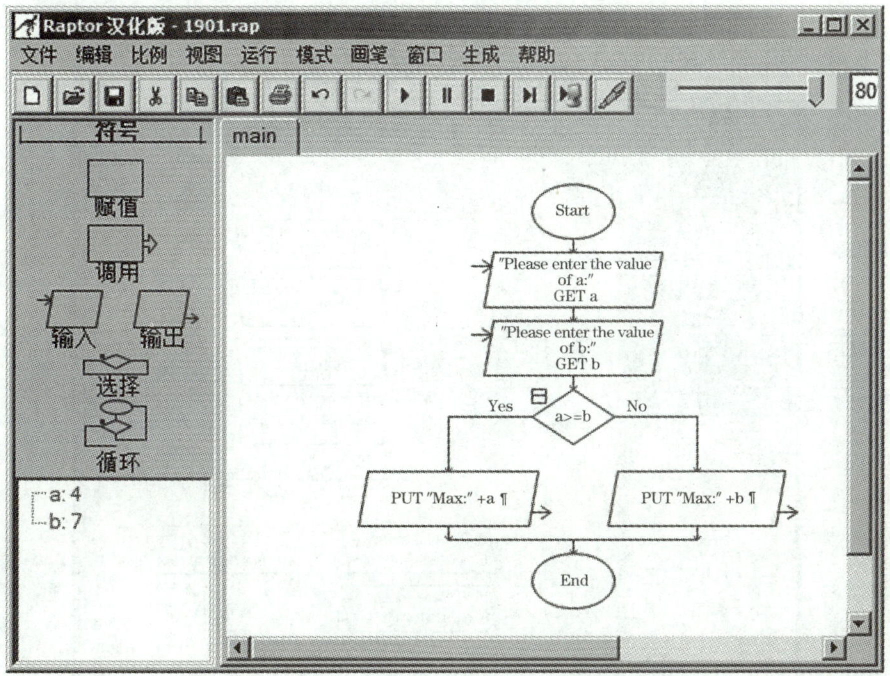

图 3-26　例 3-11 程序

程序运行时，如果输入的 a、b 的值分别是 4、7，则程序运行结果如图 3-27 所示。

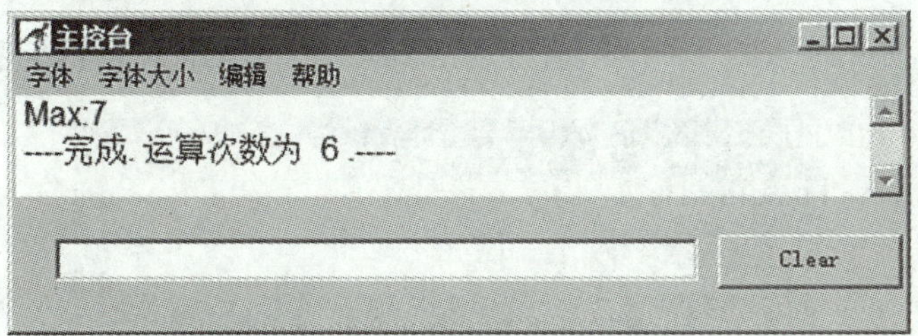

图 3-27　例 3-11 程序运行结果

例 3-12　求出并显示一元二次方程 $ax^2+bx+c=0$ 的实根，其中实数 a、b、c 由键盘输入。如果方程无实根，在屏幕上显示"The equation has no real root."。

算法的自然语言表示：

第一步:输入实数 a
第二步:输入实数 b
第三步:输入实数 c
第四步:计算 delta←b * b−4 * a * c
第五步:delta>=0 时输出 $\frac{-b+\sqrt{delta}}{2a}$ 和 $\frac{-b-\sqrt{delta}}{2a}$,否则输出"The equation has no real root."

Raptor 程序如图 3-28 所示。

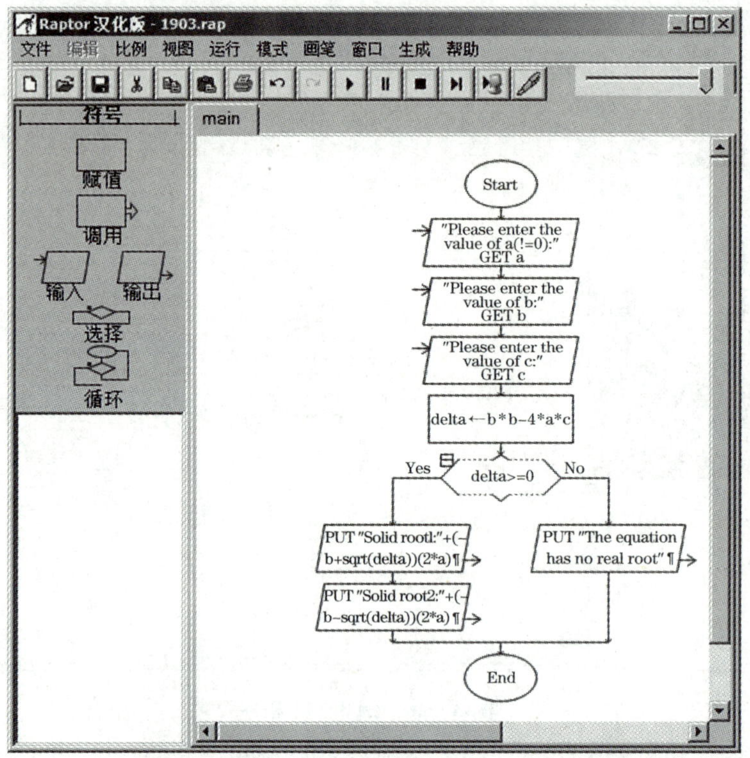

图 3-28　例 3-12 程序

程序运行时,如果输入的 a、b、c 的值分别是 1、−1、−6,则程序运行结果如图 3-29 所示。

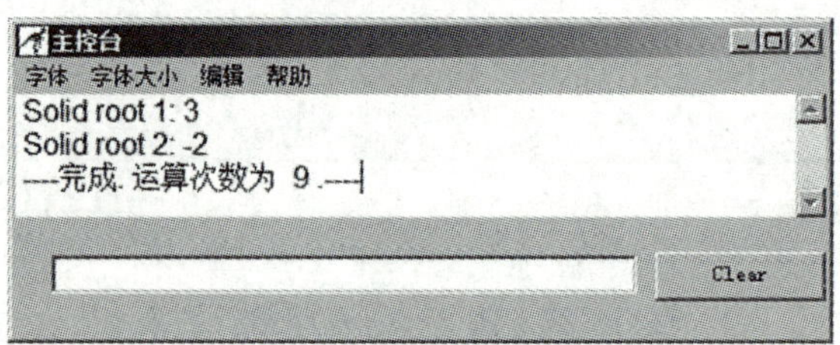

图 3-29　例 3-12 程序运行结果

程序运行时,如果输入的 a、b、c 的值分别是 1、1、6,则程序运行结果如图 3-30 所示。

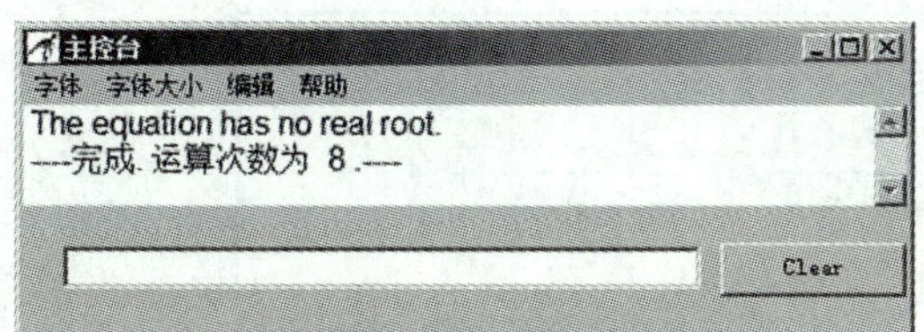

图 3－30　例 3－12 程序运行结果二

3.3.4　循环结构程序设计

循环结构用绘图编程窗口符号区域中的“循环”符号（循环）实现。单击“循环”符号，在流程线上相应位置单击，插入“循环”语句。双击“循环”语句，弹出“循环”窗口，在“输入跳出循环的条件”下面的文本框中输入结束循环的“条件表达式”。若输入的条件表达式是 $i>10$，如图 3－31 所示，单击下面的“完成”按钮，程序中的循环语句如图 3－32 所示。

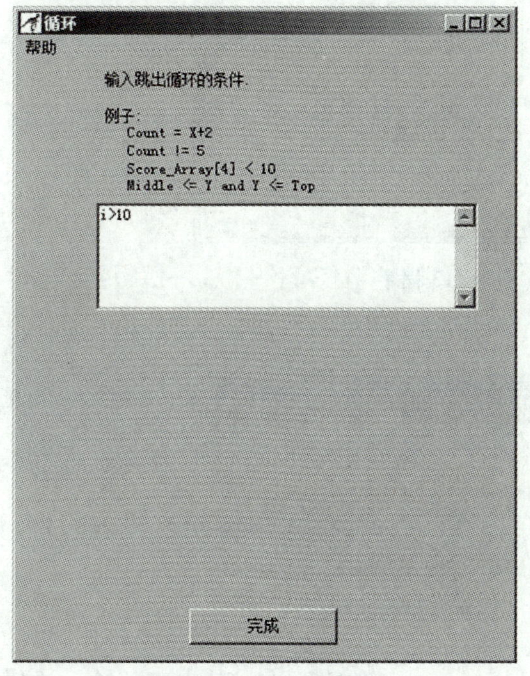

图 3－31　“循环”窗口

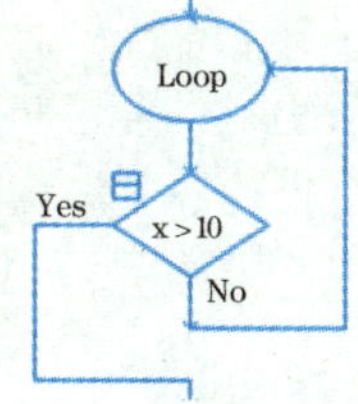

图 3－32　程序中的循环语句

例 3－13　求出并显示 $s=1+2+3+\cdots+10$ 的值。

算法的自然语言表示：

第一步：s←0
第二步：i←1
第三步：用循环语句计算 s←1+2+3+…+10
第四步：输出 s 的值

Raptor 程序如图 3-33 所示。

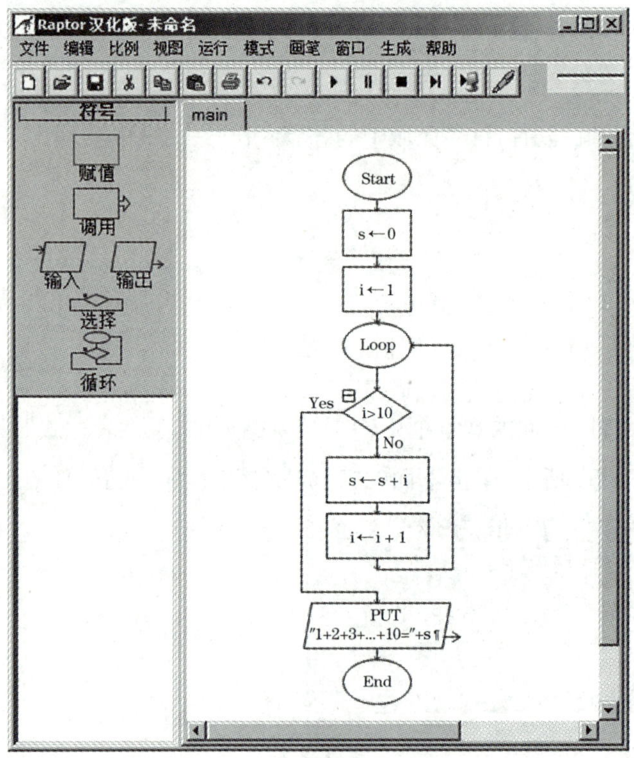

图 3-33　例 3-13 程序

程序运行结果如图 3-34 所示。

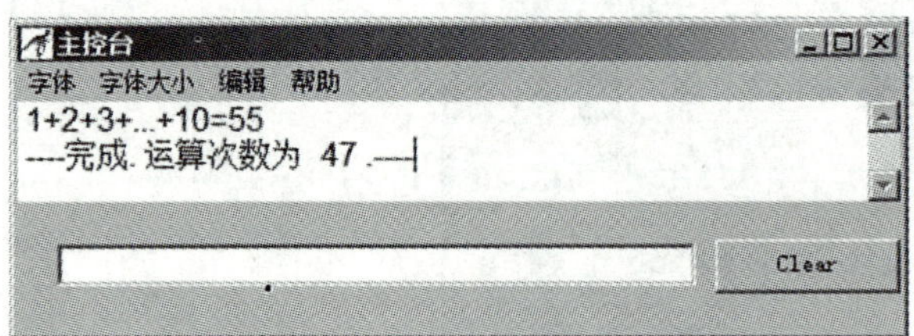

图 3-34　例 3-13 程序运行结果

例 3-14　求出并显示 $s=1-\frac{1}{2}+\frac{1}{3}-\frac{1}{4}+\cdots+(-1)^{n-1}\frac{1}{n}$，其中正整数 n 由键盘输入。

算法的自然语言表示：

第一步：输入 n
第二步：s←0
第三步：sign←1
第四步：i←1
第五步：用循环语句计算 $s \leftarrow 1-\frac{1}{2}+\frac{1}{3}-\frac{1}{4}+\cdots+(-1)^{n-1}\frac{1}{n}$
第六步：输出 s 的值

Raptor 程序如图 3－35 所示。

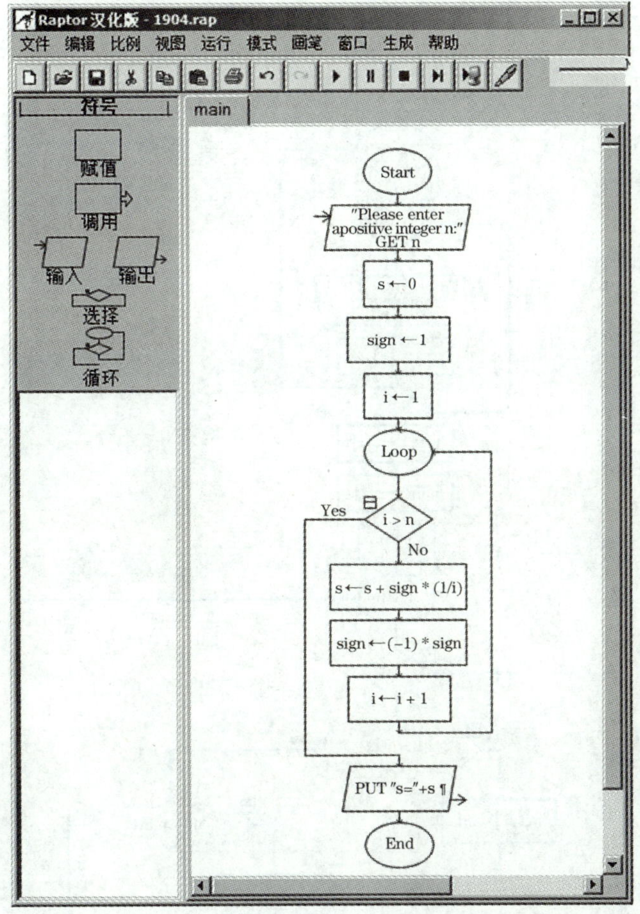

图 3－35　例 3－14 程序

程序运行时，如果输入的 n 的值是 10，则程序运行结果如图 3－36 所示。

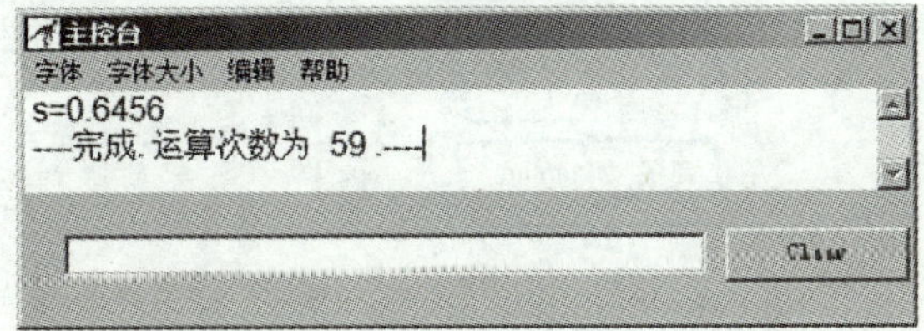

图 3－36　例 3－14 程序运行结果

例 3－15 输入 12 个实数到数组 *a* 中，找出并显示它们的最大者 max1 和最小者 min1。

算法的自然语言表示：

第一步：用循环语句输入 12 个实数到数组 a 中去
第二步：用循环语句找出这 12 个实数中的最大者 max1 和最小者 min1
第三步：输出 max1 和 min1

Raptor 程序如图 3－37 所示。

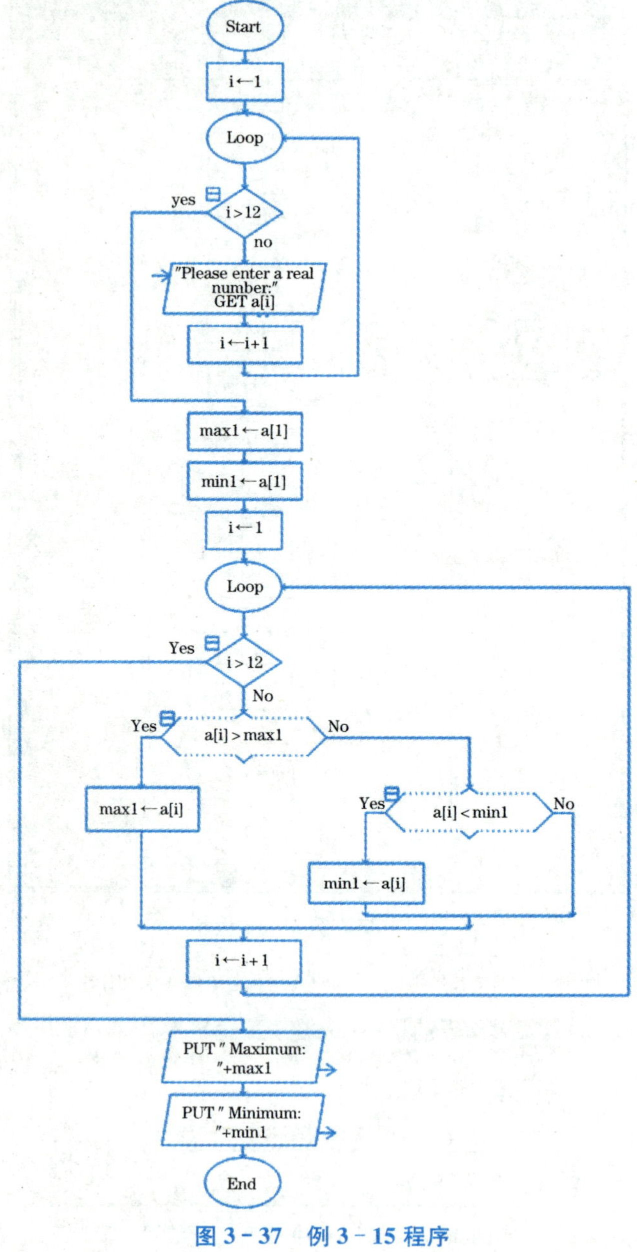

图 3－37　例 3－15 程序

程序运行时，如果输入的 12 个数分别是 3、10、9、2、7、12、4、1、8、5、11、6，则程序运行结果如图 3－38 所示。

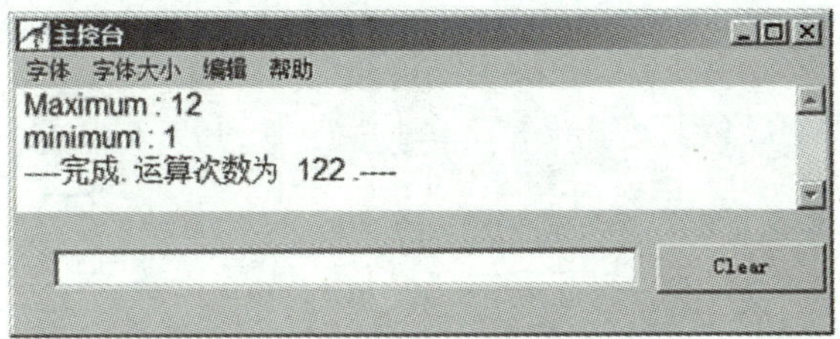

图 3－38　例 3－15 程序运行结果

3.3.5　子图与子程序

前面介绍的 Raptor 程序仅有一个主图 main，算法的实现都是在主图 main 中完成的。遇到复杂问题时，仅仅使用主图 main 设计出来的程序会很长，结构不清晰，有时也很难完成。我们可将复杂问题分解成若干个子问题进行求解，每个子问题可以用子图或子程序来求解，在主图 main 中调用这些子图或子程序，从而实现复杂问题的求解。

1）子图

如何创建子图？用鼠标右击 Raptor 绘图编程窗口主工作区中的 main 标签，在弹出菜单中单击“增加一个子图”命令，如图 3－39 所示。

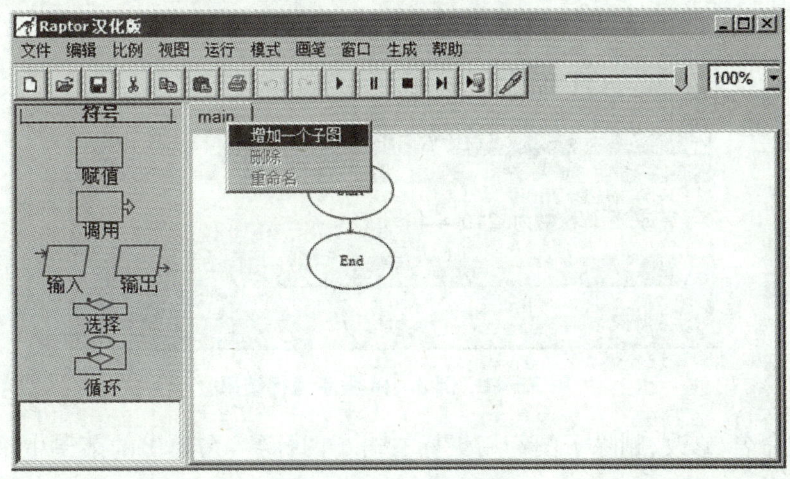

图 3－39　创建子图

在弹出的“子图”对话框中输入子图名称，单击“确定”按钮，接下来就可以编写子图程序。

如何调用子图？在主图程序相应位置插入“调用”符号，双击“调用”符号，在弹出的“调用”对话框中输入子图名字就可以了。

例 3-16 求和 1+3+5+…+99。要求在子图 sum 中完成计算，在主图 main 中显示计算结果。

Raptor 程序如图 3-40 所示，从程序中可以看出算法很简单。

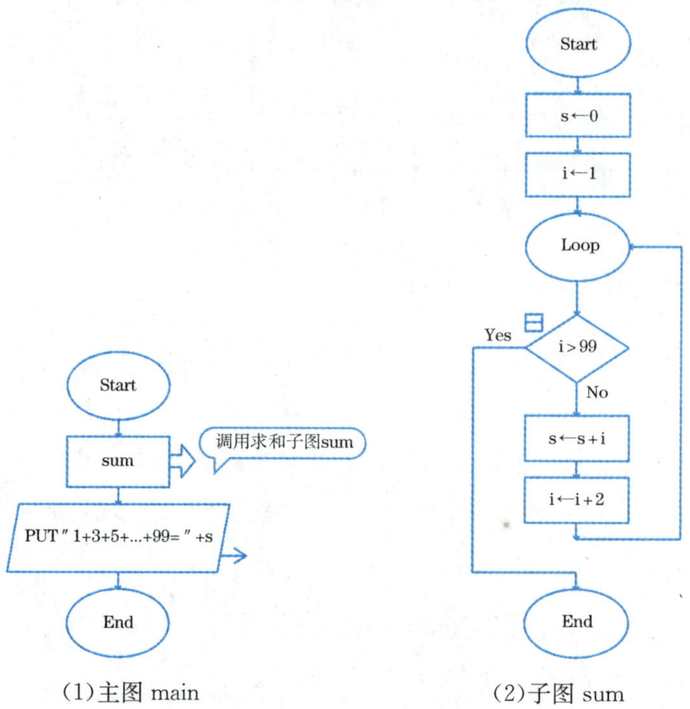

(1)主图 main　　(2)子图 sum

图 3-40　例 3-16 程序

程序运行结果如图 3-41 所示。

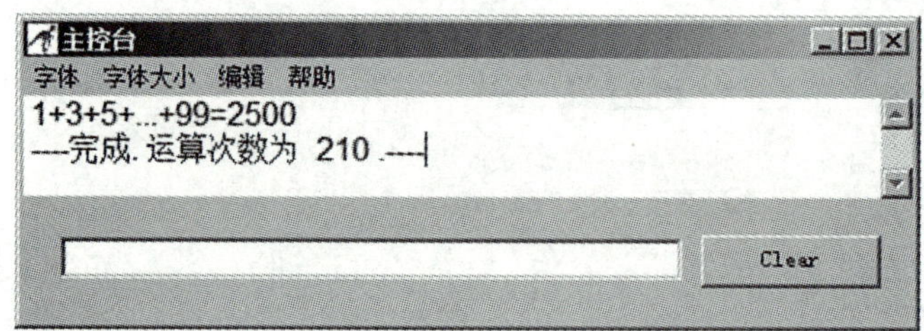

图 3-41　例 3-16 程序运行结果

如何重命名、修改、删除子图？用鼠标右击子图标签，在弹出的菜单中单击“重命名子图”命令，可以给子图重命名。用鼠标单击子图标签，双击符号可以修改。如果想删除子图，首先需要在主图里面把调用子图的模块删掉，然后用鼠标右击子图标签，在弹出的菜单中单击“删除子图”命令。

2）子程序

如何创建子程序？创建子程序，首先用鼠标单击绘图编程窗口菜单栏中的“模式”，在弹出的下拉菜单中单击“中级”命令。然后用鼠标右击 Raptor 绘图编程窗口主工作区中的 main 标签，在弹出的菜单中单击“增加一个子程序”命令，如图 3-42 所示。

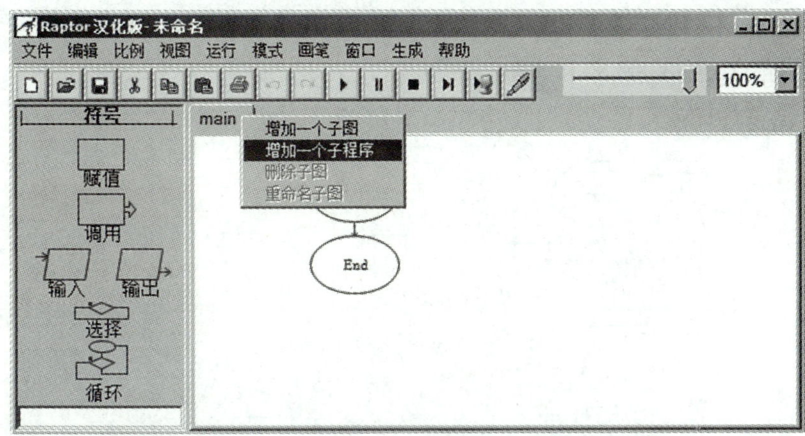

图 3-42　创建子程序

在弹出的“创建子程序”对话框中，输入子程序名称、参数 1 名称、参数 2 名称、…、参数 6 名称，并确定这些参数是“输入”还是“输出”，如图 3-43 所示。单击“确定”按钮，接下来就可以编写子程序了。

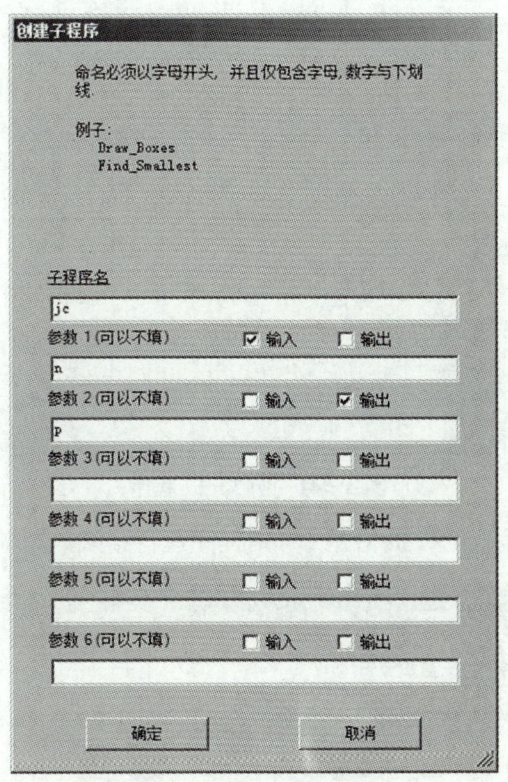

图 3-43　创建子程序对话框

如何调用子图？在主图程序相应位置插入“调用”符号，双击“调用”符号，在弹出的“调用”对话框中输入子程序名字和参数就可以了。子程序开头的 Start 有参数说明。

例 3－17 求和 1！＋2！＋3！＋…＋n！。要求在子图 jc 中完成所有阶乘计算，在主图 main 中输入正整数 n、求和、显示结果。

Raptor 程序如图 3－44 所示，从程序中可以看出算法很简单。

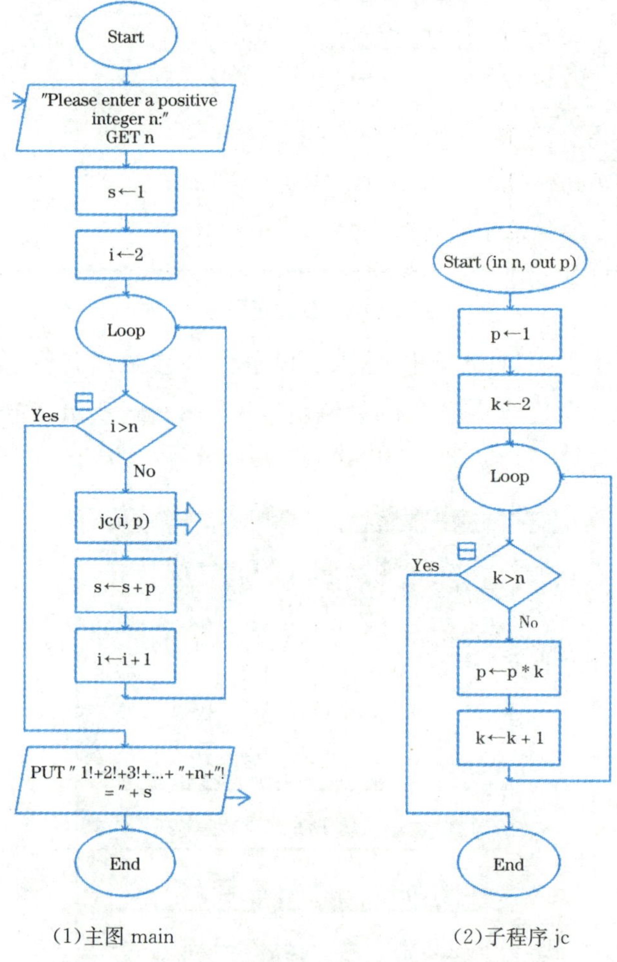

(1)主图 main　　(2)子程序 jc

图 3－44　例 3－17 程序

程序运行时，如果输入的 n 的值是 10，则程序运行结果如图 3－45 所示。

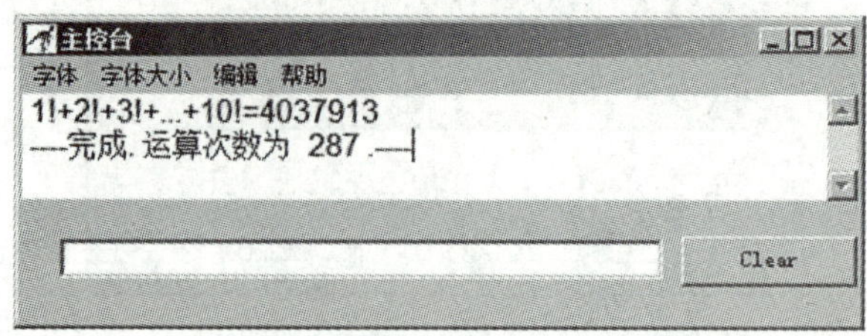

图 3－45　例 3－17 程序运行结果

如何修改和删除子程序呢？和子图一样，不再赘述。

3）子图与子程序的差异

子图和子程序的相似之处是实现特定功能，两者主要区别有下面三点：

一是创建子图时不需要设置输入输出参数，但创建子程序时需要设置输入输出参数。

二是调用子图时只需要给出子图名就可以了，但调用子程序时需要给出子程序名和参数。

三是子图与主图依赖性较强，主图和子图共享变量，在主图里需要知道子图的变量，在子图里需要知道主图的变量。子程序相对独立，主图里面的变量与子程序里面的变量是相互独立的，即使变量名字相同，也是表示不同的变量。

关于第三点，这里给出一个形象化的解释。如果把主图比作人的躯体，就可以把子图看成手臂，把子程序看成假肢。没有躯体，手臂就没用了，但假肢可以给别人用。

本章小结

本章重点学习了 Raptor 算法实现环境、常量与变量、变量赋值、数据输入与输出、程序三种基本结构、函数与数组等基础知识和简单程序设计方法，为学习计算思维基础和复杂程序设计奠定了基础。

课外阅读材料 3

计算机语言发展史

计算机语言的发展经历了三个阶段：机器语言、汇编语言、高级语言。1946 年 2 月诞生的第一台计算机 ENIAC，使用的是机器语言。机器语言是用二进制代码表示的，是第一代计算机语言，是计算机能识别的唯一语言，只有极少数的计算机专家才能理解，绝大多数人很难理解。

为了让大多数人能使用计算机，到 20 世纪 50 年代初期出现了汇编语言。汇编语言用助记符代替了操作码，用地址标号代替了地址码。这样就可以用符号代替机器语言的二进制代码。汇编语言也称为符号语言，是第二代计算机语言，尽管还很复杂，用起来容易出错，但与机器语言相比，汇编语言更容易理解。

经过计算机专家的努力，1957 年出现了第一个高级语言——Fortran 语言，高级语言是接近人类思维方式和表达习惯的计算机语言，是第三代计算机语言。高级语言程序中的符号与日常用语差不多，表达式与数学式子几乎一样。高级语言在 65 年时间里出现了好几千种，还不断有新的高级语言出现。

TIOBE 编程语言社区排行榜是计算机高级语言流行趋势的一个指标，每月更新，这份排行榜基于互联网上有经验的程序员、课程和第三方厂商的数量。排名使用著名的搜索引擎(如 Google、MSN、Yahoo!、Wikipedia、YouTube 以及 Baidu 等)进行统计。这个排行榜只是反映某种语言的热门程度，并不能说明这种语言好不好，或者这种语言所编写的代码数量多少。这份排行榜可以用来考查您的编程技能是否与时俱进，也可以在开发软件时作为计算机语言选择的依据。下表是 TIOBE 编程语言社区 2022 年 7 月给出的排名前 20 的计算机高级语言。

排名	计算机高级语言	市场占有率	排名	计算机高级语言	市场占有率
1	Python	13.44%	11	PHP	1.20%
2	C	13.13%	12	GO	1.14%
3	Java	11.59%	13	Classic Visual Basic	1.07%
4	C++	10.00%	14	Delphi/Object Pascal	1.06%
5	C#	5.65%	15	Ruby	0.99%
6	Visual Basic	4.97%	16	Objective-C	0.94%
7	JavaScript	1.78%	17	Perl	0.78%
8	Assembly	1.65%	18	Fortran	0.76%
9	SQL	1.64%	19	R	0.76%
10	Swift	1.27%	20	MATLAB	0.73%

习 题 3

1. 求出并显示底面半径为 r、高为 h 的圆柱体的表面积和体积，r 和 h 由键盘输入。

2. 输入 3 个实数，按从大到小的顺序输出。

3. 输入 3 个正实数，判断以这 3 个数为边长能否构成三角形。若能，则显示“能构成三角形”，否则，显示“不能构成三角形”。

4. 输入年份，判断其是不是闰年。闰年的条件是：年份能被 4 整除但不被 100 整除，或者能被 400 整除。

5.有分段函数 $f(x)=\begin{cases} 4x & (x\leqslant -2) \\ x^3 & (-2<x\leqslant 1) \\ 1+\ln x & (x>1) \end{cases}$

根据输入的自变量 x 值,求出并显示对应的函数值。例如,当输入的 x 值是 -2.3 时,则显示:$f(-2.3)=-9.2$。

6.求出并显示 $1+3+5+\cdots+(2n-1)$ 的值,正整数 n 由键盘输入。

7.求出并显示 $n!$ 的值,正整数 n 由键盘输入。

8.利用公式 $e\approx 1+\frac{1}{2!}+\frac{1}{3!}+\frac{1}{4!}+\cdots+\frac{1}{15!}$,求出并显示无理数 e 的近似值。

9.编写程序,显示如下形状的九九乘法表。

1×1=1
1×2=2 2×2=4
1×3=3 2×3=6 3×3=9
1×4=4 2×4=8 3×4=12 4×4=16
1×5=5 2×5=10 3×5=15 4×5=20 5×5=25
1×6=6 2×6=12 3×6=18 4×6=24 5×6=30 6×6=36
1×7=7 2×7=14 3×7=21 4×7=28 5×7=35 6×7=42 7×7=49
1×8=8 2×8=16 3×8=24 4×8=32 5×8=40 6×8=48 7×8=56 8×8=64
1×9=9 2×9=18 3×9=27 4×9=36 5×9=45 6×9=54 7×9=63 8×9=72 9×9=81

第 4 章 计算思维基础

本章主要介绍运用计算机解决问题的思维方式。解决任何一个问题都要有算法,算法就是解决问题的方法和步骤,即第一步做什么,第二步做什么,第三步做什么,如此下去直至求出问题的解。同一问题可以有不同算法,这些算法中,有的现代计算机能实现、有的则不能实现。计算思维就是寻找现代计算机能实现的算法的思维过程。

4.1 枚举算法

枚举算法在求解问题时,首先列出问题的所有的可能解,然后逐个进行检验,找出问题的全部真正解。

4.1.1 枚举算法基本思想和特点

1) 基本思想

枚举算法是利用计算机运算速度快、精确度高的特点,对要解决问题的所有可能解,一个不漏地逐个进行检验,从中找出符合要求的解,因此枚举算法是通过牺牲时间来换取问题解的方法。

2) 特点

将问题所有可能的解一一列举,然后根据条件判断此可能解是否满足要求,满足要求的就保留,不满足要求的就丢弃。例如:找出 1 到 100 之间的素数,需要将 1 到 100 之间的所有整数进行判断。

因为枚举算法要列举问题所有可能的解,所以它具备以下几个特点:

①得到的结果肯定是正确的。

②往往做了很多无用功,浪费时间,效率低。

③通常会涉及求最值(如最大、最小、最重、最轻等)。

④当数据量很大时，所需时间让人难以忍受。

4.1.2　枚举算法设计

1）设计思路

由于要列举出问题所有可能的解，并对这些可能解逐个进行检验，因此，枚举算法的解题思路是：

①确定枚举对象、枚举范围和判定条件。

②列出问题所有可能的解，逐个检验哪些是问题的真正解，即满足判定条件的可能解。

2）优缺点

(1)优点

枚举算法通常是问题的“直译”，因此思路简单，直观明了，易于理解；枚举算法是建立在穷举所有可能解的基础上，所以算法的正确性比较容易证明。

(2)缺点

枚举算法缺点是运算量比较大，效率不高。如果枚举范围太大，所需时间会很长。当问题的规模不是很大时，可以考虑采用枚举算法。

4.1.3　枚举算法应用举例

例 4－1　百钱百鸡问题。我国古代数学家张丘建在《算经》中提出了著名的“百钱百鸡问题”：“鸡翁一，值钱五；鸡母一，值钱三；鸡雏三，值钱一；百钱买百鸡，翁、母、雏各几何？”

意思是说：一只公鸡值 5 元钱，一只母鸡值 3 元钱，三只小鸡值 1 元钱，用 100 元钱买 100 只鸡，能买到公鸡、母鸡、小鸡各多少只？

问题分析：设公鸡、母鸡、小鸡数分别为 i、j、k，由题意知，i、j、k 都是正整数，取值范围是 $0\leqslant i\leqslant 19$、$0\leqslant j\leqslant 33$、$0\leqslant k\leqslant 99$，且有线性方程组

$$\begin{cases} i+j+k=100 \\ 5i+3j+\dfrac{k}{3}=100 \end{cases} \tag{①}$$

这是一个不定方程组，即未知数个数多于方程个数：未知数三个 i、j、k，方程只有两个。不定方程组可能有解，也可能无解，此内容在大学阶段的《线性代数》或《高等代数》课程中有介绍。

用计算机逐个测试是否符合条件，找出所有可能的答案。因价格限制，如果只是一种鸡，则公鸡最多为 19 只(由于共 100 只鸡的限制，不可能等于 20 只)，母鸡最多 33 只，小鸡最多 99 只。

枚举算法解题思路：

枚举对象是正整数 i、j、k，枚举范围是 $0 \leqslant i \leqslant 19$、$0 \leqslant j \leqslant 33$、$0 \leqslant k \leqslant 99$，判定条件是线性方程组①。

问题所有可能的解是集合 $M=\{(i,j,k) \mid i$、j、k 都是正整数，且 $0 \leqslant i \leqslant 19$、$0 \leqslant j \leqslant 33$、$0 \leqslant k \leqslant 99\}$，其元素是三元组 (i,j,k)。逐个检验集合 M 中的元素，满足线性方程组①的元素是问题的解，不满足的不是问题的解，比如(0,25,75)、(4,18,78)、(8,11,81)、(12,4,84)是问题的解，而(6,10,84)、(17,4,9)、(17,6,21)不是问题的解。逐个检验集合 M 中的元素是否满足线性方程组①时，通常要按照一定的顺序，不然容易出现遗漏。我们习惯先固定 i 的取值，然后固定 j 的取值，最后固定 k 的取值，枚举过程如图 4-1 所示，请注意图中省略号⋮与…的区别，⋮表示向下省略，…表示向右省略。

i	j	k
0	0	0
0	0	1
0	0	2
0	0	3
⋮	⋮	⋮
0	0	98
0	0	99

i	j	k
0	1	0
0	1	1
0	1	2
0	1	3
⋮	⋮	⋮
0	1	98
0	1	99

i	j	k
0	2	0
0	2	1
0	2	2
0	2	3
⋮	⋮	⋮
0	2	98
0	2	99

…

i	j	k
0	33	0
0	33	1
0	33	2
0	33	3
⋮	⋮	⋮
0	33	98
0	33	99

i	j	k
1	0	0
1	0	1
1	0	2
1	0	3
⋮	⋮	⋮
1	0	98
1	0	99

i	j	k
1	1	0
1	1	1
1	1	2
1	1	3
⋮	⋮	⋮
1	1	98
1	1	99

i	j	k
1	2	0
1	2	1
1	2	2
1	2	3
⋮	⋮	⋮
1	2	98
1	2	99

…

i	j	k
1	33	0
1	33	1
1	33	2
1	33	3
⋮	⋮	⋮
1	33	98
1	33	99

⋮

i	j	k
19	0	0
19	0	1
19	0	2
19	0	3
⋮	⋮	⋮
19	0	98
19	0	99

i	j	k
19	1	0
19	1	1
19	1	2
19	1	3
⋮	⋮	⋮
19	1	98
19	1	99

i	j	k
19	2	0
19	2	1
19	2	2
19	2	3
⋮	⋮	⋮
19	2	98
19	2	99

…

i	j	k
19	33	0
19	33	1
19	33	2
19	33	3
⋮	⋮	⋮
19	33	98
19	33	99

图 4-1 百钱百鸡问题枚举过程

说明：该问题的解只有 4 个：(0,25,75)、(4,18,78)、(8,11,81)、(12,4,84)。由排列组合知识容易得到该问题所有可能解共有：20×34×100=68000 个。

Raptor 程序如图 4-2 所示。

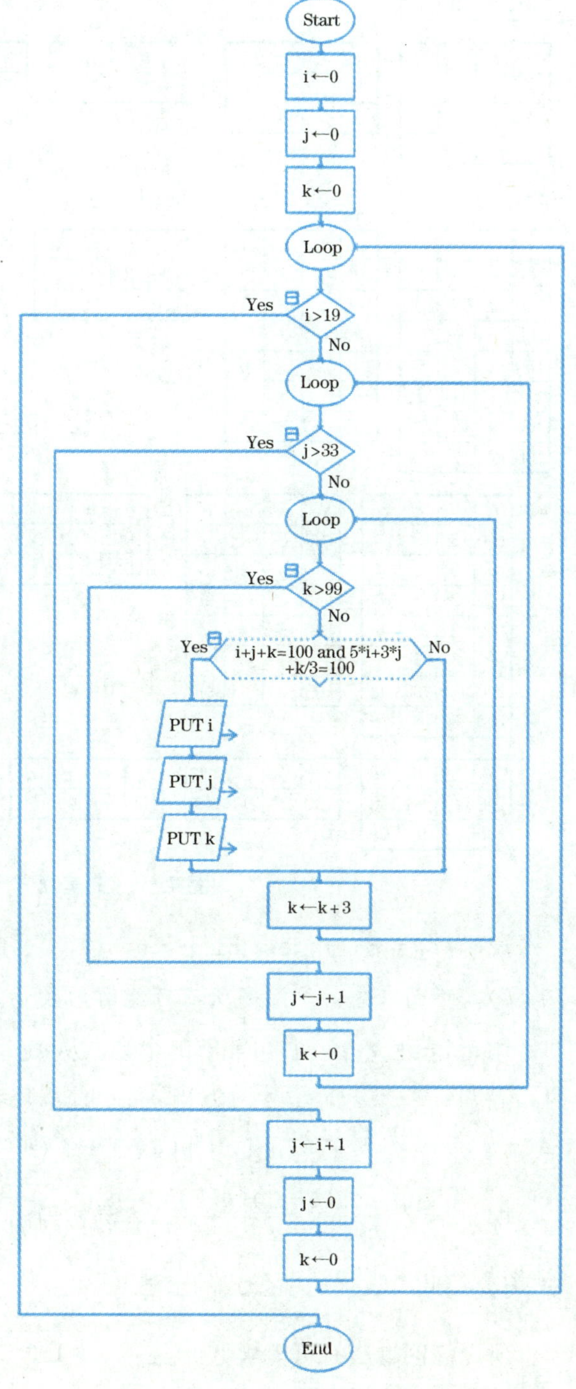

图 4-2　例 4-1 程序

例 4-2　完美立方问题。形如

$$a^3=b^3+c^3+d^3 \qquad ②$$

的等式被称为完美立方等式，其中 a,b,c,d 均为正整数。例如 $12^3=6^3+8^3+10^3$。找出所有满足 $1<b\leqslant c\leqslant d<a\leqslant 100$ 的四元组 (a,b,c,d)，使得②式成立。

枚举算法解题思路：

枚举对象是正整数 a、b、c、d，枚举范围是 $3\leqslant a\leqslant 100$、$1<b<a$、$b\leqslant c<a$、$c\leqslant d<a$，判定条件是等式②。

问题所有可能解的集合 $N=\{(a,b,c,d)\mid a、b、c、d$ 都是正整数，且 $3\leqslant a\leqslant 100、1<b<a、b\leqslant c<a、c\leqslant d<a\}$。逐个检验集合 N 中的元素，满足等式②的元素是问题的解，不满足的不是问题的解。在逐个检验集合 N 中的元素是否满足等式②时，为防止遗漏，可以先固定 a 的取值，然后固定 b 的取值，再固定 c 的取值，最后固定 d 的取值，枚举过程如图 4-3 所示，同样请注意图中省略号⋮与…的区别。

a	b	c	d
3	2	2	2

a	b	c	d
4	2	2	2
4	2	2	3

a	b	c	d
4	2	3	3

a	b	c	d
4	3	3	3

a	b	c	d
5	2	2	2
5	2	2	3
5	2	2	4

a	b	c	d
5	2	3	3
5	2	3	4

a	b	c	d
5	2	4	4

a	b	c	d
5	3	3	3
5	3	3	4

a	b	c	d
5	3	4	4

a	b	c	d
5	4	4	4

⋮ ⋮ ⋮ ⋮ ⋮ ⋮

a	b	c	d
100	2	2	2
100	2	2	3
100	2	2	4
100	2	2	5
⋮	⋮	⋮	⋮
100	2	2	98
100	2	2	99

a	b	c	d
100	2	3	3
100	2	3	4
100	2	3	5
100	2	3	6
⋮	⋮	⋮	⋮
100	2	3	99

…

a	b	c	d
100	2	98	98
100	2	98	99

a	b	c	d
100	2	99	98

…

…

a	b	c	d
100	3	3	3
100	3	3	4
100	3	3	5
100	3	3	6
⋮	⋮	⋮	⋮
100	3	3	98
100	3	3	99

a	b	c	d
100	3	4	4
100	3	4	5
100	3	4	6
100	3	4	7
⋮	⋮	⋮	⋮
100	3	4	99

…

a	b	c	d
100	3	98	98
100	3	98	99

a	b	c	d
100	3	99	98

…

…

a	b	c	d
100	98	98	98
100	98	98	99

a	b	c	d
100	98	99	99

a	b	c	d
100	99	99	99

图 4-3　完美立方问题枚举过程

说明：该问题的解共有 81 个：(6,3,4,5)、(12,6,8,10)、(18,2,12,16)、…、(100,35,70,85)。下面来分析该问题所有可能解的数量。

用 x_k 表示 $a=k$ 时，可能解的个数。从图 4-3 可以看出，当 $a=3$ 时，$x_3=1$；当 $a=4$ 时，$x_4=4$；当 $a=5$ 时，$x_5=10$；当 $a=6$ 时，$x_6=20$。且有

$$x_k=x_{k-1}+[(k-2)+(k-3)+\cdots+3+2+1]$$

即 $x_k=x_{k-1}+\dfrac{(k-2)(k-1)}{2}$，容易推导出 $x_k=\dfrac{1}{6}k(k-1)(k-2)$（在后面的 4.2 节中，将介绍此类数列通项公式的求法）。

所以该问题所有可能解共 $x_{100}=\dfrac{1}{6}\times100\times99\times98=161700$ 个。

Raptor 程序如图 4-4 所示。

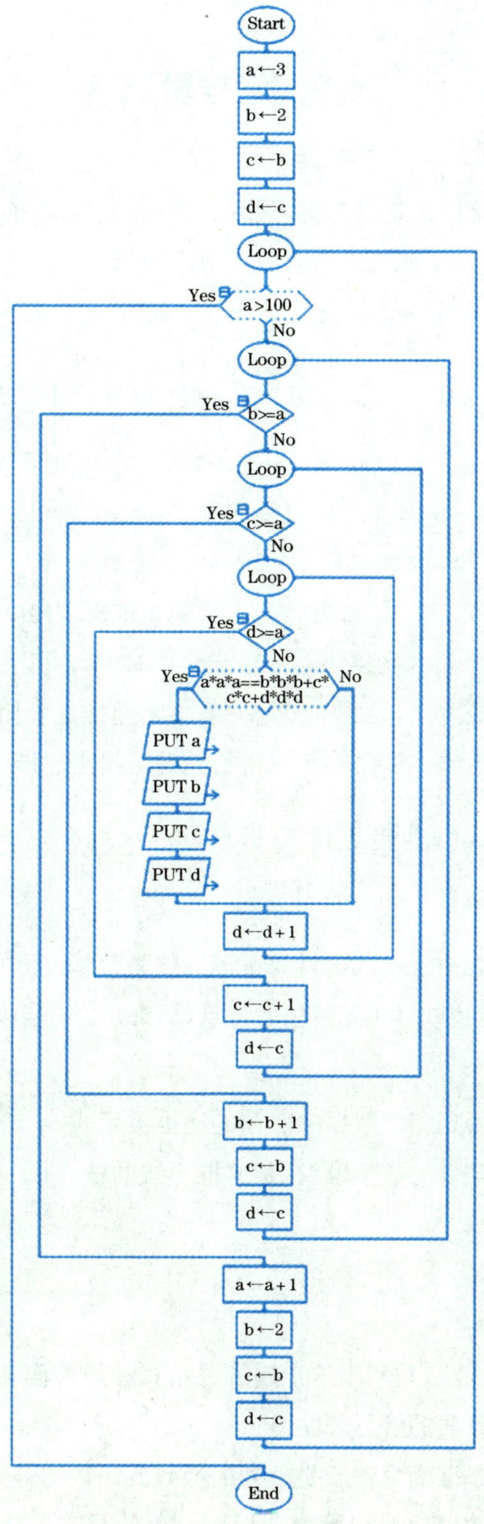
Start
a←3
b←2
c←b
d←c
Loop
Yes
a>100
No
Loop
Yes
b>=a
No
Loop
Yes
c>=a
No
Loop
Yes
d>=a
No
Yes
a*a*a==b*b*b+c*c*c+d*d*d
No
PUT a
PUT b
PUT c
PUT d
d←d+1
c←c+1
d←c
b←b+1
c←b
d←c
a←a+1
b←2
c←b
d←c
End

图 4-4 例 4-2 程序

4.2 递推算法

一个数列的前面几项往往是已知的，对有些数列而言，除前面几项已知以外，从某项开始，后面的所有项都可以用该项前面的若干项来表示。

引例 4-1 斐波那契(Fibonacci)数列。已知数列$\{a_n\}$：$a_1=1$，$a_2=1$，当$n\geqslant3$时，

$$a_n=a_{n-1}+a_{n-2} \quad ③$$

求该数列的第 10 项a_{10}。

分析：由式③可知，$a_{10}=a_9+a_8$，即只要知道了a_9、a_8就可以算出a_{10}。

同样，由式③可知，$a_9=a_8+a_7$，即只要知道了a_8、a_7就可以算出a_9。

如此下去，由式③可知，$a_3=a_2+a_1=1+1=2$。

从上面的分析过程可以看出，要想求a_{10}，必须先依次求出$a_3=2$、$a_4=3$、$a_5=5$、$a_6=8$、$a_7=13$、$a_8=21$、$a_9=34$，最后求出$a_{10}=a_9+a_8=34+21=55$。

斐波那契数列是递推数列，③式叫递推关系式。递推是利用问题所具有的递推关系求解问题的一种方法。用递推算法求解问题的关键是找出递推关系式。

4.2.1 递推算法基本思想和递推关系式

1）基本思想

递推算法是把一个复杂的、庞大的计算过程转化为简单过程的多次重复。递推算法充分利用了计算机的运算速度快和不知疲倦的特点，从头开始一步步地推出问题最终的结果。

2）递推关系式

递推算法的关键是得到相邻数据项之间的递推关系式。

递推关系式是一种高效的数学模型，是递推算法的核心。

4.2.2 递推算法设计

1）设计思路

由于要建立递推关系式，并利用这个递推关系式和最前面几个数据项的值计算其他数据项的值，因此，递推算法的解题思路是：

①确定递推变量。递推变量一般是数列的项数或函数的自变量。

②确定递推变量和数据项的初始值。根据问题的最简单情形来确定递推变量和数据项的初始值，这是递推的基础。

③建立递推关系式。根据最前面几个数据项的值，发现相邻数据项之间的递推关系式。递推关系式是递推的依据，是解决问题的关键。

④递推过程控制。递推在什么时候或满足什么条件结束。

2）优缺点

(1)优点

递推算法直观明了，易于理解，算法的每一步都是必需的，没有多余的运算。由于递推关系式与大于或等于 0 的整数有关，用数学归纳法很容易证明其正确性。

(2)缺点

递推关系式不容易确立。

4.2.3　递推算法应用举例

例 4－3　汉诺(Hanoi)塔问题。某广场上有三根柱子 A、B、C，开始时 A 柱上有 64 个盘子，盘子大小不等，大的在下、小的在上，如图 4－5 所示。现在想把这 64 个盘子从 A 柱移到 C 柱上，但每次只允许移动一个盘子，在移动过程中可以借助 B 柱，且每根柱子上都始终保持大盘在下、小盘在上。问：移动盘子的次数是多少？

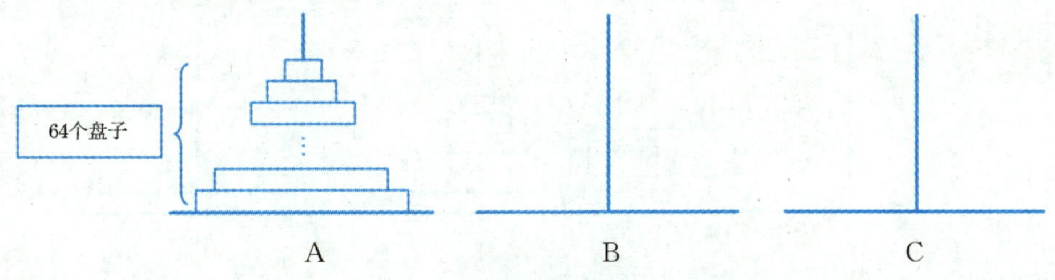

图 4－5　汉诺塔问题开始状态

解：①确定递推变量。递推变量取为盘子的数量 n，令 a_n 表示移动盘子的总次数。

②确定递推变量和数据项的初始值。容易看出：

$n=1$ 时，只需移动 1 次：A→C。即 $a_1=1$。

$n=2$ 时，需要移动 3 次：A→B，A→C，B→C。即 $a_2=3$。

$n=3$ 时，需要移动 7 次：A→C，A→B，C→B，A→C，B→A，B→C，A→C。即 $a_3=7$。

③建立递推关系式。对于开始时 A 柱上 n 个盘子。首先借助 C 柱将 A 柱上面的 $n-1$ 个盘子移到 B 柱上去(最大的盘子仍然留在 A 柱上，必须将盘子移成这样才能继续往下进行，请读者思考一下其中的道理)，移动盘子次数是 a_{n-1}，如图 4－6(a)所示；然后将 A 柱上剩下的最大的盘子移到 C 柱上去，移动盘子次数是 1，如图 4－6(b)所示；最后借助 A 柱将 B 柱上的 $n-1$ 个盘子移到 C 柱上，移动盘子次数是 a_{n-1}，如图 4－6(c)所示。

从上面的分析，可以得到递推关系式：

$$a_n = a_{n-1} + 1 + a_{n-1}$$

即

$$a_n = 2a_{n-1} + 1 \quad (n \geqslant 2) \qquad ④$$

有读者会问：怎样将图 4-6(b)中 B 柱上的 $n-1$ 个盘子移到 C 柱上去呢？其实和图 4-6 移动过程一样。先借助 C 柱将 B 柱上面的 $n-2$ 个盘子移到 A 柱上去(第二大的盘子留在 B 柱上)，再将 B 柱上剩下的第二大盘子移到 C 柱上去，最后借助 B 柱将 A 柱上的 $n-2$ 个盘子移到 C 柱上。

④递推过程控制。$n=64$ 时递推结束。

下面来算算：把 64 个盘子移完需要多长时间，假定每移动一个盘子需要 1 秒时间。反复利用④式，可推导出：

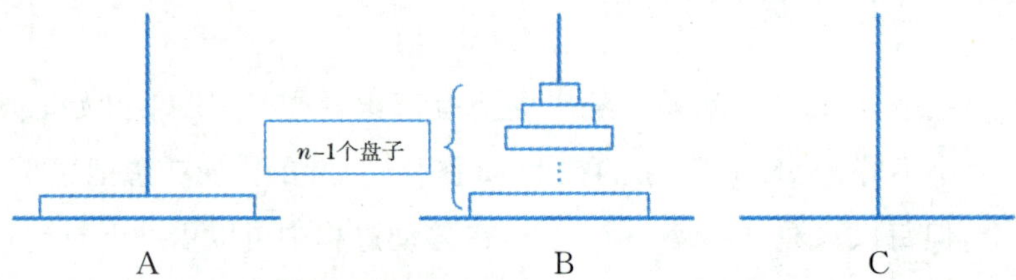

(a)借助 C 柱把 A 柱上面的 $n-1$ 个盘子移到 B 柱上

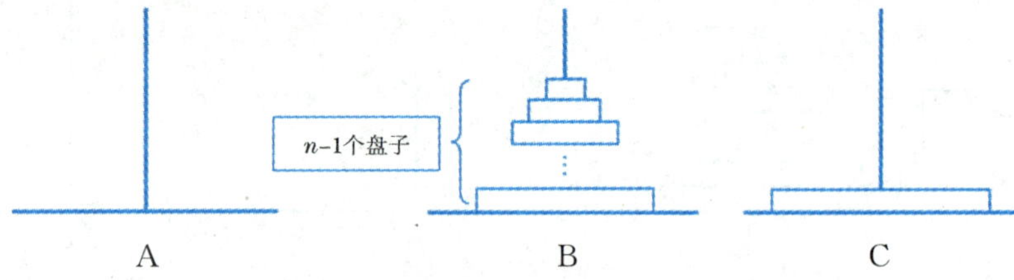

(b)把 A 柱上最大的盘子移到 C 柱上

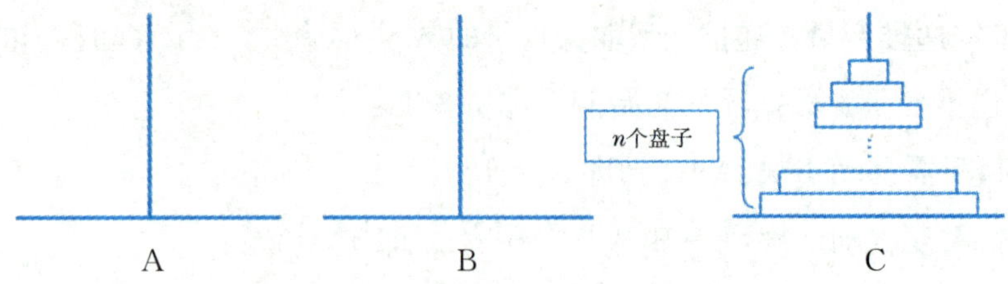

(c)借助 A 柱把 B 柱上 $n-1$ 个盘子移到 C 柱上

图 4-6　汉诺塔问题求解过程

$$\begin{aligned} a_n &= 2a_{n-1} + 1 = 2(2a_{n-2} + 1) + 1 = 2^2 a_{n-2} + (2+1) \\ &= 2^2(2a_{n-3} + 1) + (2+1) = 2^3 a_{n-3} + (2^2 + 2 + 1) \\ &= \cdots\cdots \\ &= 2^{n-1} a_1 + (2^{n-2} + 2^{n-3} + \cdots + 2^2 + 2 + 1) = 2^{n-1} \times 1 + (2^{n-1} - 1) = 2^n - 1 \end{aligned}$$

即　　$a_n = 2^n - 1\ (n \geqslant 1)$　　⑤

则移完 64 个盘子需要：$a_{64} = 2^{64} - 1$ 秒 $=18446744073709551615$ 秒 ≈ 584942417355 年 $\approx$ 5849.424 亿年。

⑤ Raptor 程序如图 4－7 所示。

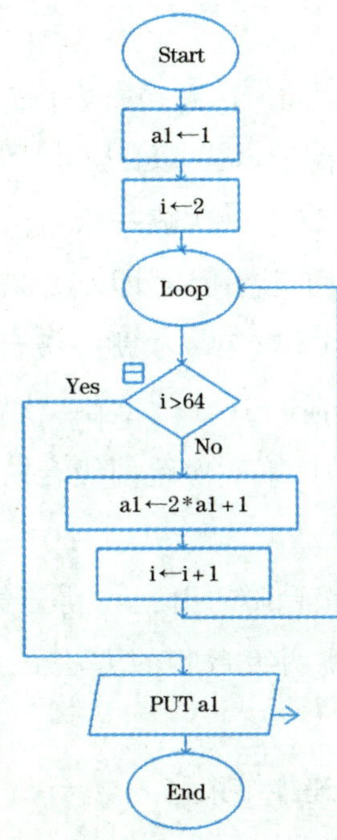

图 4－7　例 4－3 程序

⑥模拟移动盘子的 Raptor 程序如图 4－8 所示。

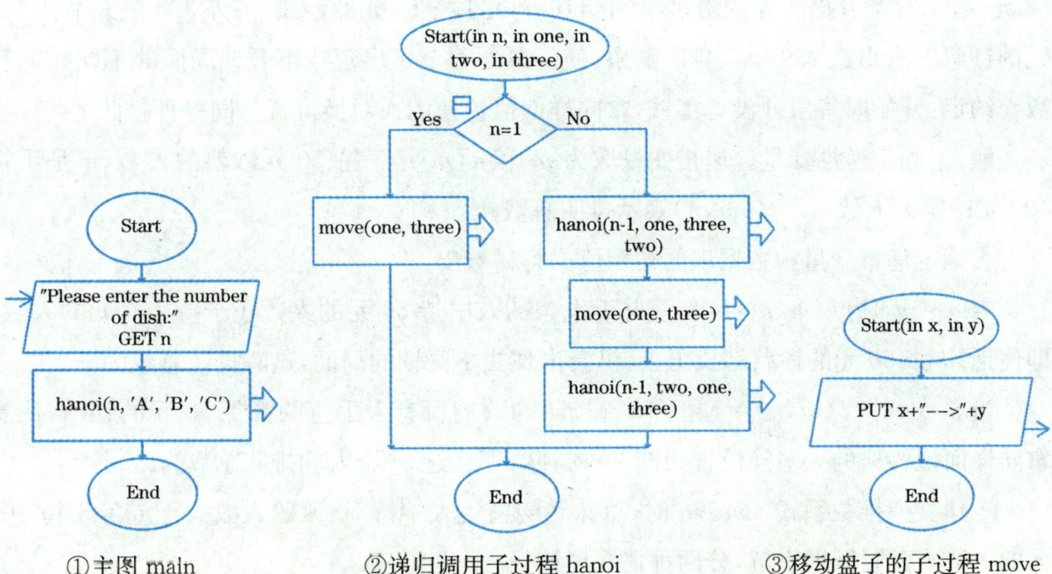

①主图 main　　②递归调用子过程 hanoi　　③移动盘子的子过程 move

图 4－8　例 4－3 模拟移动盘子程序

例 4-4 猴子爬山问题。一座有 211 级台阶的山，一只猴子向山上跳跃时，每次可以跳一级台阶，也可以跳两级台阶，问这只猴子有多少种不同上山方法？

解：①确定递推变量。递推变量取为山的台阶数 n，令 a_n 表示总的爬山方法。

②确定递推变量和数据项的初始值。容易看出：

$n=1$ 时，只有 1 种爬法：1=1（第一次跳一级台阶）。即 $a_1=1$。

$n=2$ 时，有 2 种爬法：2=1+1（第一次跳一级台阶，第二次也跳一级台阶）和 2=2（第一次跳两级台阶）。即 $a_2=2$。

$n=3$ 时，有 3 种爬法：3=1+1+1（第一次跳一级台阶，第二次跳一级台阶，第二次也跳一级台阶）、3=1+2（第一次跳一级台阶，第二次跳两级台阶）和 3=2+1（第一次跳两级台阶，第二次跳一级台阶）。即 $a_3=3$。

③建立递推关系式。对于 n 级台阶的山。a_n 等于第一次跳一级台阶的方法 a_{n-1} 和第一次跳两级台阶的方法 a_{n-2} 之和。即 $a_n=a_{n-1}+a_{n-2}(n\geqslant 3)$。

④递推过程控制。$n=211$ 时递推结束。

⑤Raptor 程序如图 4-9 所示。

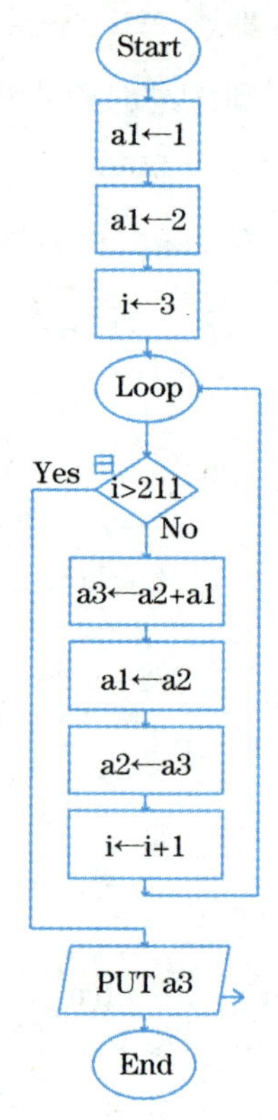

图 4-9 例 4-4 程序

例 4-5 排队购票问题。一场球赛开始前，售票工作正在紧张进行中。每张球票为 50 元，有 739 个人排队等待购票，其中 416 个人手持 50 元的钞票，另外 323 个人手持 100 元的钞票。求出这 739 个人排队购票，使售票处不至于出现找不开钱局面的不同排队种数。约定：开始时售票处没有零钱，拿同样面值钞票的人对换位置为同一种排队。

解：①确定递推变量。递推变量取为 m 和 n（m 是手持 50 元钞票的人数、n 是手持 100 元钞票的人数），令 $f(m,n)$ 表示排队总数。

②确定递推变量和数据项的初始值。容易看出：

当 $m<n$ 时，$f(m,n)=0$。意味着购票的人中持 50 元的人数小于持 100 元的人数，即使把 m 张 50 元的钞票都找出去，仍会出现找不开钱的局面，这时排队总数为 0。

当 $n=0$ 时，$f(m,n)=1$。意味着排队购票的所有人手持的都是 50 元的钱币，注意拿同样面值钞票的人对换位置为同一种排队，那么这 m 个人的排队总数为 1。

③建立递推关系式。$m\geqslant n$ 时，意味着购票的人中持 50 元的人数大于或等于持 100 元的人数。此时问题有解，分两种情况讨论：

若最后一个人手持 100 元的钞票，则在他之前的 $m+n-1$ 个人中有 m 个人手持 50

元的钞票，有 $n-1$ 个人手持100元的钞票，此情况可能排队总数为 $f(m,n-1)$。

若最后一个人手持50元的钞票，则在他之前的 $m+n-1$ 个人中有 $m-1$ 个人手持50元的钞票，有 n 个人手持100元的钞票，此情况可能排队总数为 $f(m-1,n)$。

由加法原理，可得到递推关系式：

$$f(m,n)=f(m,n-1)+f(m-1,n)$$

④递推过程控制。$m=416$、$n=323$ 时递推结束。

⑤Raptor 程序如图4-10所示。

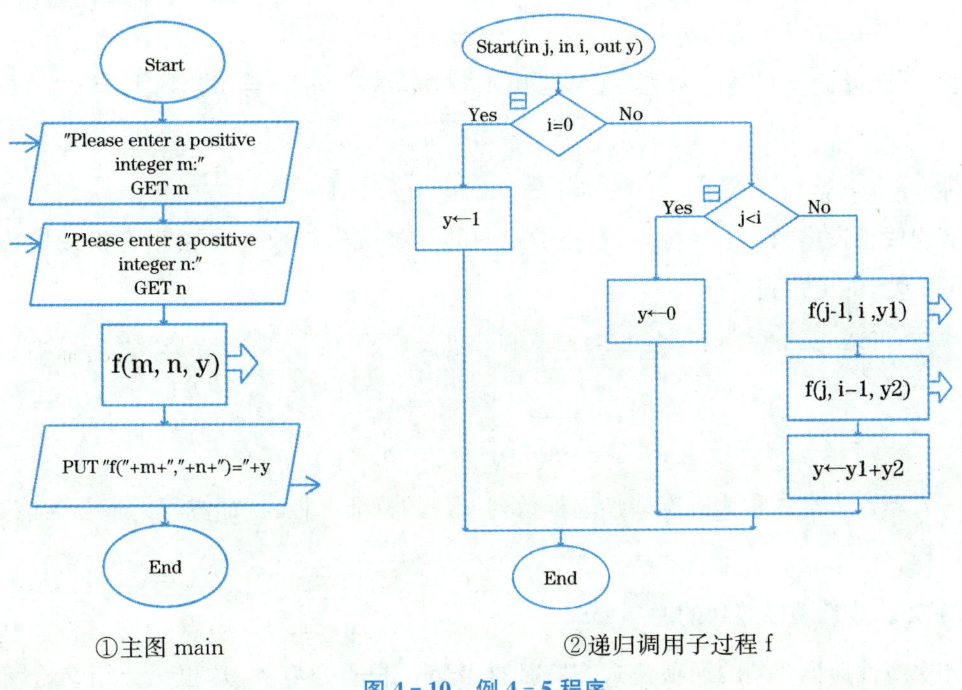

①主图 main　　②递归调用子过程 f

图4-10　例4-5程序

4.2.4　齐次线性递推数列

绝大多数计算机语言中都有递归调用，递归调用的思想来源于递推数列。为了帮助读者理解计算机语言中的递归调用，这里简单介绍齐次线性递推数列通项公式的一种求解方法。

1）概念

递推数列：已知数列 $\{a_n\}$ 最前面的 k 项，从 $k+1$ 项起，后面每项都可以用该项前面的 k 项来表示。例如：已知数列 $\{a_n\}$：$a_1=1$，$a_2=2$。当 $n\geqslant 3$ 时，$a_n=\sqrt{a_{n-1}\times a_{n-2}}$，即知道了数列 $\{a_n\}$ 最前面的2项，从3项起，后面每项都可以用该项前面的2项来表示，也就是说第3项 a_3 用 a_2 和 a_1 来表示，第4项 a_4 用 a_3 和 a_2 来表示，如此下去。

线性递推数列：已知数列$\{a_n\}$最前面的 k 项，从 $k+1$ 项起，后面每项都可以用该项前面 k 项的线性式子来表示：

$$a_{n+k}=p_1a_{n+k-1}+p_2a_{n+k-2}+\cdots+p_{k-2}a_{n+2}+p_{k-1}a_{n+1}+p_ka_n+f(n) \qquad ⑥$$

其中 $p_1,p_2,\cdots,p_k$ 为常数，$f(n)$是以正整数 n 为自变量的函数。⑥式称为数列$\{a_n\}$的递推关系式。

齐次线性递推数列：式⑥中的 $f(n)=0$ 时，称线性递推数列$\{a_n\}$是齐次线性递推数列，即递推关系式⑥简化为：

$$a_{n+k}=p_1a_{n+k-1}+p_2a_{n+k-2}+\cdots+p_{k-2}a_{n+2}+p_{k-1}a_{n+1}+p_ka_n \qquad ⑦$$

例如：公差为 d 的等差数列$\{a_n\}$，已知 a_1，故 $a_2=a_1+d$。当 $n\geqslant1$ 时，有

$$a_{n+2}-a_{n+1}=d=a_{n+1}-a_n$$

即

$$a_{n+2}=2a_{n+1}-a_n。$$

齐次线性递推数列的特征方程：将⑦式中的 a 换成未知数 x，a 的下标换成指数，其他符号不变，即可得到

$$\begin{aligned}&x^{n+k}=p_1x^{n+k-1}+p_2x^{n+k-2}+\cdots+p_{k-2}x^{n+2}+p_{k-1}x^{n+1}+p_kx^n\\&\Rightarrow x^{n+k}-p_1x^{n+k-1}-p_2x^{n+k-2}-\cdots-p_{k-2}x^{n+2}-p_{k-1}x^{n+1}-p_kx^n=0 \qquad ⑧\\&\Rightarrow x^k-p_1x^{k-1}-p_2x^{k-2}-\cdots-p_{k-2}x^2-p_{k-1}x-p_k=0\end{aligned}$$

一元 k 次方程⑧称为齐次线性递推数列$\{a_n\}$的特征方程，特征方程的根称为该数列的特征根。

2）齐次线性递推数列的通项公式

齐次线性递推数列的通项公式与特征根及特征根重数有关，这里只介绍结论，若想知道原理，请阅读《组合数列》相关内容。

定理 4－1 若齐次线性递推数列特征方程⑧的根及其重数是：

$$x_1(r_1\text{ 重}),x_2(r_2\text{ 重}),\cdots,x_m(r_m\text{ 重})$$

则有 $r_1+r_2+\cdots+r_m=k$，且通项公式形式为：

$$a_n=(k_{1,1}n^{r_1-1}+k_{1,2}n^{r_1-2}+\cdots+k_{1,r_1-1}n+k_{1,r_1})\cdot x_1^n+(k_{2,1}n^{r_2-1}+k_{2,2}n^{r_2-2}+\cdots+k_{2,r_2-1}n+k_{2,r_2})\cdot x_2^n+\cdots+(k_{m,1}n^{r_m-1}+k_{m,2}n^{r_m-2}+\cdots+k_{m,r_m-1}n+k_{m,r_m})\cdot x_m^n \qquad ⑨$$

其中 $k_{1,1}$、$k_{1,2}$、$\cdots$、k_{1,r_1-1}、k_{1,r_1}，$k_{2,1}$、$k_{2,2}$、$\cdots$、k_{2,r_2-1}、k_{2,r_2}，$\cdots$，$k_{m,1}$、$k_{m,2}$、$\cdots$、k_{m,r_m-1}、k_{m,r_m} 是待定系数，可以由数列最前面的若干项来确定。

⑨式看上去很复杂，其实很好记：每个特征根的 n 次方乘以一个关于 n 的多项式(多

项式次数比该特征根重数小1)，将这些乘积加起来。

上面的分析过程，我们归纳出齐次线性递推数列通项公式的求解步骤：

步骤一：由递推公式得特征方程，求特征方程的根；

步骤二：根据特征根的情况确定通项公式的形式；

步骤三：由已知条件确定通项公式中的待定系数。

例4-6 求引例4-1中斐波那契数列通项公式。即已知数列$\{a_n\}$：$a_1=1$，$a_2=1$；当$n\geqslant 3$时，$a_n=a_{n-1}+a_{n-2}$。求该数列的通项公式a_n。

解：从递推关系式$a_n=a_{n-1}+a_{n-2}$可以看出该数列是齐次线性递推数列，其特征方程为$x^n=x^{n-1}+x^{n-2}$，即$x^2-x-1=0$，解得特征根：$x_1=\dfrac{1+\sqrt{5}}{2}$，$x_2=\dfrac{1-\sqrt{5}}{2}$。

令$a_n=k_1\left(\dfrac{1+\sqrt{5}}{2}\right)^n+k_2\left(\dfrac{1-\sqrt{5}}{2}\right)^n\ (n\geqslant 1)$，其中$k_1$、$k_2$为待定系数。

由$a_1=1$，$a_2=1$得：

$$\begin{cases}\dfrac{1+\sqrt{5}}{2}k_1+\dfrac{1-\sqrt{5}}{2}k_2=1\\ \left(\dfrac{1+\sqrt{5}}{2}\right)^2\cdot k_1+\left(\dfrac{1-\sqrt{5}}{2}\right)^2\cdot k_2=1\end{cases}\Rightarrow\begin{cases}k_1=\dfrac{1}{\sqrt{5}}\\ k_2=-\dfrac{1}{\sqrt{5}}\end{cases}$$

所以该数列通项公式是$a_n=\dfrac{1}{\sqrt{5}}\left[\left(\dfrac{1+\sqrt{5}}{2}\right)^n-\left(\dfrac{1-\sqrt{5}}{2}\right)^n\right]\ (n\geqslant 1)$。

例4-7 求例4-4猴子爬山问题中数列的通项公式。即已知数列$\{a_n\}$：$a_1=1$，$a_2=2$；当$n\geqslant 3$时，$a_n=a_{n-1}+a_{n-2}$。求该数列的通项公式a_n。

解：从递推关系式$a_n=a_{n-1}+a_{n-2}$可以看出该数列是齐次线性递推数列，其特征方程为$x^n=x^{n-1}+x^{n-2}$，即$x^2-x-1=0$，解得特征根：$x_1=\dfrac{1+\sqrt{5}}{2}$，$x_2=\dfrac{1-\sqrt{5}}{2}$。

令$a_n=k_1\left(\dfrac{1+\sqrt{5}}{2}\right)^n+k_2\left(\dfrac{1-\sqrt{5}}{2}\right)^n\ (n\geqslant 1)$，其中$k_1$、$k_2$为待定系数。

由$a_1=1$，$a_2=2$得：

$$\begin{cases}\dfrac{1+\sqrt{5}}{2}k_1+\dfrac{1-\sqrt{5}}{2}k_2=1\\ \left(\dfrac{1+\sqrt{5}}{2}\right)^2\cdot k_1+\left(\dfrac{1-\sqrt{5}}{2}\right)^2\cdot k_2=2\end{cases}\Rightarrow\begin{cases}k_1=\dfrac{5+\sqrt{5}}{10}\\ k_2=\dfrac{5-\sqrt{5}}{10}\end{cases}$$

所以该数列通项公式是$a_n=\dfrac{1}{10}\left[(5+\sqrt{5})\left(\dfrac{1+\sqrt{5}}{2}\right)^n+(5-\sqrt{5})\left(\dfrac{1-\sqrt{5}}{2}\right)^n\right]\ (n\geqslant 1)$。

例 4-8 已知数列$\{a_n\}$：$a_1=1$，$a_2=5$；当$n\geqslant 1$时，$a_{n+2}=5a_{n+1}-6a_n$。求该数列的通项公式a_n。

解：从递推关系式$a_{n+2}=5a_{n+1}-6a_n$可以看出该数列是齐次线性递推数列，其特征方程为$x^{n+2}=5x^{n+1}-6x^n$，即$x^2-5x+6=0$，解得特征根：$x_1=2$，$x_2=3$。

令$a_n=k_1\cdot 2^n+k_2\cdot 3^n(n\geqslant 1)$，其中$k_1$、$k_2$为待定系数。

由$a_1=1$，$a_2=5$得：

$$\begin{cases}2k_1+3k_2=1\\2^2k_1+3^2k_2=5\end{cases}\Rightarrow\begin{cases}k_1=-1\\k_2=1\end{cases}$$

所以该数列通项公式是$a_n=3^n-2^n(n\geqslant 1)$。

例 4-9 等差数列通项公式。已知等差数列$\{a_n\}$的公差d和a_1，求通项公式a_n。

解：因为当$n\geqslant 1$时，有$a_{n+2}-a_{n+1}=d=a_{n+1}-a_n$，即$a_{n+2}=2a_{n+1}-a_n$，所以等差数列是齐次线性递推数列，其特征方程为$x^{n+2}=2x^{n+1}-x^n$，即$x^2-2x+1=0$，解得特征根：$x=1$（二重）。

令$a_n=(k_1n+k_2)\cdot 1^n(n\geqslant 1)$，其中$k_1$、$k_2$为待定系数。

由a_1，$a_2=a_1+d$得：

$$\begin{cases}k_1+k_2=a_1\\2k_1+k_2=a_1+d\end{cases}\Rightarrow\begin{cases}k_1=d\\k_2=a_1-d\end{cases}$$

所以该数列通项公式是$a_n=nd+(a_1-d)=a_1+(n-1)d\ (n\geqslant 1)$。

例 4-10 等比数列通项公式。已知等比数列$\{a_n\}$的公比q（$\neq 1$和0）和a_1，求通项公式a_n。

解：因为当$n\geqslant 1$时，有$\frac{a_{n+1}}{a_n}=q$，即$a_{n+1}=qa_n$，所以等比数列是齐次线性递推数列，其特征方程为$x^{n+1}=qx^n$，即$x-q=0$，解得特征根：$x=q$。

令$a_n=k_1\cdot q^n(n\geqslant 1)$，其中$k_1$为待定系数。

由a_1得：$a_1=k_1\cdot q\ \Rightarrow k_1=\frac{a_1}{q}$。

所以该数列通项公式是$a_n=\frac{a_1}{q}q^n=a_1q^{n-1}(n\geqslant 1)$。

3）非齐次线性递推数列

非齐次线性递推数列通项公式的求解没有同一的方法，一种有效的方法是通过等价变形或初等变换将其化为齐次线性递推数列来处理。

例 4-11 求例 4-2 完美立方问题中数列的通项公式。已知数列$\{a_n\}$：$a_3=1$；当n

$\geqslant 4$ 时，$a_n = a_{n-1} + \dfrac{(n-2)(n-1)}{2}$。求该数列的通项公式 a_n。

解:从递推关系式 $a_n = a_{n-1} + \dfrac{(n-2)(n-1)}{2} \Rightarrow 2a_n = 2a_{n-1} + (n-2)(n-1) \Rightarrow 2a_n - 2a_{n-1} = (n-2)(n-1)$ ⑩

可以看出，该数列是线性递推数列，但不是齐次的。下面通过等价变形将其化成齐次的。

由⑩式可得：$2a_{n+1} - 2a_n = (n-1)n$ ⑪

⑪－⑩得：$a_{n+1} - 2a_n + a_{n-1} = n-1$ ⑫

由⑫式可得：$a_{n+2} - 2a_{n+1} + a_n = n$ ⑬

⑬－⑫得：$a_{n+2} - 3a_{n+1} + 3a_n - a_{n-1} = 1$ ⑭

由⑭式可得：$a_{n+3} - 3a_{n+2} + 3a_{n+1} - a_n = 1$ ⑮

⑮－⑭得：$a_{n+3} - 4a_{n+2} + 6a_{n+1} - 4a_n + a_{n-1} = 0$ ⑯

由⑯式知，该数列是齐次线性递推数列，其特征方程为 $x^{n+3} - 4x^{n+2} + 6x^{n+1} - 4x^n + x^{n-1} = 0$，即 $x^4 - 4x^3 + 6x^2 - 4x + 1 = 0$，解得特征根：$x = 1$（四重）。

令 $a_n = (k_1 n^3 + k_2 n^2 + k_3 n + k_4) \cdot 1^n \ (n \geqslant 1)$ ⑰

其中 k_1、k_2、k_3、k_4 为待定系数。

由 $a_3 = 1$ 及 $a_n = a_{n-1} + \dfrac{(n-2)(n-1)}{2} \ (n \geqslant 4) \Rightarrow a_4 = 4$、$a_5 = 10$、$a_6 = 20$。将 $a_3 = 1$、$a_4 = 4$、$a_5 = 10$、$a_6 = 20$ 代入⑰式得：

$$\begin{cases} 3^3 k_1 + 3^2 k_2 + 3k_3 + k_4 = 1 \\ 4^3 k_1 + 4^2 k_2 + 4k_3 + k_4 = 4 \\ 5^3 k_1 + 5^2 k_2 + 5k_3 + k_4 = 10 \\ 6^3 k_1 + 6^2 k_2 + 6k_3 + k_4 = 20 \end{cases} \Rightarrow \begin{cases} k_1 = \dfrac{1}{6} \\ k_2 = -\dfrac{1}{2} \\ k_3 = \dfrac{1}{3} \\ k_4 = 0 \end{cases}$$

所以该数列通项公式是 $a_n = \dfrac{1}{6}n^3 - \dfrac{1}{2}n^2 + \dfrac{1}{3}n = \dfrac{(n-2)(n-1)n}{6} \ (n \geqslant 3)$。

例 4-12 求例 4-3 汉诺塔问题中数列的通项公式。已知数列 $\{a_n\}$：$a_1 = 1$；当 $n \geqslant 2$ 时，$a_n = 2a_{n-1} + 1$。求该数列的通项公式 a_n。

解:从递推关系式 $a_n = 2a_{n-1} + 1 \Rightarrow a_n - 2a_{n-1} = 1$ ⑱

可以看出，该数列是线性递推数列，但不是齐次的。下面通过等价变形将其化成齐次的。

由⑱式可得：$a_{n+1} - 2a_n = 1$ ⑲

⑲－⑱得：$a_{n+1} - 3a_n + 2a_{n-1} = 0$ ⑳

由⑳式知，该数列是齐次线性递推数列，其特征方程为 $x^{n+1}-3x^n+2x^{n-1}=0$，即 $x^2-3x+2=0$，解得特征根：$x_1=1,x_2=2$。

令 $a_n=k_1\cdot 1^n+k_2\cdot 2^n(n\geqslant 1)$，其中 k_1、k_2 为待定系数。

由 $a_1=1,a_2=3$ 得：

$$\begin{cases}k_1+2k_2=1\\k_1+2^2k_2=3\end{cases}\Rightarrow\begin{cases}k_1=-1\\k_2=1\end{cases}$$

所以该数列通项公式是 $a_n=2^n-1\ (n\geqslant 1)$。

例 4-13 已知数列 $\{a_n\}$：$a_1=0,a_2=1$；当 $n\geqslant 3$ 时，$a_n=-a_{n-1}+a_{n-2}+2^{n-1}$。求该数列的通项公式 a_n。

解：从递推关系式 $a_n=-a_{n-1}+a_{n-2}+2^{n-1}$ ㉑

可以看出，该数列是线性递推数列，但不是齐次的。下面通过等价变形将其化成齐次的。

由㉑式可得：$a_n+a_{n-1}-a_{n-2}=2^{n-1}$ ㉒

由㉒式可得：$a_{n+1}+a_n-a_{n-1}=2^n$ ㉓

㉓/㉒得：$\dfrac{a_{n+1}+a_n-a_{n-1}}{a_n+a_{n-1}-a_{n-2}}=2\Rightarrow a_{n+1}-a_n-3a_{n-1}+2a_{n-2}=0$ ㉔

由㉔式知，该数列是齐次线性递推数列，其特征方程为 $x^{n+1}-x^n-3x^{n-1}+2x^{n-2}=0$，即 $x^3-x^2-3x+2=0$，解得特征根：$x_1=2,x_2=\dfrac{-1+\sqrt{5}}{2},x_3=\dfrac{-1-\sqrt{5}}{2}$。

令 $a_n=k_1\cdot 2^n+k_2\cdot\left(\dfrac{-1+\sqrt{5}}{2}\right)^n+k_3\cdot\left(\dfrac{-1-\sqrt{5}}{2}\right)^n(n\geqslant 1)$ ㉕

其中 k_1、k_2、k_3 为待定系数。

由 $a_1=0,a_2=1$ 及 $a_n=-a_{n-1}+a_{n-2}+2^{n-1}(n\geqslant 3)\Rightarrow a_3=3$。将 $a_1=0$、$a_2=1$、$a_3=3$ 代入㉕式得：

$$\begin{cases}2k_1+\dfrac{-1+\sqrt{5}}{2}k_2+\dfrac{-1-\sqrt{5}}{2}k_3=0\\2^2k_1+\left(\dfrac{-1+\sqrt{5}}{2}\right)^2k_2+\left(\dfrac{-1-\sqrt{5}}{2}\right)^2k_3=1\\2^3k_1+\left(\dfrac{-1+\sqrt{5}}{2}\right)^3k_2+\left(\dfrac{-1-\sqrt{5}}{2}\right)^3k_3=3\end{cases}\Rightarrow\begin{cases}k_1=\dfrac{2}{5}\\k_2=-\dfrac{(1+\sqrt{5})(2+\sqrt{5})}{10}\\k_3=-\dfrac{(-1+\sqrt{5})(-2+\sqrt{5})}{10}\end{cases}$$

所以该数列通项公式是

$$a_n=\frac{2}{5}\cdot 2^n-\frac{(1+\sqrt{5})(2+\sqrt{5})}{10}\left(\frac{-1+\sqrt{5}}{2}\right)^n-\frac{(-1+\sqrt{5})(-2+\sqrt{5})}{10}\left(\frac{-1-\sqrt{5}}{2}\right)^n$$

$$=\frac{2^{n+1}}{5}-\frac{\sqrt{5}+2}{5}\left(\frac{-1+\sqrt{5}}{2}\right)^{n-1}+\frac{\sqrt{5}-2}{5}\left(\frac{-1-\sqrt{5}}{2}\right)^{n-1}\ (n\geqslant 1)。$$

例 4-14　已知数列$\{a_n\}$:$a_1=1,a_2=2$;当$n\geqslant 3$时,$a_n=\sqrt{a_{n-1}\times a_{n-2}}$。求该数列的通项公式$a_n$。

解:从递推关系式$a_n=\sqrt{a_{n-1}\times a_{n-2}}$,可以看出,该数列不是线性递推数列。下面通过初等变换将其化成齐次线性递推数列。

对$a_n=\sqrt{a_{n-1}\times a_{n-2}}$两边取自然对数得:

$$\ln a_n=\frac{1}{2}\ln a_{n-1}+\frac{1}{2}\ln a_{n-2}$$

令$b_n=\ln a_n$,则原问题化为:已知数列$\{b_n\}$:$b_1=0,b_2=\ln 2$;当$n\geqslant 3$时,$b_n=\frac{1}{2}b_{n-1}+\frac{1}{2}b_{n-2}$。求数列$\{b_n\}$的通项公式。

容易看出,数列$\{b_n\}$是齐次线性递推数列,其特征方程为$x^n=\frac{1}{2}x^{n-1}+\frac{1}{2}x^{n-2}$,即$2x^2-x-1=0$,解得特征根:

$$x_1=1,x_2=-\frac{1}{2}$$

令$b_n=k_1\times 1^n+k_2\times\left(-\frac{1}{2}\right)^n(n\geqslant 1)$,其中$k_1$、$k_2$为待定系数。

由$b_1=0,b_2=\ln 2$得:

$$\begin{cases}k_1-\frac{1}{2}k_2=0\\ k_1+\frac{1}{4}k_2=\ln 2\end{cases}\Rightarrow\begin{cases}k_1=\frac{2}{3}\ln 2\\ k_2=\frac{4}{3}\ln 2\end{cases}$$

所以数列$\{b_n\}$的通项公式是:$b_n=\frac{2}{3}\left[1-\left(-\frac{1}{2}\right)^{n-1}\right]\ln 2\ (n\geqslant 1)$。

因为$a_n=e^{b_n}$,故数列$\{a_n\}$的通项公式是:$a_n=2^{\frac{2}{3}\left[1-\left(-\frac{1}{2}\right)^{n-1}\right]}\ (n\geqslant 1)$。

例 4-15　已知数列$\{a_n\}$:$a_1=p(\neq 0)$;当$n\geqslant 1$时,$a_{n+1}=\frac{2a_n}{1+a_n}$。求该数列的通项公式$a_n$。

解:从递推关系式$a_{n+1}=\frac{2a_n}{1+a_n}$可以看出,该数列不是线性递推数列。下面通过初等变换将其化成齐次线性递推数列。

对 $a_{n+1}=\dfrac{2a_n}{1+a_n}$ 两边取倒数得：

$$\frac{1}{a_{n+1}}=\frac{1}{2a_n}+\frac{1}{2}$$

令 $b_n=\dfrac{1}{a_n}$，则原问题化为：已知数列 $\{b_n\}$：$b_1=\dfrac{1}{p}$，$b_2=\dfrac{1+p}{2p}$；当 $n\geqslant 2$ 时，$b_{n+1}=\dfrac{1}{2}b_n+\dfrac{1}{2}$。求数列 $\{b_n\}$ 的通项公式。

由 $b_{n+1}=\dfrac{1}{2}b_n+\dfrac{1}{2}$ ㉖

得：$b_{n+2}=\dfrac{1}{2}b_{n+1}+\dfrac{1}{2}$ ㉗

㉗－㉖得：$b_{n+2}=\dfrac{3}{2}b_{n+1}-\dfrac{1}{2}b_n$ ㉘

由㉘式知数列 $\{b_n\}$ 是齐次线性递推数列，其特征方程为 $x^{n+2}=\dfrac{3}{2}x^{n+1}-\dfrac{1}{2}x^n$，即 $2x^2-3x+1=0$，解得特征根：

$$x_1=1,x_2=\frac{1}{2}$$

令 $b_n=k_1\times 1^n+k_2\times\left(\dfrac{1}{2}\right)^n(n\geqslant 1)$，其中 k_1、k_2 为待定系数。

由 $b_1=\dfrac{1}{p}$，$b_2=\dfrac{1+p}{2p}$ 得：

$$\begin{cases}k_1+\dfrac{1}{2}k_2=\dfrac{1}{p}\\ k_1+\dfrac{1}{4}k_2=\dfrac{1+p}{2p}\end{cases}\Rightarrow\begin{cases}k_1=1\\ k_2=\dfrac{2(1-p)}{p}\end{cases}$$

所以数列 $\{b_n\}$ 的通项公式是：$b_n=1+\dfrac{1-p}{2^{n-1}\times p}$ $(n\geqslant 1)$。

因为 $a_n=\dfrac{1}{b_n}$，故数列 $\{a_n\}$ 的通项公式是：$a_n=\dfrac{2^{n-1}\times p}{1+(2^{n-1}-1)\times p}$ $(n\geqslant 1)$。

例 4－16 已知数列 $\{a_n\}$：$a_1=\dfrac{1}{4}$；当 $n\geqslant 1$ 时，$a_{n+1}=\dfrac{1}{4(1-a_n)}$。求该数列的通项公式 a_n。

解：从递推关系式 $a_{n+1}=\dfrac{1}{4(1-a_n)}$ 可以看出，该数列不是线性递推数列。下面通过初等变换将其化成齐次线性递推数列。

令 $a_n=b_n+\frac{1}{2}$ ㉙

由㉙式得：$a_{n+1}=b_{n+1}+\frac{1}{2}$

即 $b_{n+1}=a_{n+1}-\frac{1}{2}=\frac{1}{4(1-a_n)}-\frac{1}{2}=\frac{1}{4\left[1-\left(b_n+\frac{1}{2}\right)\right]}-\frac{1}{2}=\frac{1}{2(1-2b_n)}-\frac{1}{2}=$

$\frac{b_n}{1-2b_n}$ ㉚

由条件易知，数列 $\{b_n\}$ 的每一项均不为0，因此可对㉚式两边取倒数得：

$$\frac{1}{b_{n+1}}=\frac{1}{b_n}-2 \quad ㉛$$

令 $c_n=\frac{1}{b_n}$，则㉛式可化为：$c_{n+1}=c_n-2$ ㉜

由㉜式得：$c_{n+2}=c_{n+1}-2$ ㉝

㉝－㉜得：$c_{n+2}=2c_{n+1}-c_n$ ㉞

由㉞式知数列 $\{c_n\}$ 是齐次线性递推数列，其特征方程为：$x^{n+2}=2x^{n+1}-x^n$，即 $x^2-2x+1=0$，解得特征根：$x=1$（二重）。由 $c_1=-4, c_2=-6$，容易求得其通项公式为：$c_n=-2(1+n)\ (n\geqslant 1)$。

由变换式 $c_n=\frac{1}{b_n}$ 可得数列 $\{b_n\}$ 的通项公式为：$b_n=\frac{1}{-2(1+n)}\ (n\geqslant 1)$。

由变换式 $a_n=b_n+\frac{1}{2}$ 可得数列 $\{a_n\}$ 的通项公式为：$a_n=\frac{n}{2(1+n)}\ (n\geqslant 1)$。

4.3 分治算法

在解决规模较大的问题时，我们往往先将问题分解成若干个容易求解的子问题，然后逐个解决这些子问题，最后将这些子问题的解合并成原问题的解，这就是分治算法。

4.3.1 分治算法基本思想

1）基本思想

将一个难以直接解决的大问题分解成一些规模较小的结构相同的子问题，以便各个击破，分而治之。

2）特点

能用分治算法解决的问题一般具有以下特征：

①问题的规模缩小到一定程度可以很容易地解决。

②问题可以分解为若干个规模较小的结构相同的子问题。

③所分解出的各个子问题是相互独立的，即子问题之间不包含公共的子问题。

④分解出的子问题的解可以合并为原问题的解。

4.3.2 分治算法设计

1）设计思路

分治算法解决问题的过程分为两步：分解和治理。

(1)步骤 1:分解

将问题分解为若干个规模较小、相互独立、与原问题形式相同的子问题。通常是分成两个子问题。

(2)步骤 2:治理

①求解各个子问题。若子问题规模较小又容易被解决则直接求解，否则继续分解为更小的子问题，直到容易解决为止。

②合并。将已求得的各个子问题的解合并为原问题的解。

2）优缺点

优点是将大问题分解成子问题容易。缺点是将子问题的解合并成大问题的解较难，且没有同一的方法，需要经验的积累。

4.3.3 分治算法应用举例

例 4－17 循环赛日程表。

解：(1)问题描述

设有 $n=2^k$（k 为正整数）名运动员进行羽毛球单循环赛，请设计满足以下要求的比赛日程表：

①每名运动员必须与其他 $n-1$ 名运动员各赛一场；

②每名运动员一天只能比赛一场；

③循环赛一共需要进行 $n-1$ 天。

(2)分治算法求解思路

①如何分，即如何合理地进行问题的分解。

②如何治，即如何进行问题的求解。

③问题的关键——发现循环赛日程表制定过程中的规律性。

(3)几种具体情形

情形一：$n=2^1=2$ 名运动员的比赛日程表，如图 4－11 所示。

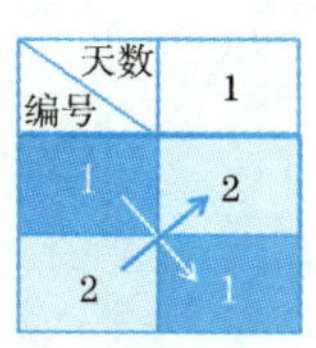

图 4－11　2 名运动员比赛日程表

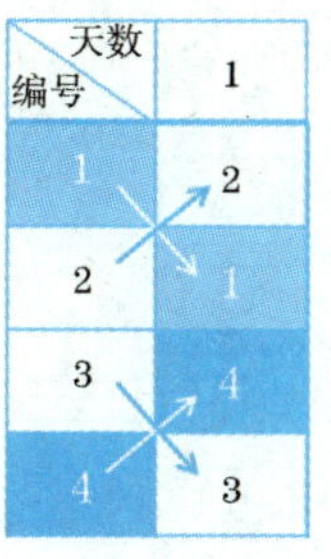

①子问题解

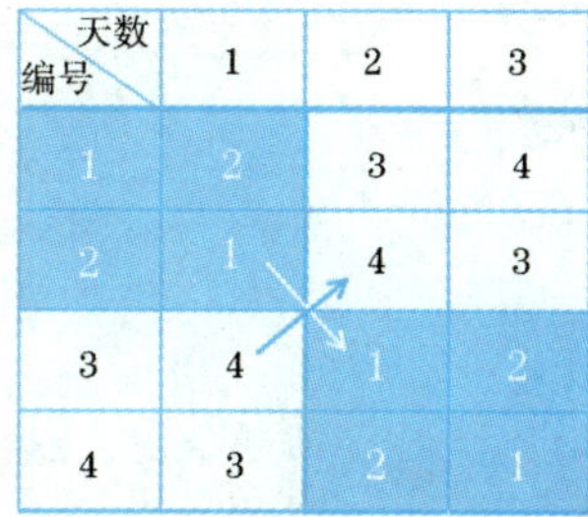

②子问题解合并

图 4－12　4 名运动员比赛日程表

情形二：$n=2^2=4$ 名运动员的比赛日程表，如图 4－12 所示。

情形三：$n=2^3=8$ 名运动员的比赛日程表，如图 4－13 所示。

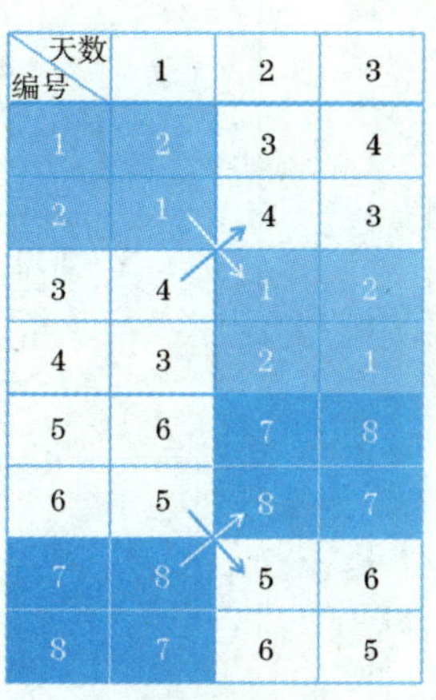

①子问题解　②子问题解首次合并

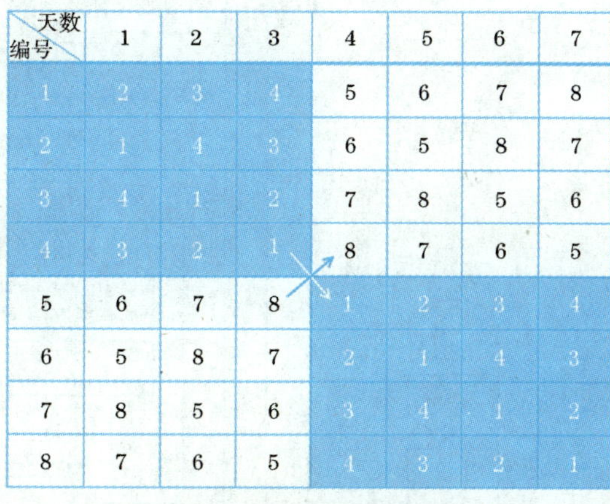

③子问题解第二次合并

图 4－13　8 名运动员比赛日程表

(4)8 名运动员的比赛日程表程序

编写程序时用二维数组 a[i,j]存放比赛日程表。

编号＼天数	1	2	3	4	5	6	7
1	2	3	4	5	6	7	8
2	1	4	3	6	5	8	7
3	4	1	2	7	8	5	6
4	3	2	1	8	7	6	5
5	6	7	8	1	2	3	4
6	5	8	7	2	1	4	3
7	8	5	6	3	4	1	2
8	7	6	5	4	3	2	1

Raptor 程序如图 4-14 所示。

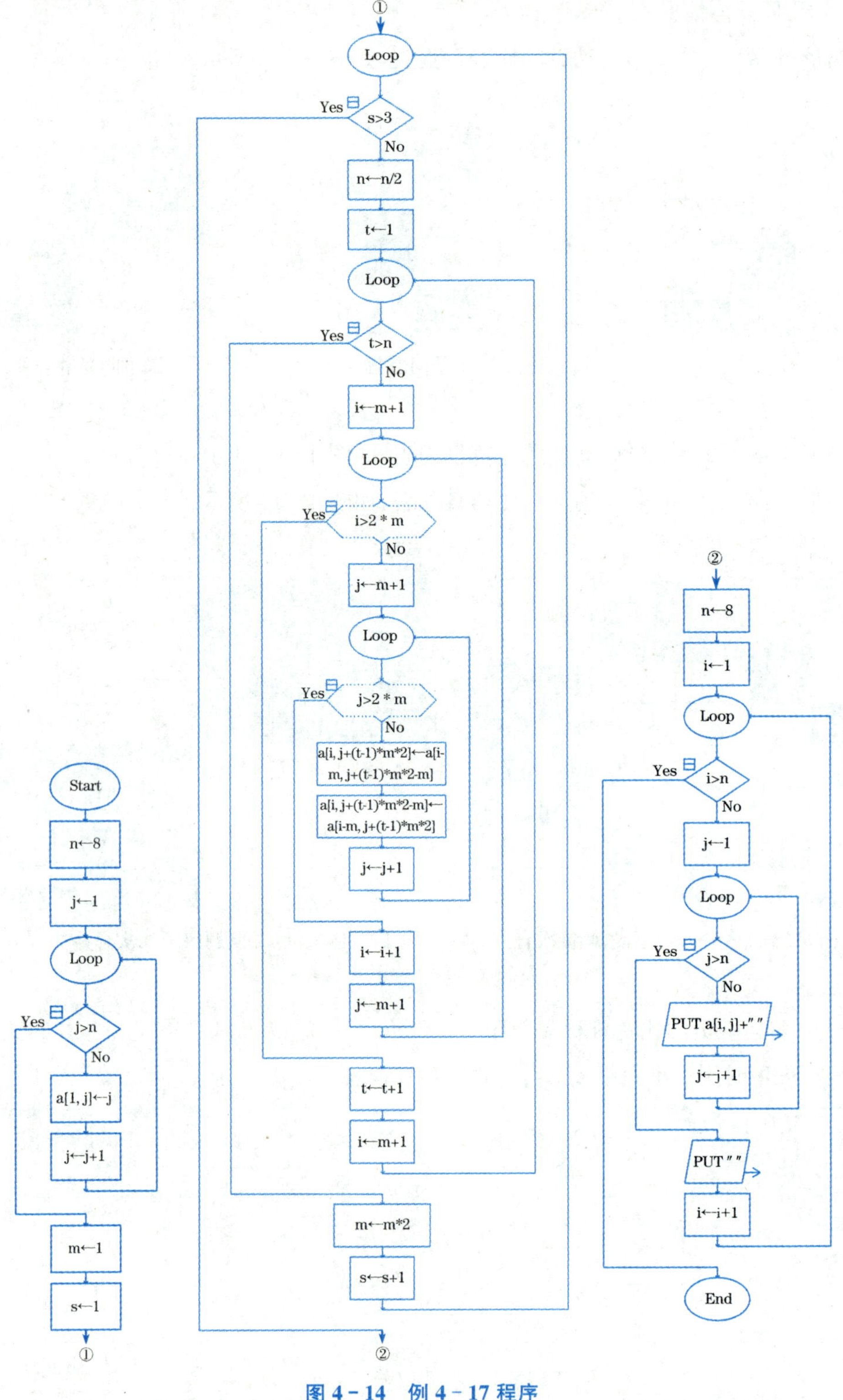

图 4-14 例 4-17 程序

程序运行结果如图 4－15 所示。

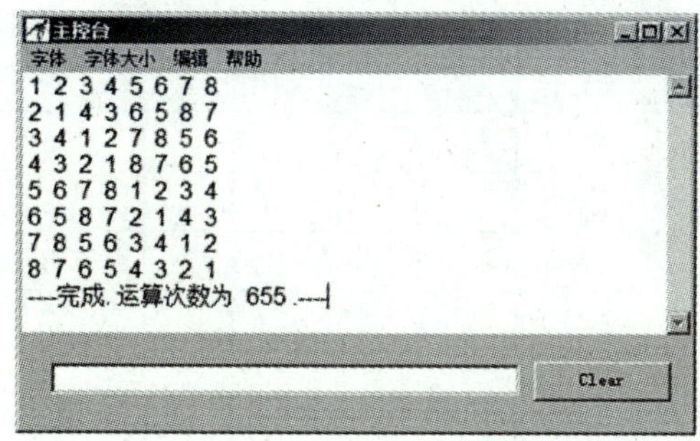

图 4－15　例 4－17 程序运行结果

(5)程序运行过程

①程序的第一个循环 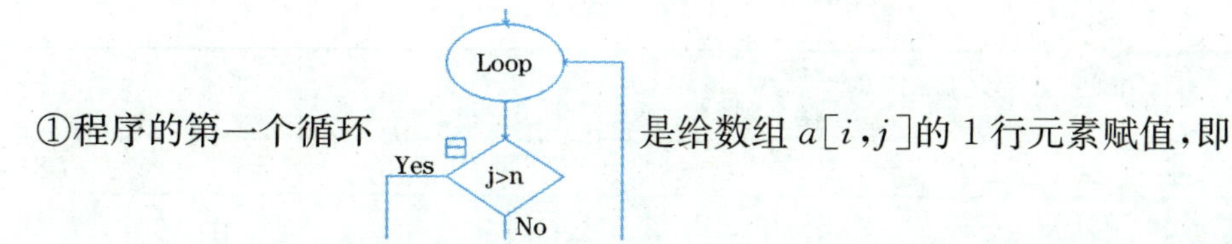 是给数组 $a[i,j]$的 1 行元素赋值，即

天数 编号	1	2	3	4	5	6	7
1	2	3	4	5	6	7	8

②对循环 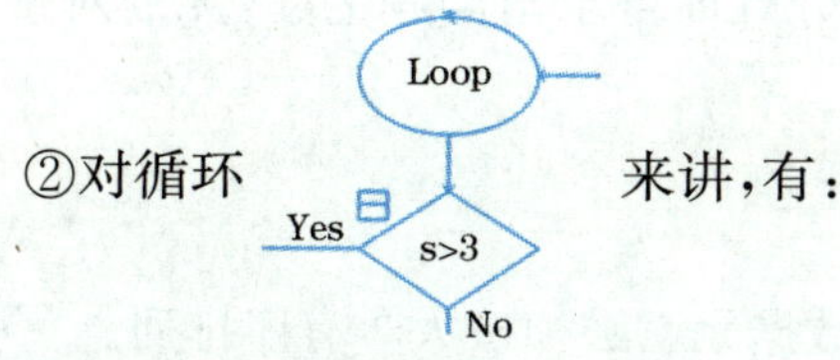 来讲，有：

i) s←1 时，给数组 $a[i,j]$的 2 行元素赋值，即：

天数 编号	1	2	3	4	5	6	7
1	2	3	4	5	6	7	8
2	1	4	3	6	5	8	7

ii)s←2 时，给数组 $a[i,j]$ 的 3、4 行元素赋值，即：

编号＼天数	1	2	3	4	5	6	7
1	2	3	4	5	6	7	8
2	1	4	3	6	5	8	7
3	4	1	2	7	8	5	6
4	3	2	1	8	7	6	5

iii)s←3 时，给数组 $a[i,j]$ 的 5、6、7、8 行元素赋值，即：

编号＼天数	1	2	3	4	5	6	7
1	2	3	4	5	6	7	8
2	1	4	3	6	5	8	7
3	4	1	2	7	8	5	6
4	3	2	1	8	7	6	5
5	6	7	8	1	2	3	4
6	5	8	7	2	1	4	3
7	8	5	6	3	4	1	2
8	7	6	5	4	3	2	1

4.3.4 二分法

二分法是一种特殊的分治算法，特殊在通过分解即可求出问题的解，无需对子问题的解进行合并。

1) 二分查找

二分查找又称为折半查找，它要求待查找的数据元素必须按大小有序排列。

问题描述：给定已排好序的 n 个元素 $s_1, s_2, \cdots, s_n$，现要在这 n 个元素中找出一特定元素 x。

首先容易想到的是顺序查找方法，即把 x 与 $s_1, s_2, \cdots, s_n$ 逐个进行比较，直至找出元素 x 或搜索整个序列后确定 x 不在其中。显然，该方法没有很好地利用 n 个元素已排好序这个条件。

(1)算法思想

假定 n 个元素 $s_1, s_2, \cdots, s_n$ 已经从小到大排好序，将这 n 个元素分成规模大致相等的两部分，然后取中间元素与要查找的元素 x 进行比较：

①如果 x 等于中间元素，则算法终止；

②如果 x 大于中间元素，则在序列的右半部继续查找，即在序列的右半部重复分解和查找；

③如果 x 小于中间元素，则在序列的左半部继续查找，即在序列的左半部重复分解和查找。

可见，二分查找算法重复利用了元素间的次序关系。

(2)算法设计

步骤 1：确定合适的数据结构。用数组 $s[n]$来存放 n 个已排好序的元素；变量 low 和 high 表示查找范围内元素下标的下界和上界；middle 表示查找范围的中间位置；x 为待查找的元素。

步骤 2：初始化。令 low＝0；high＝$n-1$。

步骤 3：middle＝(low＋high)/2，即指示中间元素。

步骤 4：判定 low≤high 是否成立，如果成立，转步骤 5；否则，算法结束。

步骤 5：判断 x 与 s[middle]的关系。

　　如果 $x=s$[middle]，算法结束；

　　如果 $x>s$[middle]，则令 low＝middle＋1，转步骤 3；

　　如果 $x<s$[middle]，则令 high＝middle－1，转步骤 3。

例 4-18　用二分查找算法在有序序列(6,12,15,18,22,25,28,35, 46,58,60)中查找元素 12。设序列存放在一维数组 a[11]中。

解：①二分查找过程如图 4-16 所示。

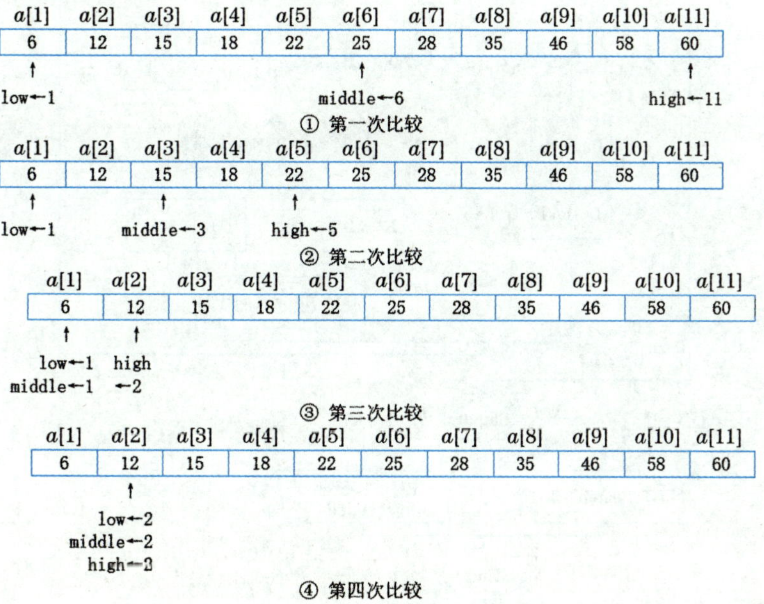

图 4-16　二分查找过程

②二分查找程序如图 4-17 所示。

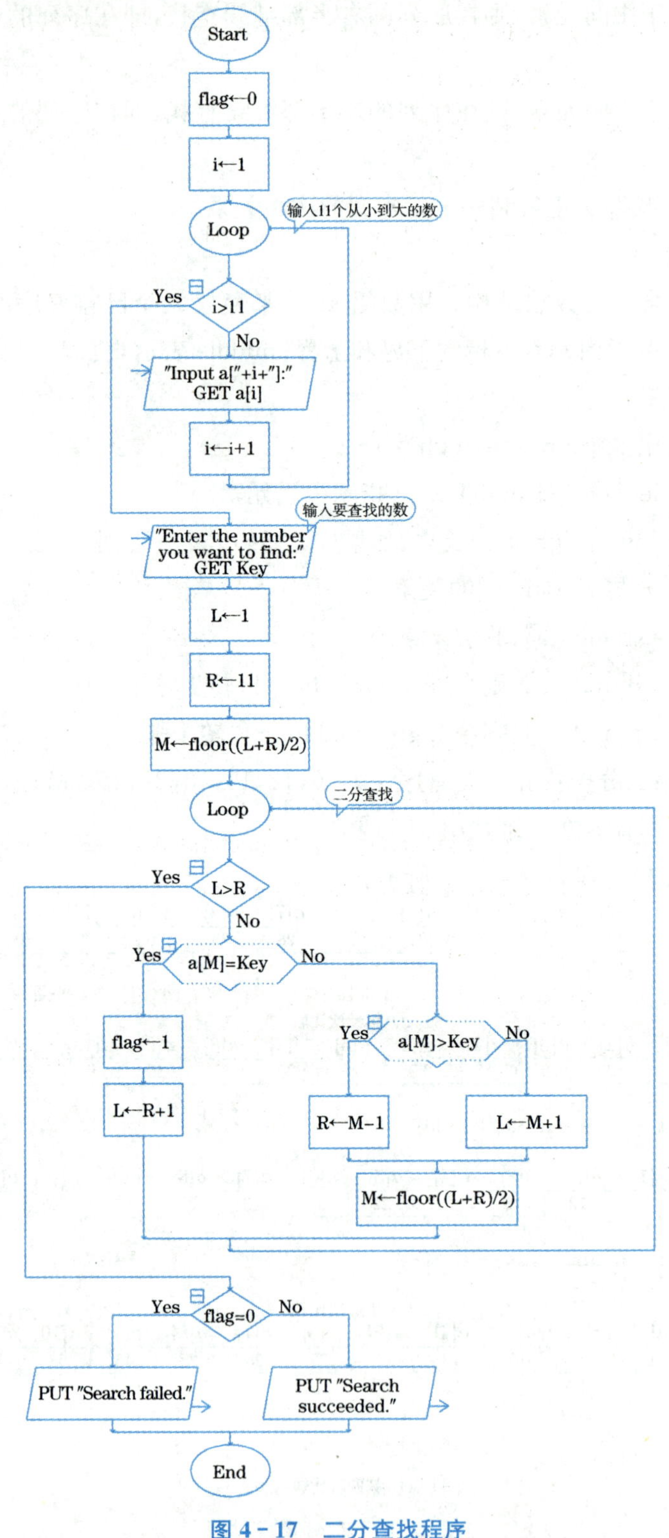

图 4-17　二分查找程序

2）二分求根

零点定理(根的存在性定理)：若函数 $f(x)$ 在区间 $[a,b]$ 上连续，且 $f(a)f(b)<0$，则至少存在一点 $\xi\in(a,b)$，使得：$f(\xi)=0$。

这个定理的结论从图 4-18 很容易看出来，因为 $f(a)f(b)<0$，所以点 $[a,f(a)]$ 与点 $[b,f(b)]$ 一个在 x 轴上方，一个在 x 轴下方，过点 $[a,f(a)]$ 与点 $[b,f(b)]$ 的连续曲线 $f(x)$ 必定、至少经过 x 轴一次，即曲线 $f(x)$ 与 x 轴至少有一个交点 $\xi\in(a,b)$。

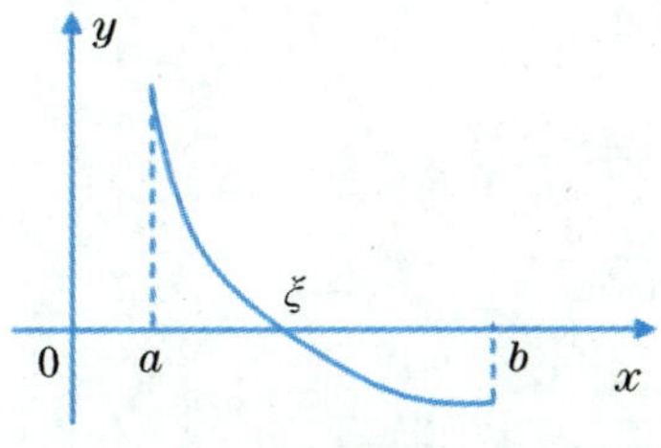

图 4-18 零点定理几何意义

这个定理告诉我们：曲线 $f(x)$ 与 x 轴交点的横坐标 ξ 是方程 $f(x)=0$ 的一个实根。从而可以得到求一元方程 $f(x)=0$ 实根的一种方法，称之为二分求根。

二分求根方法的步骤：

第一步：画出函数 $f(x)$ 的草图；

第二步：找出方程 $f(x)=0$ 的所有有根区间 $[a,b]$，这个区间越小越好；

第三步：逐步减半缩小有根区间 $[a,b]$，直至有根区间长度 $b-a$ 小于精度要求为止；

第四步：用最后的有根区间内的任何一点(通常取中点)作为方程的近似实根。

该方法求出的通常是方程的近似实根，并且能求出方程所有的近似实根。

例 4-19 求一元方程 $1+x^3-\sin x=0$ 的所有近似实根。

解：令 $f(x)=1+x^3-\sin x$，其定义域为 $(-\infty,+\infty)$，函数图像如图 4-19 所示。

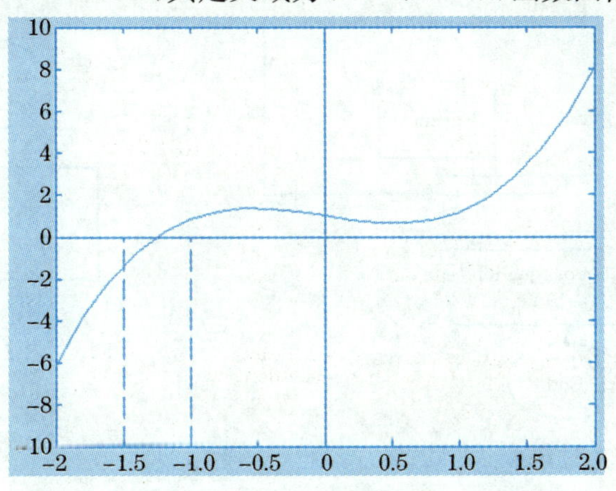

图 4-19 函数 $f(x)=1+x^3-\sin x$ 图像

从图形中可以看出，方程只有一个实根在区间[−1.5，−1]内。

算法的自然语言表示：

第一步：输入有根区间[a,b]的两个端点 a、b
第二步：m←(a+b)/2
第三步：不断缩小有根区间[a,b]，直到 $b-a<10^{-4}$ 为止
第四步：输出实根近似值(a+b)/2

Raptor 程序如图 4－20 所示。

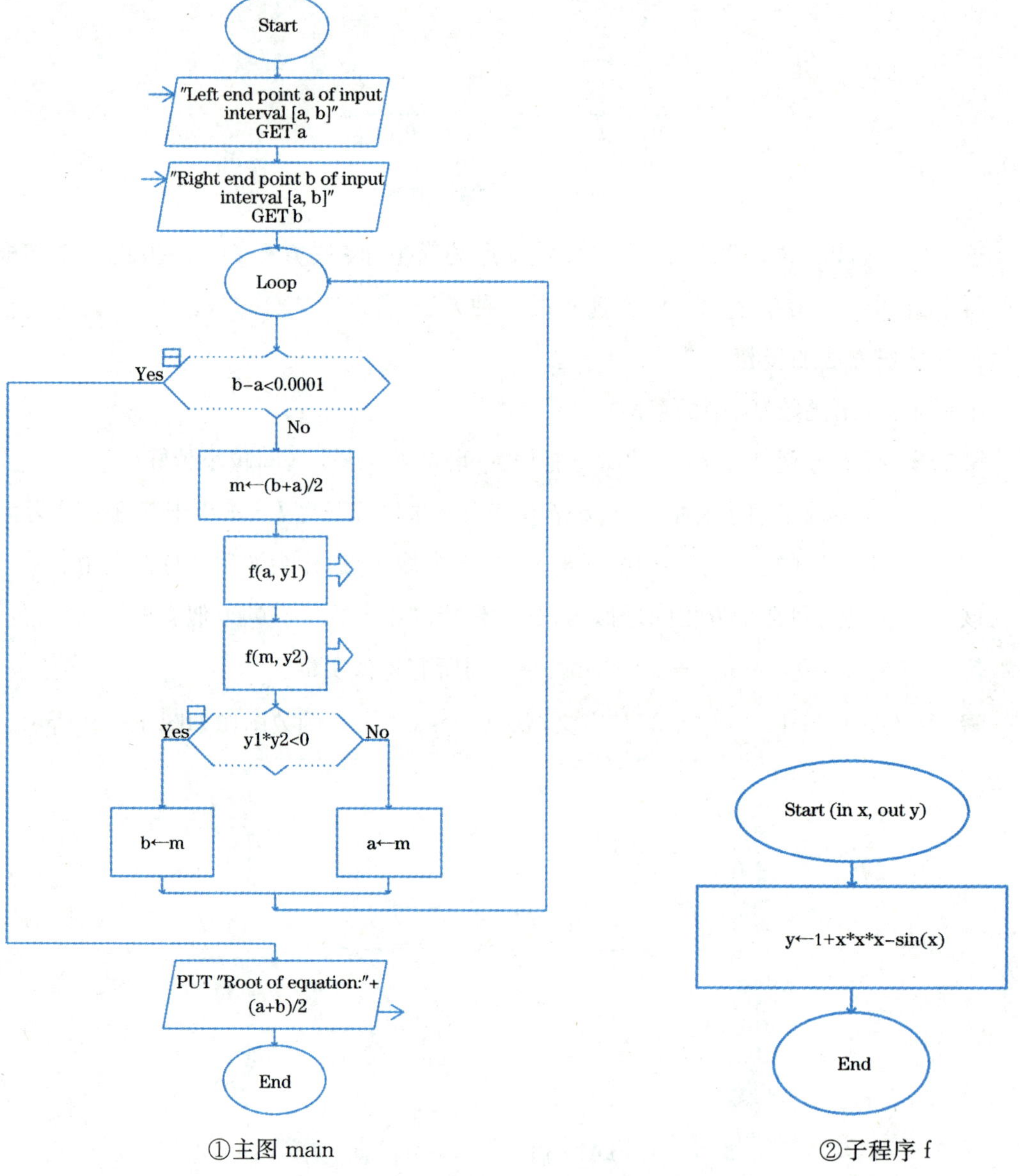

①主图 main　　②子程序 f

图 4－20　例 4－19 程序

程序运行结果如图 4-21 所示。

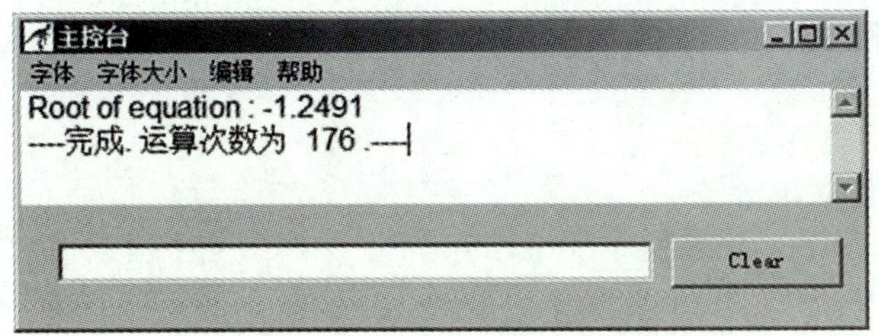

图 4-21　例 4-19 程序运行结果

该方程的实根是：-1.249052148501194697664988640621 9…

可以看出，二分求根方法非常有效。

4.4　贪心算法

贪心算法是一种简单、直接、高效的解题策略。它在解决很多实际问题时通常能得到整体最优解，即使得不到整体最优解，但可以得到次最优解。

4.4.1　贪心算法基本思想

1）基本思想

将问题分成若干个相互独立的阶段，从第一个阶段开始，在每一个阶段都根据贪心策略来作出当前最优的选择，直到最后一个阶段解决为止。

2）特点

能用贪心算法解决的问题一般具有以下特征：

①最优子结构性质。原问题的最优解一定包含其子问题的最优解。

②贪心选择性质。问题的整体最优解可以通过一系列的局部最优选择获得，即通过一系列的局部最优选择使得最终的选择方案是全局最优的。

4.4.2　贪心算法设计

1）设计思路

贪心算法解决问题的过程分为三步：分解、解决和合并。

步骤 1：分解。将原问题分解为若干个相互独立的阶段。

步骤 2：解决。对于每个阶段依据贪心策略进行贪心选择，求出局部最优解。

步骤 3：合并。将各个阶段的解合并为原问题的一个解。

2）优缺点

优点是分解、解决比较容易，贪心策略也比较好找。缺点是每个阶段的选择一旦作出就不可更改。

4.4.3 贪心算法应用举例

例 4-20 会场安排问题。

解：(1)问题描述

设有 n 个会议的集合 $C=\{1,2,\cdots,n\}$，这些会议都要使用同一个会议室，在某一时刻只能有一个会议可以使用会议室。每个会议 i 都有要求使用该会议室的起始时间 b_i 和结束时间 e_i，且 $b_i<e_i$(即每个会议的开始时间都在结束时间前面，如 14:35<15:30)。如果选择了会议 i，则它在时间$[b_i,e_i)$内占用会议室。

如果$[b_i,e_i)$与$[b_j,e_j)$不相交，即 $b_j\geqslant e_i$ 或 $b_i\geqslant e_j$，则称会议 i 与会议 j 是相容的。

会场安排问题要求在所给的会议集合中选出最大的相容活动子集，即尽可能多地安排会议。

(2)贪心策略

容易想到下面三个策略：

①选择开始时间最早且不与已安排会议重叠的会议。缺点是：如果结束最晚，则只能安排这一个会议。

②选择使用时间最短且不与已安排会议重叠的会议。缺点是：如果开始最迟，则只能安排这一个会议。

③综合上述两个策略，自然会想到：选择结束时间和开始时间都最早且不与已安排会议重叠的会议。为此，我们按结束时间(第一关键字)最早和开始时间(第二关键字)最早对所有需要安排的会议进行排序。

(3)算法设计

依据贪心策略(3)。

步骤 1：初始化。开始时间存储在数组 B[ ]中；结束时间存储在数组 E[ ]中，且按照结束时间递增排序；数组 A[ ]存储解，如果会议 i 在A[ ]中，当且仅当 A[i]=true。

步骤 2：根据贪心策略(3)，令 A[1]=true。

步骤 3：依次扫描每一个会议，如果会议 i 的开始时间大于等于最后一个选入A[ ]中的会议的结束时间，则将会议 i 加入 A[ ]中；否则放弃，继续检查下一个会议与选入A[ ]中的最后一个会议的相容性。

(4)示例

设有 11 个会议等待安排，用贪心算法找出满足要求的会议集合。将这些会议按结束时间最早排列，如表 4-1 所示。

表 4-1　会议的开始与结束时间表

会议i	1	2	3	4	5	6	7	8	9	10	11
开始时间b_i	1	3	0	5	3	5	6	8	8	2	12
结束时间e_i	4	5	6	7	8	9	10	11	12	13	14

依据贪心策略(3),会议集合为{1,4,8,11}。

(5) Raptor 程序

Raptor 程序如图 4-22 所示。

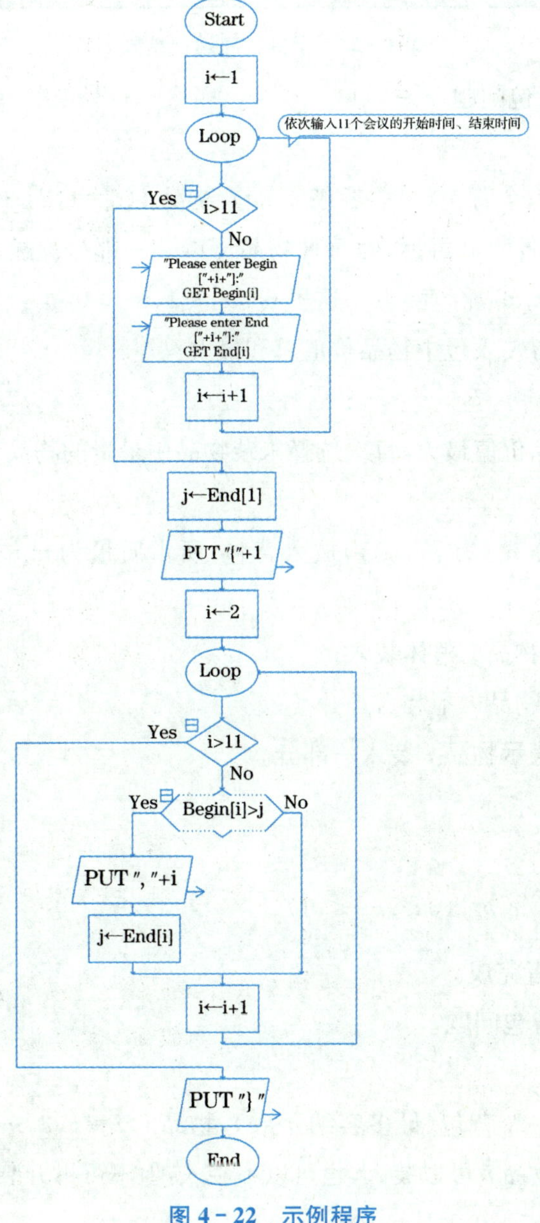

图 4-22　示例程序

(6)程序运行结果

程序运行结果如图 4-23 所示。

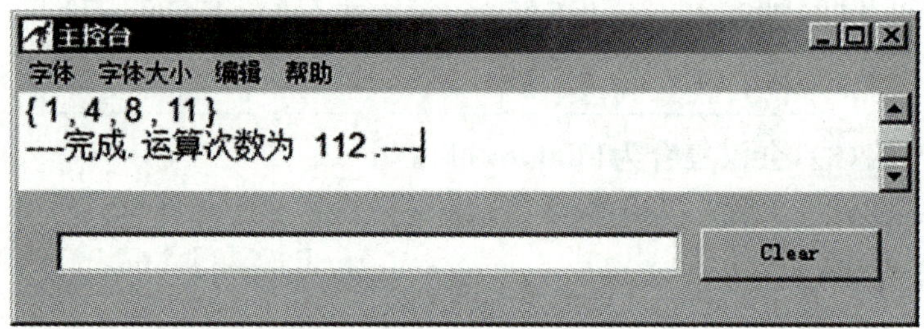

图 4-23　示例程序运行结果

例 4-21　可拆背包问题。

解:(1)问题描述

已知 n 种物品和一个背包(最多容纳 c kg),物品 $i(i=1,2,\cdots,n)$的质量为 w_i kg、价值 p_i 元。装包时每件物品可拆,即每种物品可以装一部分。显然物品 i 的一部分 x_i 放入背包所占质量为 x_iw_i,价值 x_ip_i,这里 $0\leqslant x_i\leqslant 1, w_i>0, p_i>0$。

问:如何装包,使得装入包中物品价值总和最大?

(2)贪心策略

要使装入包中物品价值最大,每次选择未装物品中最贵的物品装包,直至把包装满。

(3)算法设计

设物品 i 的一部分 $x_i(0\leqslant x_i\leqslant 1)$放入背包,所占质量为 x_iw_i,价值 x_ip_i。由 $0\leqslant x_i\leqslant 1$ 可知:

当 $x_i=1$ 时,表示物品 i 整体装入;

当 $x_i=0$ 时,表示物品 i 不装入;

当 $0<x_i<1$ 时,表示物品 i 装入一部分。

约束条件:$\sum_{i=1}^{n} x_iw_i \leqslant c$。

目标函数:$\max\sum_{i=1}^{n} x_ip_i \quad (0\leqslant x_i\leqslant 1)$。

Raptor 程序请读者完成。

例 4-22　0—1 背包问题。

解:(1)问题描述

已知 n 种物品和一个背包(最多容纳 c kg),物品 $i(i=1,2,\cdots,n)$的质量为 w_i kg、价值 p_i 元。装包时,物品 i 可以装入,也可以不装入,但不可拆开装。即装入背包中物品 i 价值为 x_ip_i,这里 $x_i\in\{0,1\}, c>0, w_i>0, p_i>0$。

问:如何装包,使得装入包中物品价值总和最大?

(2)贪心策略

装入包中物品重量总和有限制,为使总价值最大,确定按物品的贵重程度来选择装包。这就是说,首先对 n 件物品按贵重程度从大到小排序,然后按贵重程度从大到小一件件地装包,以达到总价值局部最优。

(3)算法设计

用 cw 表示背包剩余容量,当物品 i 重量超过背包剩余容量($w_i>cw$)时,不装物品 i,继续将剩下的物品($j=i+1,i+2,\cdots,n$)按贵重程度一件件比较:

若 $w_j\leqslant cw$,则第 j 件物品装包;

背包剩余容量 cw 改为 $cw-w_j$ 后,再继续往下比较,直到背包已装满或 $j=n$ 为止。

(4)示例

已知 6 种物品和一个载重量为 60 的背包,物品 $i(i=1,2,\cdots,6)$的重量分别为(15,17,20,12,9,14),价值分别为(32,37,46,26,21,30)。在装包时,每一件物品可以装,也可以不装,但不可拆开装。试确定如何装包,使装入背包中的物品总价值最大?

容易想到以下三种贪心选择策略:

①按物品价值从高到低选择。

物品价值从高到低排序为(46,37,32,30,26,21),对应的物品重量是(20,17,15,14,12,9)。因背包的载重量为 60,即选择重量是(20,17,15)的物品装包,装入背包中的物品总价值是:46+37+32=115。

②按物品的单价从高到低选择。

物品单价从高到低排序为(21,46,37,26,30,32),对应的物品重量是(9,20,17,12,14,15)。因背包的载重量为 60,即选择重量是(9,20,17,12)的物品装包,装入背包中的物品总价值是:21+46+37+26=130。

③按物品重量从小到大选择。

物品重量从小到大排序为(9,12,14,15,17,20),对应的物品价值是(21,26,30,32,37,46),因背包的载重量为 60,即选择重量是(9,12,14,15)的物品装包,装入背包中的物品总价值是:21+26+30+32=109。

从上面的分析可以看出贪心选择策略(2)较好。

需要说明的是,用贪心算法解决 0-1 背包问题时,找到的往往不是最优解,而是次最优解。实际上,该问题的最优解是:选择第 2、3、5、6 种物品装包。此时装入背包中的物品总重量是:17+20+9+14=60,总价值是:37+46+21+30=134。

(5) Raptor 程序

Raptor 程序如图 4-24 所示。

Start
输入物品数量n
"Enter the number of items:" GET n
输入背包容量c
"Enter backpack capacity:" GET c
i←1
Loop
输入每件物品的重量w[ ]和价值p[ ]
i>n
Yes
No
"Enter the weight of item "+i+" : " GET w[i]
"Enter the value of item "+i+" : " GET p[i]
i←i+1
i←1
Loop
物品按单价从大到小排序
i>n−1
j←i+1
Loop
j>n
p[i]*w[j]<p[j]*w[i]
h←p[i]
p[i]←p[j]
p[j]←h
h←w[i]
w[i]←w[j]
w[j]←h
j←j+1
i←i+1
①
cw←c
s←0
PUT "Packing of the following items:"
PUT "Item weight Item value"
i←1
Loop
装包
i>n or w[i]>cw
cw←cw−w[i]
s←s+p[i]
PUT " "+w[i]+" "+p[i]
i←i+1
j←i+1
Loop
装包
j>n
w[j]<cw
cw←cw−w[j]
s←s+p[j]
PUT " "+w[j]+" "+p[j]
j←j+1
y←c−cw
PUT " The total weight of the packed items is: "+y+", The total value is:" +s
End

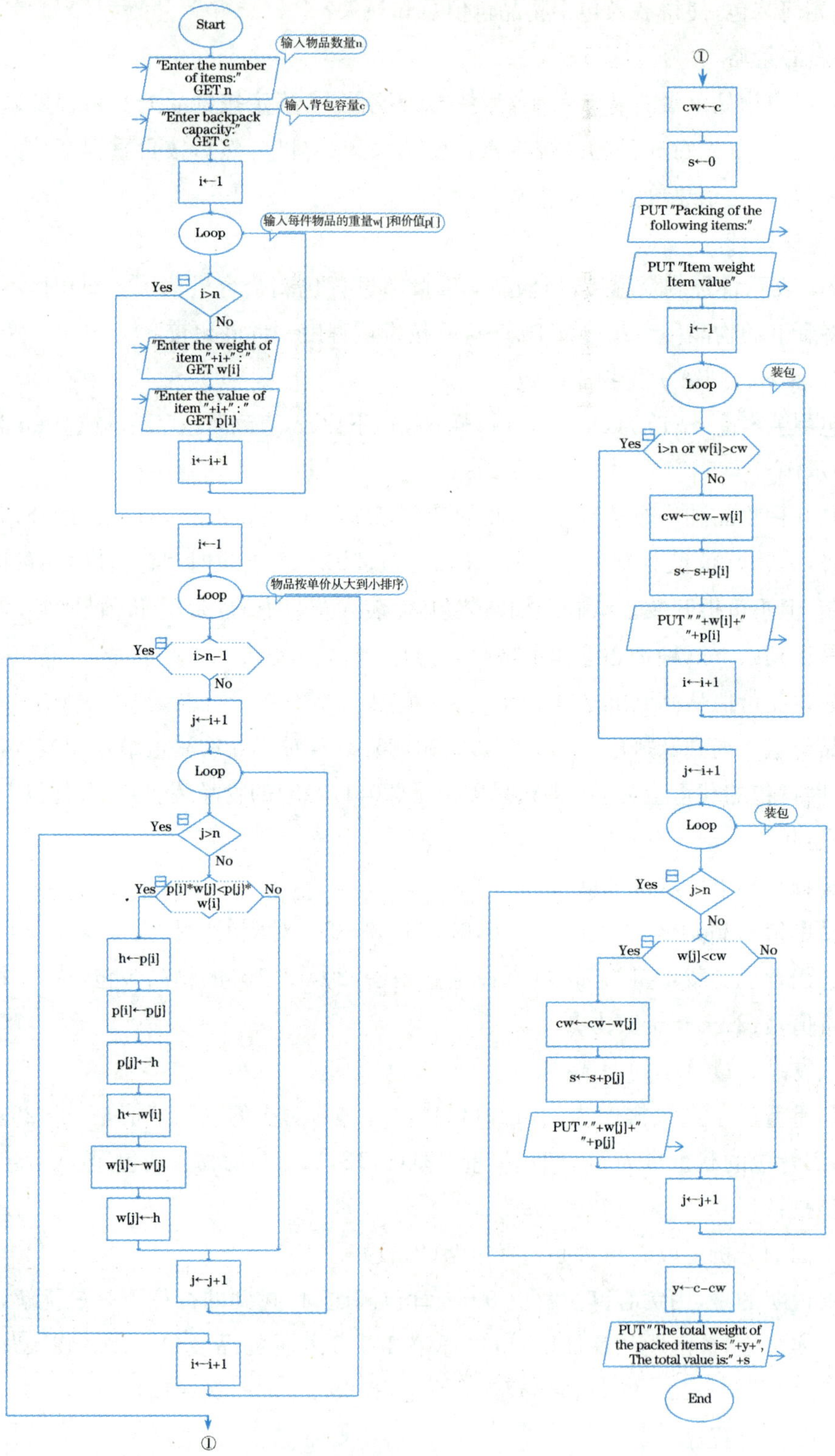

图 4－24　示例程序

(6)程序运行结果

程序运行结果如图 4－25 所示。

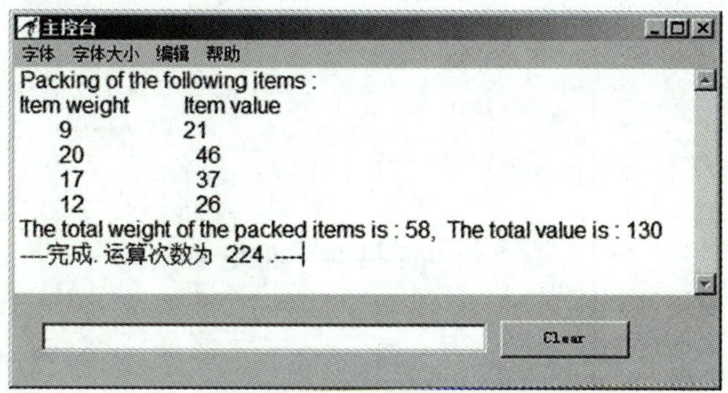

图 4－25　示例程序运行结果

例 4－23　删数字问题。

解:(1)问题描述

在给定的 n 位正整数 m 中,删除其中 $k(k<n)$ 个数字后,剩下的数字按原顺序组成一个新的正整数。请确定删除方案,使得新的正整数最大。

例如,在正整数 79502867154829179316 中删除 7 个数字后,所得最大整数为多少?

(2)贪心策略

每次删除一个数字,选择一个"使剩下的数最大"的数字作为删除对象。

(3)算法设计

当 $k=1$ 时,在 n 位正整数中,删除哪一个数字能达到最大?从左到右每相邻的两个数字比较:

若出现增,即左边数字小于右边数字,则删除左边的小数字;

若不出现增,即所有数字全部降序或相等,则删除最右边的小数字。

(4)示例

在 20 位数 79502867154829179316 中,删除一个数字,使剩下的 19 位数最大,如何删?

要使删除一个数字后的 19 位数最大,须首位数字最大。

原数的首位数字"7"与第二位数字"9"比较,因 7<9,为增,删首位数字"7"后最高位变为"9";若不删首位数字"7"而删其余数字,则最高位还是"7"。显然删首位数字"7",使剩下的 19 位数 9502867154829179316 最大。

(5)Raptor 程序

Raptor 程序如图 4－26 所示。

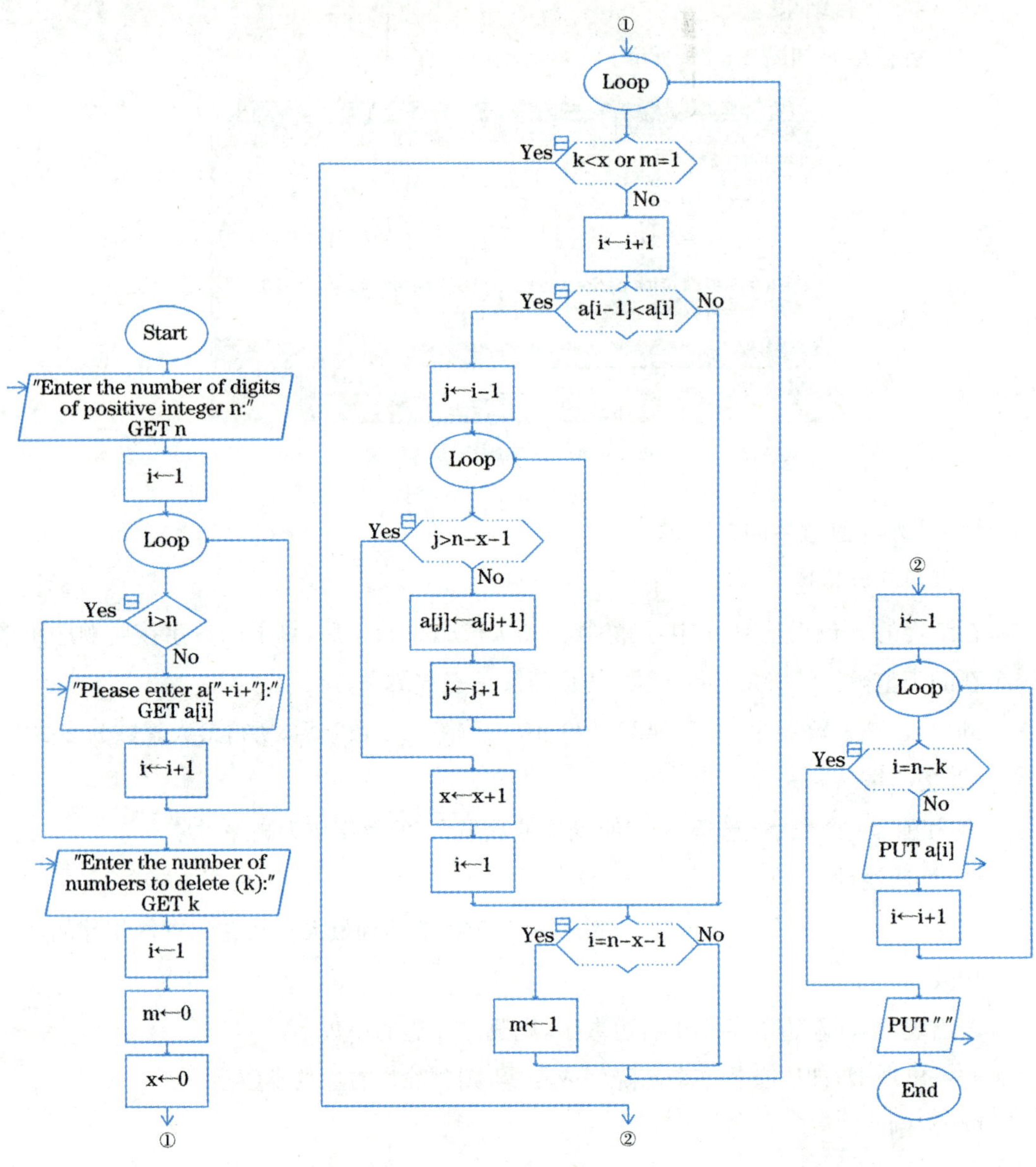

图 4-26　例 4-23 程序

(6)程序运行结果

程序运行时,如果输入的 n 的值是 20,m 是 79502867154829179316,k 是 7,则程序运行结果如图 4-27 所示。

图 4-27　例 4-23 程序运行结果

4.5　排序算法

将前后大小无规律的一组数据，通过某种方法，使这组数据按从小到大或从大到小排列的过程叫排序。实现排序的方法叫排序算法。

4.5.1　常见排序算法

排序的方法有很多种，按所采用的策略，可分为：交换排序、插入排序、选择排序和合并排序等。

交换排序主要包括冒泡排序和快速排序；插入排序主要包括直接插入排序和希尔排序；选择排序主要包括直接选择排序和堆排序。

4.5.2　排序算法稳定性

如果待排序的数据组中存在多个相同的数据，经过排序后，这些相同的数据相对顺序保持不变，即在原数据组中，$r_i=r_j$，且 r_i 在 r_j 的左边，在排好序的序列中，r_i 仍在 r_j 的左边，则称这种排序算法是稳定的，否则称为是不稳定的排序。

冒泡排序、直接插入排序属于稳定排序，快速排序、希尔排序、直接选择排序、堆排序属于不稳定排序。

4.5.3　冒泡排序

1) 冒泡排序思想

从上往下，比较相邻的两个数，将小的调到上面，大的放在下面。如此下去，最后剩下一个数为止。

2）冒泡排序设计

这里以数列{9,8,5,4,2,0}为例，介绍用冒泡排序法将其元素按从小到大进行排序的过程。

第一趟比较交换情况，如图 4－28 所示。

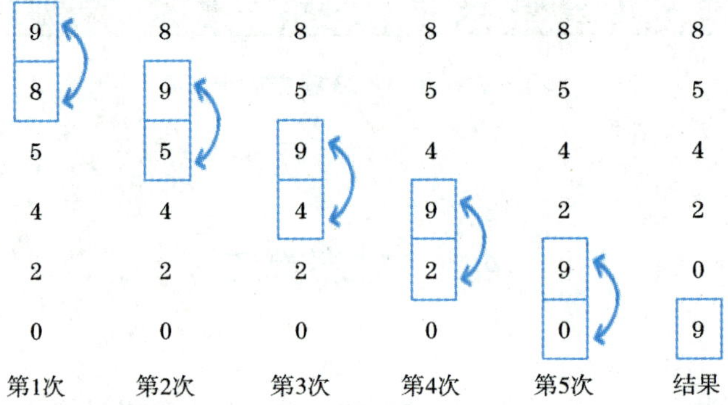

图 4－28 冒泡排序法第一趟比较交换情况

第一趟共进行 5 次比较：第 1 次比较 9 和 8，第 2 次比较 9 和 5，第 3 次比较 9 和 4，第 4 次比较 9 和 2，第 5 次比较 9 和 0。可以看到：最大的数 9 已“沉底”，最大的数到了该到的位置。

第二趟只需对上面的 5 个数按同样方法进行处理，比较交换情况如图 4－29 所示。

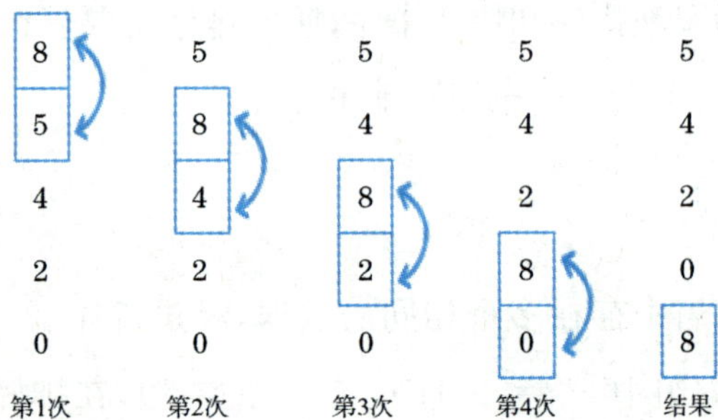

图 4－29 冒泡排序法第二趟比较交换情况

如此下去，经过 4 趟比较交换即可实现从小到大排序。

思考：上述“从上往下比较相邻两个数”做法，每一趟都能将最大的数沉到底。如果想把最小的数浮到最上面，应该怎么做呢？

3）冒泡排序程序示例

例 4－24 用冒泡排序法，将数列{9,8,5,4,2,0}的元素从小到大进行排序。

解：① Raptor 程序如图 4－30 所示。

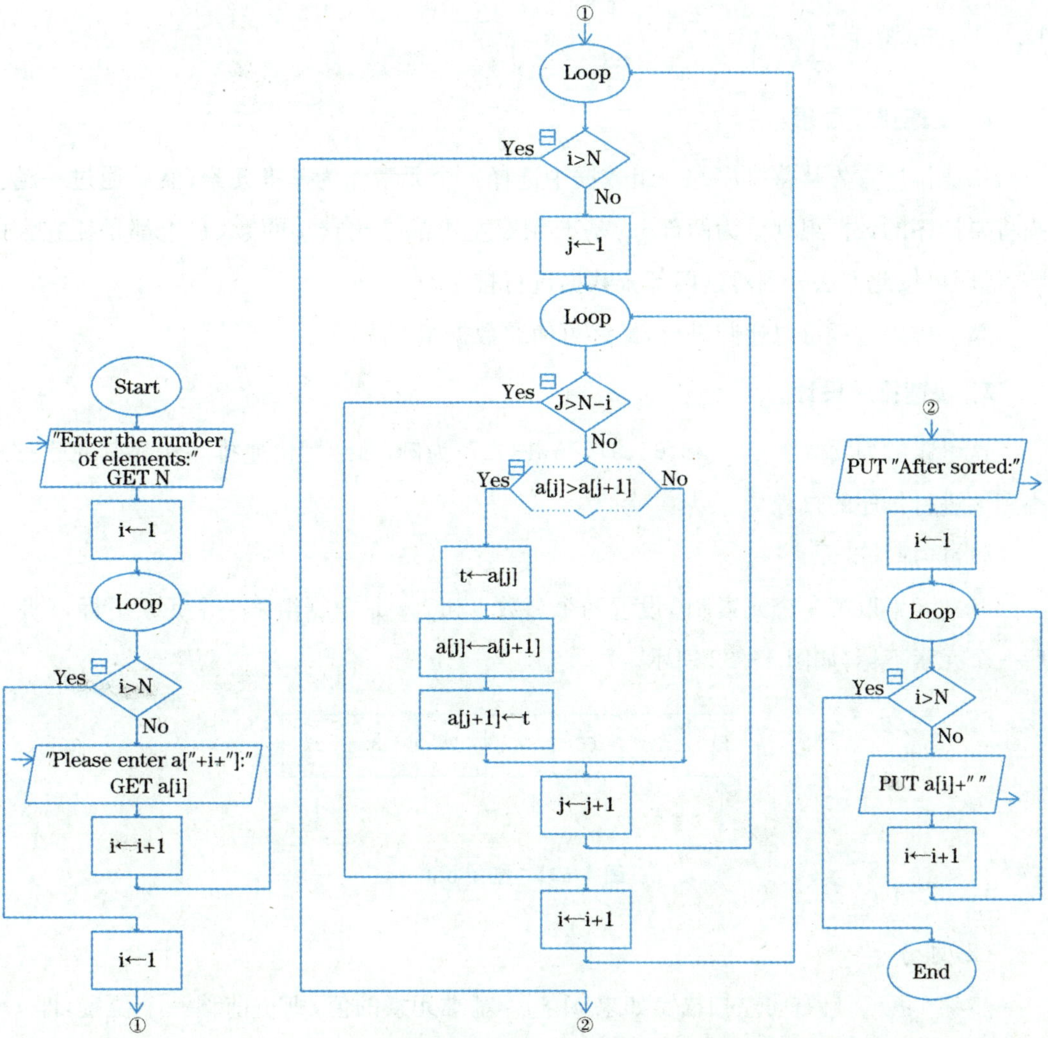

Start
"Enter the number of elements:"
GET N
i←1
Loop
i>N
Yes
No
"Please enter a["+i+"]:"
GET a[i]
i←i+1
i←1
①

①
Loop
i>N
Yes
No
j←1
Loop
J>N−i
Yes
No
a[j]>a[j+1]
Yes
No
t←a[j]
a[j]←a[j+1]
a[j+1]←t
j←j+1
i←i+1
②

②
PUT "After sorted:"
i←1
Loop
i>N
Yes
No
PUT a[i]+" "
i←i+1
End

图 4-30　例 4-24 程序

②程序运行结果如图 4-31 所示。

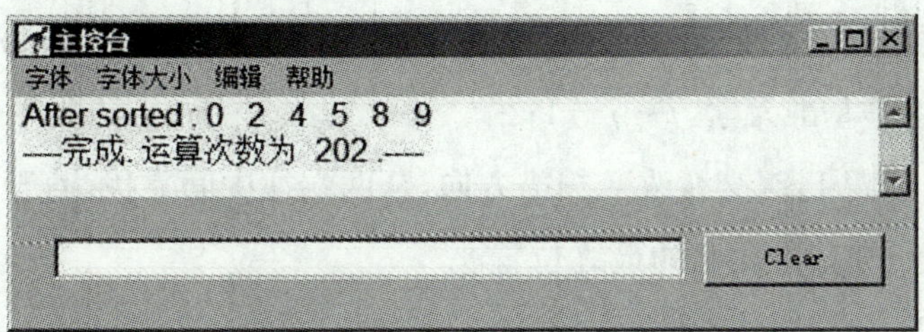

图 4-31　例 4-24 程序运行结果

4.5.4 快速排序

1) 快速排序思想

快速排序首先从待排序的一组数据中选择一个元素作为基准元素；然后通过一趟扫描将要排序的数据组划分为两部分：基准元素左边都是比它小的数，右边都是比它大的数；最后再按此方法分别对这两部分数据进行排序。

整个排序过程可以递归进行，最终可使原数据组有序。

2) 快速排序设计

这里以数列 $a[\ ]=\{49,38,65,97,76,13,27\}$ 为例，介绍用快速排序法将其元素按从小到大进行排序的过程。

(1)选择基准元素

基准元素取第一个元素 49，设置两个参数 i 和 j，i 是数据组第一个元素下标，j 是最后一个元素下标，如图 4－32 所示。

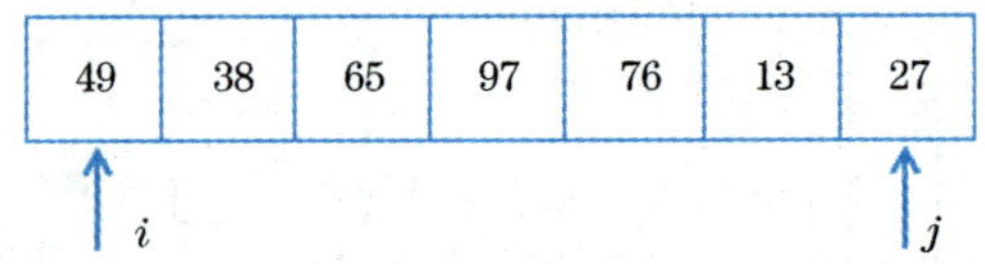

图 4－32　初始状态

(2)划分

步骤 1：令 j 自右向左扫描。如果 $a[j]>$基准元素的值，则 j 前移一个位置，即 $j\leftarrow j-1$。重复该过程，直至找到第 1 个小于基准元素的元素 $a[j]$，将 $a[j]$与 $a[i]$进行交换，交换后 $a[j]$就是基准元素，$i\leftarrow i+1$；

步骤 2：令 i 自左向右扫描。如果 $a[i]\leqslant$基准元素的值，则 i 后移一个位置，即 $i\leftarrow i+1$。重复该过程，直至找到第 1 个大于基准元素的元素 $a[i]$，将 $a[j]$与 $a[i]$进行交换，交换后 $a[i]$就是基准元素，$j\leftarrow j-1$；

步骤 3：重复步骤 1、2，交替改变扫描方向，从两端往中间靠拢，直至 $i=j$。此时 i 和 j 指向同一个位置，即基准元素的最终位置。

整个划分过程如图 4－33 所示。

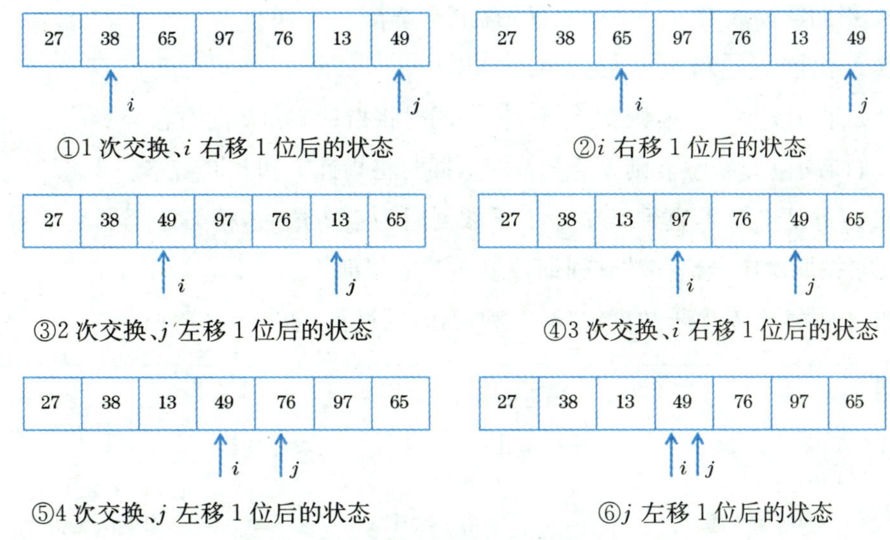

图 4-33 快速排序划分过程

(3)对两个子数据组排序

过程(1)、(2)找到了基准元素 49 的位置，其左边是由比它小的数组成的子数据组{27,38,13}，右边是由比它大的数组成的子数据组{76,97,65}。用同样的办法处理这两个子数据组，就可实现原数据组的排序。

说明：在 Raptor 语言中，用递归实现快速排序比较麻烦，用其他高级语言要简单得多，等读者学习了 Python 语言或 C 语言后，可以再来编写程序。

4.5.5 合并排序

1) 合并排序思想

合并排序首先把待排序的一组数据分解为元素个数大致相等的两个子数据组；然后再按此方法对这两个子数据组分别进行排序；最后将两个有序数据组合并成一个新的有序数据组。

整个排序过程可以递归进行，最终可使原数据组有序。

合并排序是采用分治策略实现排序的算法。

2) 合并排序设计

合并排序的关键在于如何将两个已排好序的子数据组合并成一个有序的数据组。一般情况下，在合并过程中会破坏原来的数据组，因此，不要用原来的数据组存放合并后的有序数据组，应该借助另一个辅助数组 b[ ]来存放。

合并两个有序子数据组的具体步骤如下：

步骤 1：设置三个指针变量 i，j，k。其中，i 和 j 指示两个待排序序列中当前需比较的元素，k 指向辅助数组 $b[\ ]$ 中待放置元素的位置。

步骤 2：比较 $a[i]$ 和 $a[j]$ 的大小：

如果 $a[i] \leqslant a[j]$，则 $b[k] \leftarrow a[i]$，同时将指针 i 和 k 向右移一步；

如果 $a[i] > a[j]$，则 $b[k] \leftarrow a[j]$，同时将指针 j 和 k 向右移一步。

步骤 3：重复步骤 2，直到其中一个子数据组为空。最后，将另一个非空子数据组中的剩余元素按原次序全部存放到辅助数组 $b[\ ]$ 的尾部。

例如，合并两个有序子数据组{3,8}和{2,9}的过程，如图 4－34 所示。

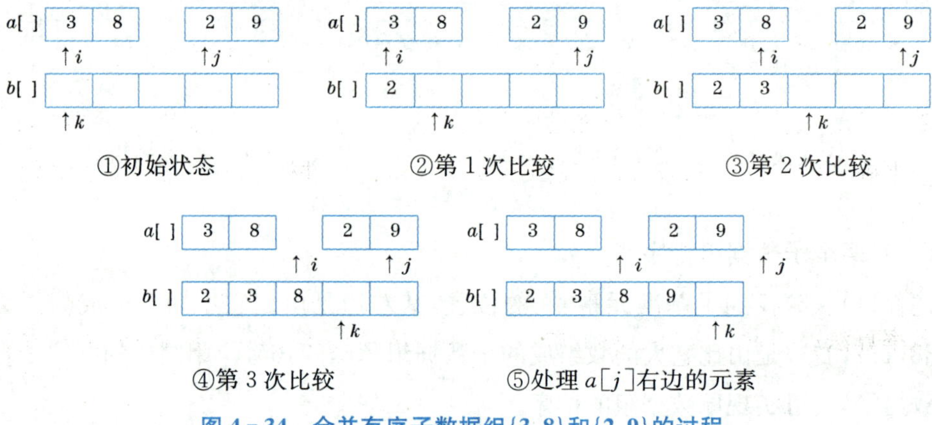

图 4－34　合并有序子数据组{3,8}和{2,9}的过程

例 4－25　用合并排序法，对数列{8,3,2,9,7,1,5,4}的元素进行从小到大的排序。

解：过程如图 4－35 所示。

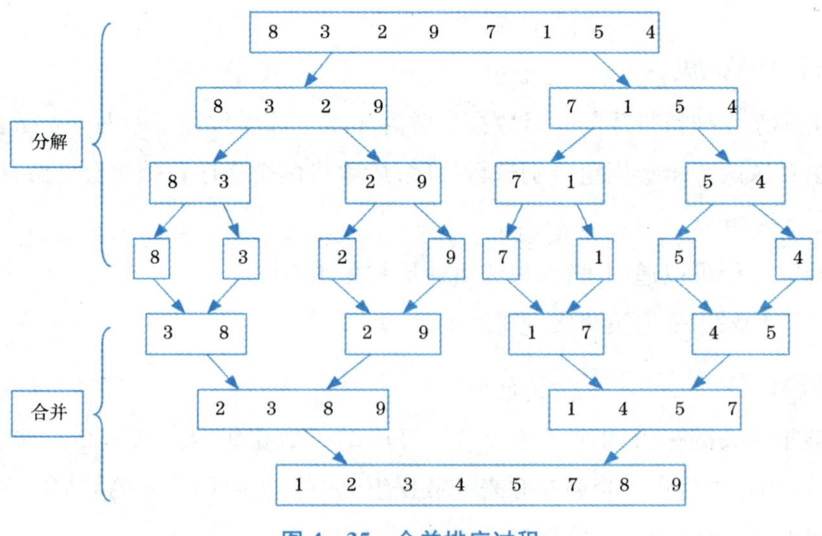

图 4－35　合并排序过程

说明：在 Raptor 语言中，用递归实现合并排序比较麻烦，用其他高级语言要简单得多，等读者学习了 Python 语言或 C 语言后，可以再来编写程序。

4.6 概率算法

概率算法是利用随机事件的概率来解决问题，样本数越大，概率的精确值和近似值之间的误差就越小。概率算法需要利用计算机语言提供的随机函数。

4.6.1 概率算法基本思想

1）基本思想

概率是度量随机事件发生可能性的数值，随机事件的概率是通过长期观察或大量重复试验来确定的，是一个确定值。我们可以利用随机事件概率的精确值与近似值近似相等来解决问题。

2）特点

概率算法所得到的解都是近似解，近似解的精度随计算时间的增加不断提高。

4.6.2 概率算法设计

1）设计思路

概率算法解决问题的过程分为两步：建立概率模型、求概率的精确值和近似值。

步骤1：建立概率模型。将要求解的问题转换成一个概率问题。

步骤2：求概率的精确值和近似值。概率的精确值可通过确定性算法计算，概率的近似值可通过随机试验计算。

2）优缺点

优点是直观。缺点是概率模型不太容易建立，每次计算结果是不确定的。

4.6.3 概率算法应用举例

例4-26 计算圆周率 π 的近似值。

解：(1)概率算法设计

将 n 个点随机投入一个正方形内，设落入此正方形内切圆(半径为 r)中点的数目为 m，如图4-36所示。

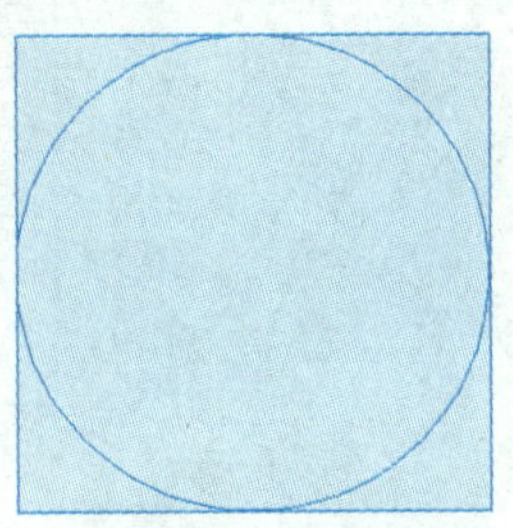

图4-36 正方形内切圆

由概率论可知：随机点落入圆内的概率精确值为：$\frac{\pi r^2}{4r^2}=\frac{\pi}{4}$。

而随机点落入圆内的概率近似值为：$\frac{m}{n}$。

当 n 非常大时，有：$\frac{\pi}{4} \approx \frac{m}{n}$，即 $\pi \approx 4\frac{m}{n}$。

在编程时，只取第一象限部分，且 r 取为 1，建立直角坐标系，如图 4－37 所示。

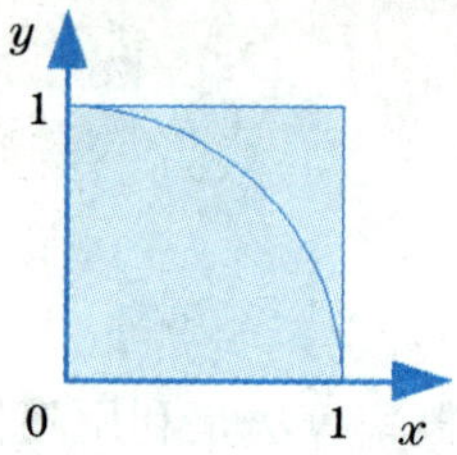

图 4－37　第一象限部分

(2) Raptor 程序

Raptor 程序如图 4－38 所示。

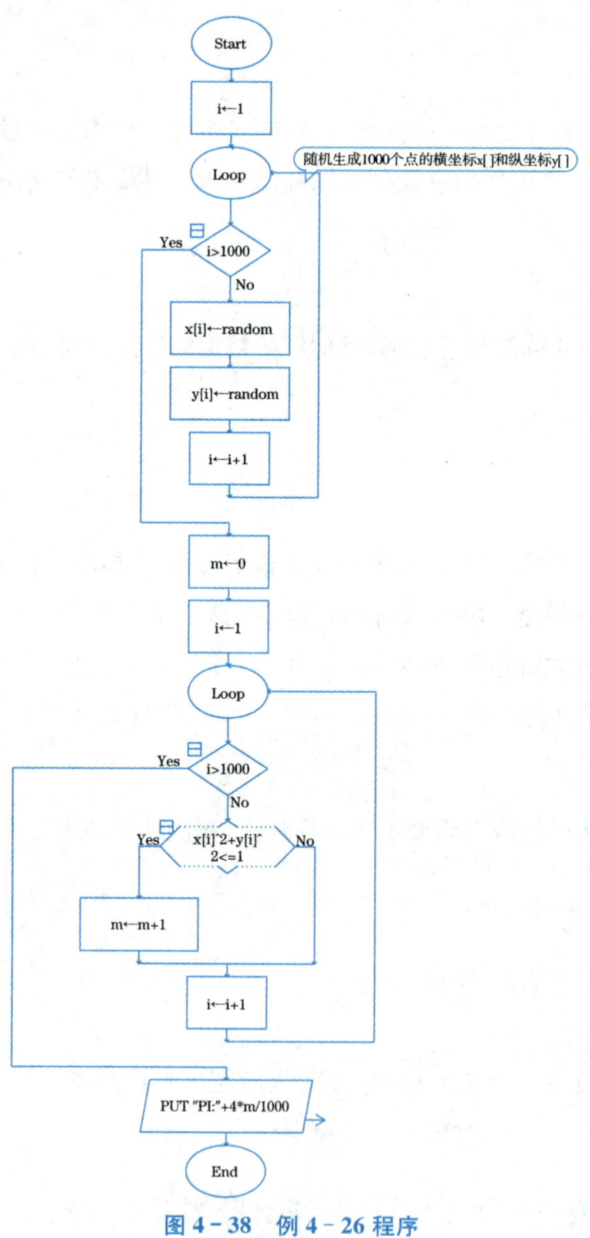

图 4－38　例 4－26 程序

程序运行结果如图 4-39 所示。

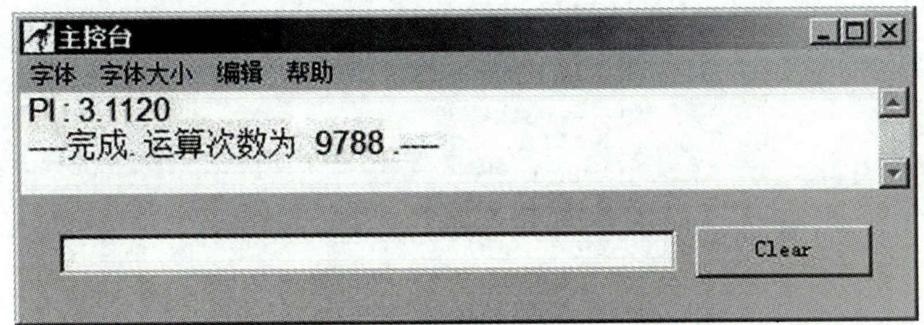

图 4-39 例 4-26 程序运行结果

例 4-27 计算定积分的近似值。

解:设 $f(x)$是$[0,1]$上的连续函数且 $0\leqslant f(x)\leqslant 1$,计算定积分 $I=\int_0^1 f(x)\mathrm{d}x$。

由定积分几何意义知:I 的值等于图 4-40 中阴影区域 G 的面积。

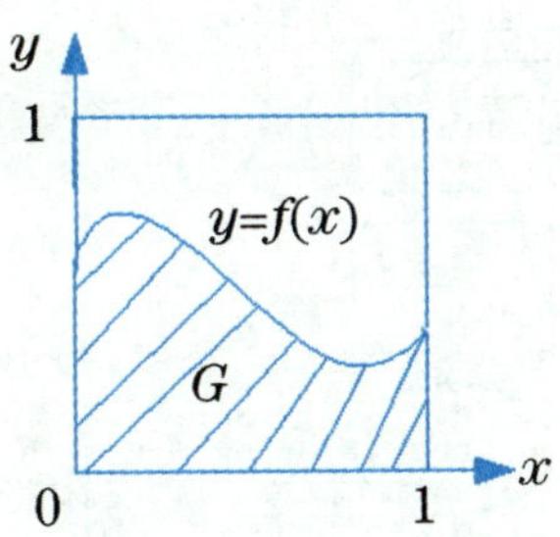

图 4-40 定积分 $I=\int_0^1 f(x)\mathrm{d}x$ 几何意义

假设向单位正方形内随机投入 n 个点,如果有 m 个点落入 G 内,则 I 近似等于随机点落入 G 内的概率,即 $I\approx\frac{m}{n}$。

计算定积分 $I=\int_0^1 (0.9x^2+0.05)\mathrm{d}x$ 的 Raptor 程序如图 4-41 所示。

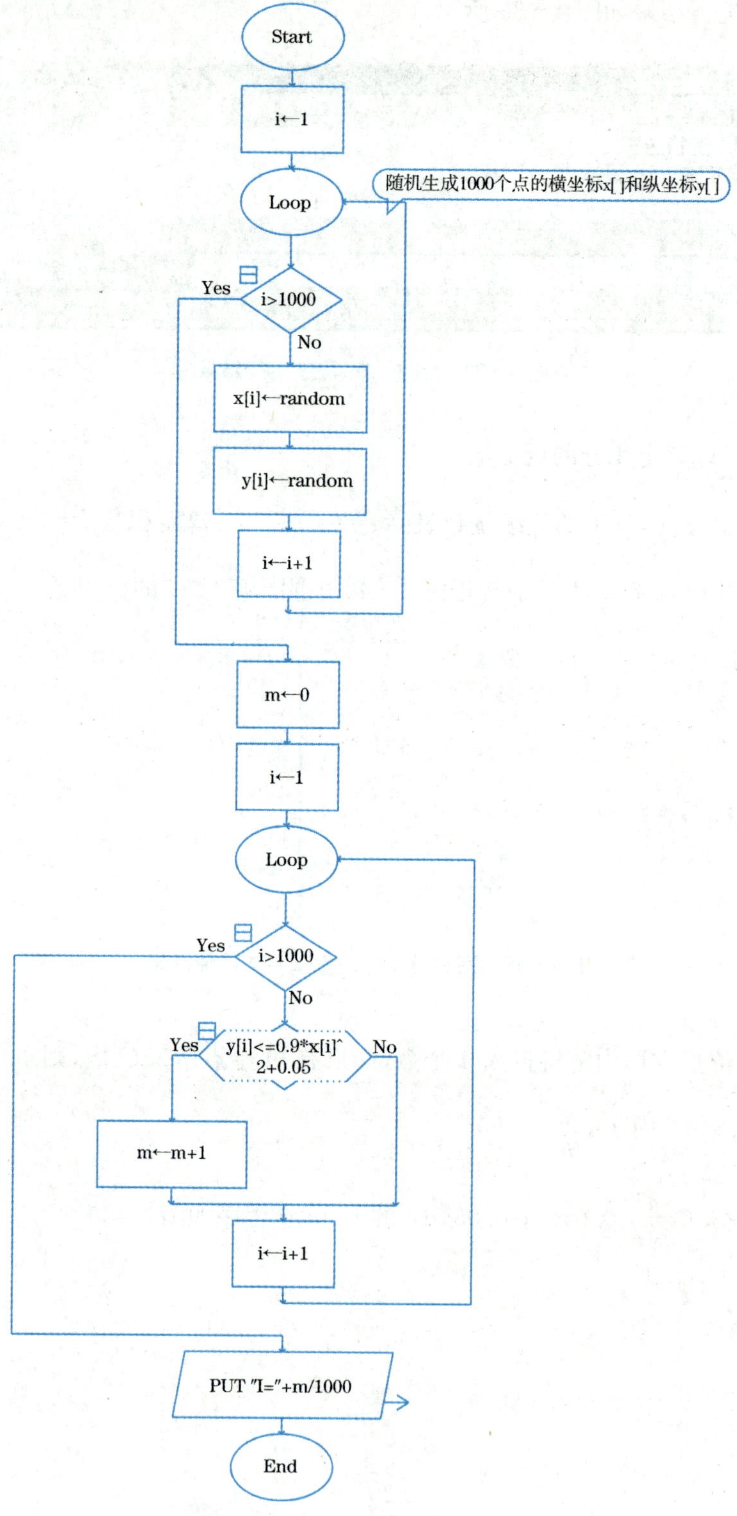

图 4-41　计算定积分 $I=\int_0^1(0.9x^2+0.05)\mathrm{d}x$ 程序

程序运行结果如图 4-42 所示。

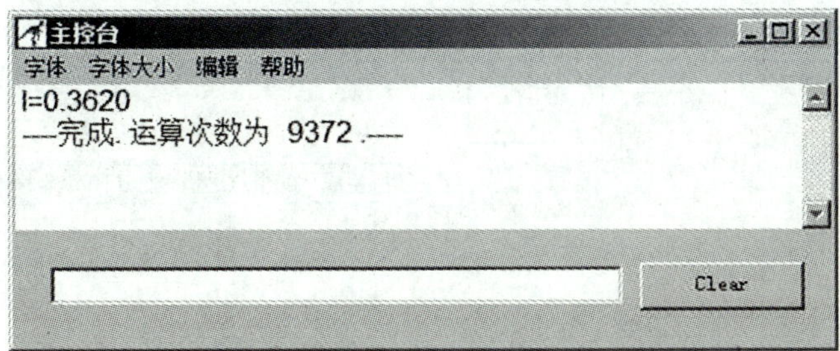

图 4-42　计算定积分 $I=\int_0^1(0.9x^2+0.05)\mathrm{d}x$ 程序运行结果

由牛顿莱布尼茨(Newton-Leibniz)公式，可算出该定积分的精确值是：

$$I=\int_0^1(0.9x^2+0.05)\mathrm{d}x=\left(\frac{1}{3}\times 0.9x^3+0.05x\right)\Big|_0^1=0.3+0.05=0.35$$

思考：当积分区间不是[0,1]、被积函数不满足 $f(x)\leqslant 1$(但满足 $f(x)\geqslant 0$)时，如何计算定积分 $I=\int_a^b f(x)\mathrm{d}x$ 呢？如图 4-43 所示。

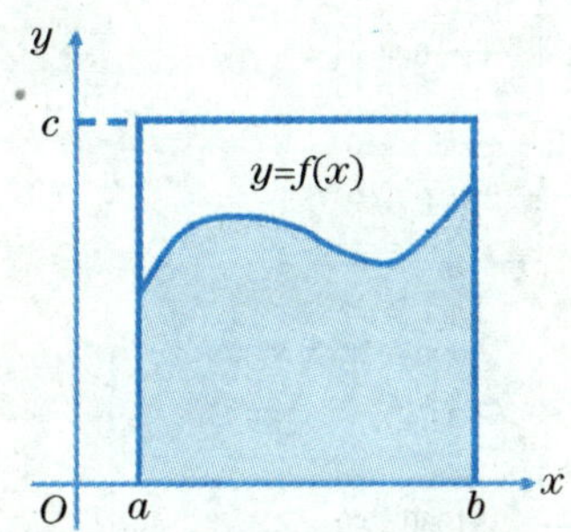

图 4-43　定积分 $I=\int_a^b f(x)\mathrm{d}x$ 几何意义

类似地，我们作一个包含曲边梯形的矩形，随机点落在曲边梯形内的概率近似值为 $\frac{m}{n}$，而精确值为 $\frac{I}{S}$(其中 S 为矩形面积)。当 n 非常大时，有：$\frac{I}{S}\approx\frac{m}{n}$，即 $I\approx S\,\frac{m}{n}=(b-a)c\,\frac{m}{n}$。

例 4-28　计算定积分 $I=\int_2^5(0.9x^2+0.05)\mathrm{d}x$。

解：因为当 $2\leqslant x\leqslant 5$ 时，$0\leqslant 0.9x^2+0.05\leqslant 23$，所以 c 可取 23。

计算公式为：$I\approx 3\times 23\times\frac{m}{n}$。

Raptor 程序如图 4-44 所示。

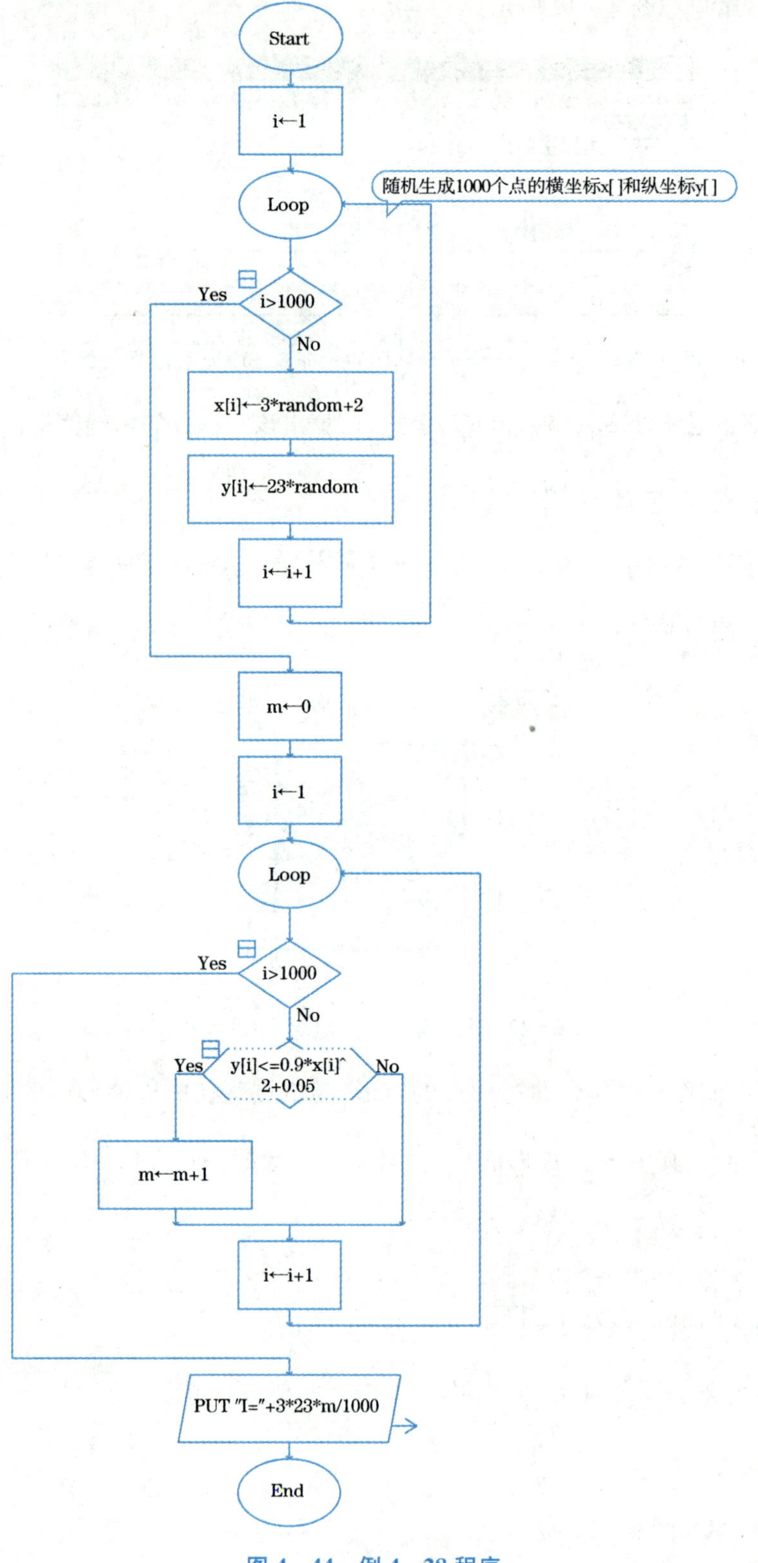
Start
i←1
Loop
随机生成1000个点的横坐标x[ ]和纵坐标y[ ]
Yes
i>1000
No
x[i]←3*random+2
y[i]←23*random
i←i+1
m←0
i←1
Loop
Yes
i>1000
No
Yes
y[i]<=0.9*x[i]^2+0.05
No
m←m+1
i←i+1
PUT "I="+3*23*m/1000
End

图 4-44　例 4-28 程序

程序运行结果如图 4－45 所示。

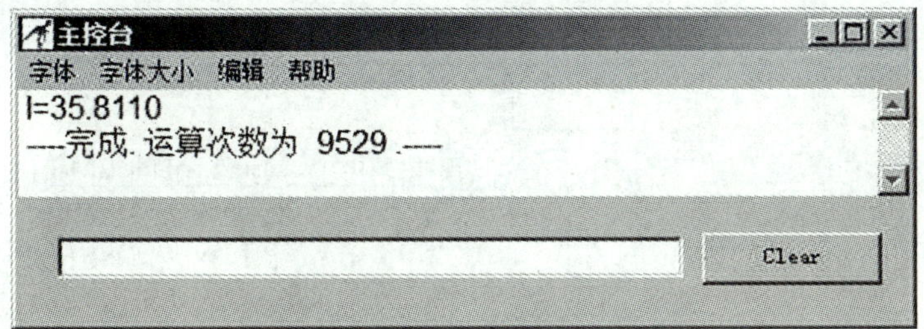

图 4－45　例 4－28 程序运行结果

例 4－29　计算无理数 e 的近似值。

解:因为 $\int_0^1 e^x \mathrm{d}x = e^x |_0^1 = e - 1$,所以有 $e = 1 + \int_0^1 e^x \mathrm{d}x$。

我们只要求出定积分 $\int_0^1 e^x \mathrm{d}x$ 的近似值,即可得无理数 e 的近似值。

为计算定积分 $\int_0^1 e^x \mathrm{d}x$ 的近似值,只需要向图 4－46 中的长方形内随机投点,统计落入曲边梯形(阴影部分)内点的个数。

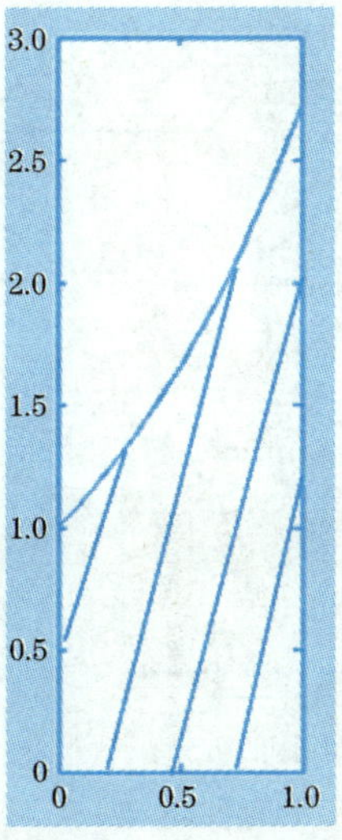

图 4－46　定积分 $\int_0^1 e^x \mathrm{d}x$ 的几何意义

Raptor 程序如图 4－47 所示。

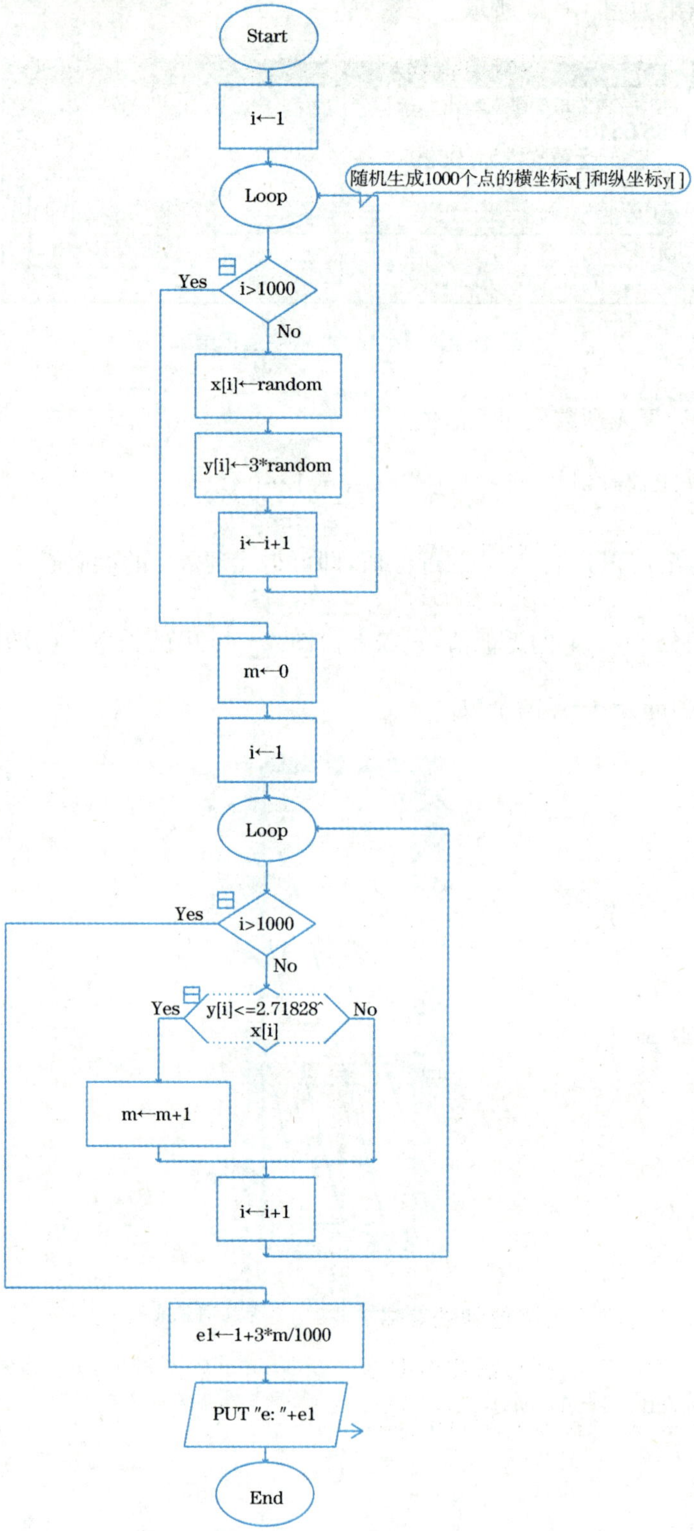

Start
i←1
Loop
随机生成1000个点的横坐标x[ ]和纵坐标y[ ]
i>1000
Yes
No
x[i]←random
y[i]←3*random
i←i+1
m←0
i←1
Loop
i>1000
Yes
No
y[i]<=2.71828^x[i]
Yes
No
m←m+1
i←i+1
e1←1+3*m/1000
PUT "e: "+e1
End

图 4－47　例 4－29 程序

程序运行结果如图 4-48 所示。

图 4-48　例 4-29 程序运行结果

4.7　模拟算法

本节介绍的模拟算法是模拟除法和乘法的竖式来设计解决问题的方法，竖式除模拟算法和竖式乘模拟算法能找到问题的精确解。

4.7.1　竖式除模拟算法

1）竖式除法

竖式除法如图 4-49 所示。

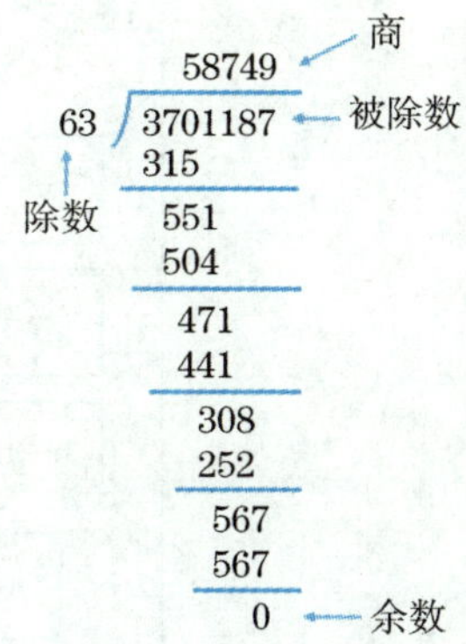

图 4-49　竖式除法

2）竖式除模拟算法思想

竖式除模拟是模拟整数逐位除的竖式计算过程，求解一些整数计算与判定问题。

在设计竖式除模拟算法时，需要根据参与运算的整数设置模拟量来模拟竖式除计算过程中数值的变化，并判定运算是否结束。

3）竖式除模拟算法设计

（1）竖式除模拟

在竖式除过程中，需要不断构造被除数，计算商和余数。

(2)实施模拟

根据问题设置循环,确定循环终止条件。

4) 竖式除模拟算法框架

第一步:输入“原始数据”
第二步:确定“初始量”
第三步:不断构造被除数 a,实施除运算:计算商 b 和余数 c,直到 c=0 为止
第四步:输出结果

5) 应用举例

例 4-30 对任意给定的正整数 p(约定 p 为个位数字不是 5 的奇数),请寻找一个正整数 q,使得 p 与 q 之积为全是“1”组成的整数。

解:算法的自然语言表示为

第一步:输入 p
第二步:n←4,c←1111
第三步:不断构造被除数 a←c×10+1,实施除运算 a/p:计算商 b 和余数 c,直到 c=0 为止
第四步:输出 n

Raptor 程序如图 4-50 所示。

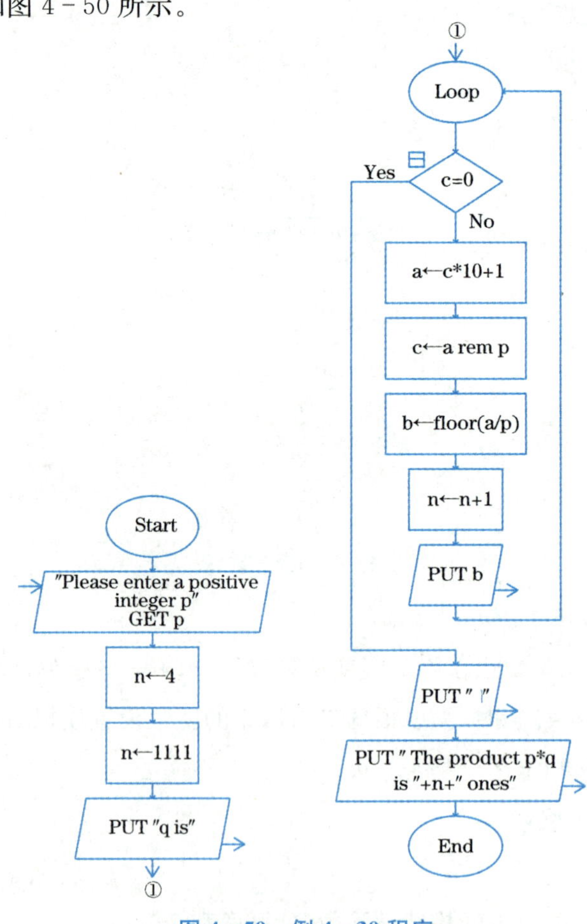

图 4-50 例 4-30 程序

程序运行时，如果 p 的值输入的是 7，则程序运行结果如图 4－51 所示。

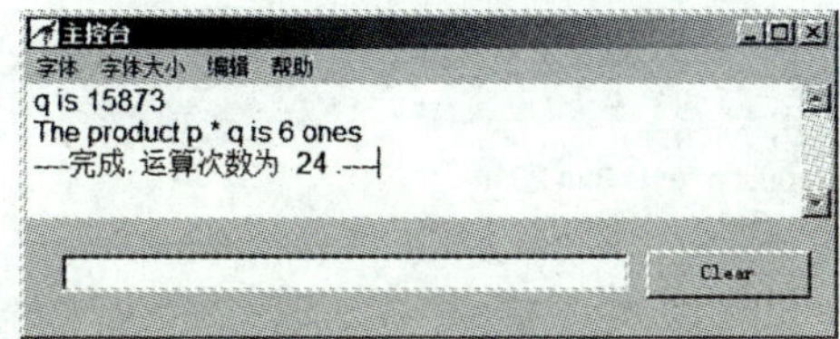

图 4－51 例 4－30 程序运行结果

如果把程序中的“n←4”和“c←1111”分别改为“n←2”和“c←11”，结果一样。

思考：如果把程序中的“n←4”和“c←1111”分别改为“n←1”和“c←1”，结果还一样吗？

例 4－31 对任意给定的正整数 p（约定 p 为个位数字不是 5 的奇数），请寻找一个正整数 q，使得 p 与 q 之积为全是由“2014”组成的整数。

解：算法的自然语言表示为

第一步：输入 p
第二步：n←1，b←floor(1024/p)，c←1024 rem p
第三步：不断构造被除数 a←c×10000＋1024，实施除运算 a/p：计算商 b 和余数 c，直到 c=0 为止
第四步：输出 n

Raptor 程序如图 4－52 所示。

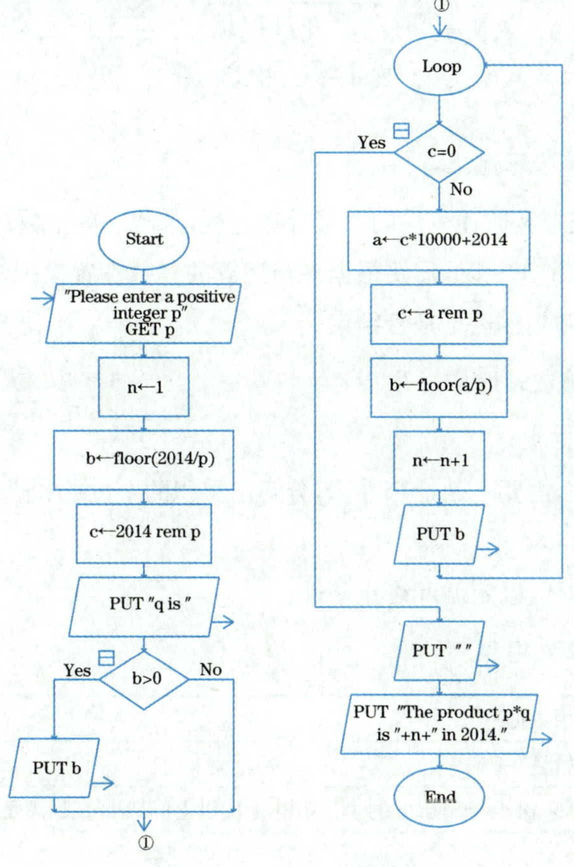

图 4－52 例 4－31 程序

程序运行时，如果 p 的值输入的是 13，则程序运行结果如图 4－53 所示。

图 4－53　例 4－31 程序运行结果

4.7.2　竖式乘模拟算法

1）竖式乘法

竖式乘法如图 4－54 所示。

```
   179487
×       4
---------
   717948
```

图 4－54　竖式乘法

2）竖式乘模拟算法思想

竖式乘模拟是模拟整数逐位乘的竖式计算过程，求解一些整数计算与判定问题。

在设计竖式乘模拟算法时，需要根据参与运算的整数设置模拟量来模拟竖式乘计算过程中数值的变化，并判定运算是否结束。

3）竖式乘模拟算法设计

（1）竖式乘模拟

在竖式乘过程中，需要不断计算乘积，分解出乘积的个位数和进位数。

（2）实施模拟

根据问题设置循环，确定循环终止条件。

4）竖式乘模拟算法框架

第一步：输入“原始数据”
第二步：确定“初始量”
第三步：不断计算乘积 a：分解出 a 的个位数和十位以上的数 r，直到满足条件为止
第四步：输出结果

5）应用举例

例 4－32　一位尾数前移问题。正整数 m 的尾数是 q，把尾数 q 移到其最前面(成为最高位)后所得的数为原数 m 的 p 倍。问原数 m 最小是多少?

解:(1)竖式乘模拟算法设计

用数组 $w[\ ]$存放原数 m。

竖式乘模拟算法设计要点:

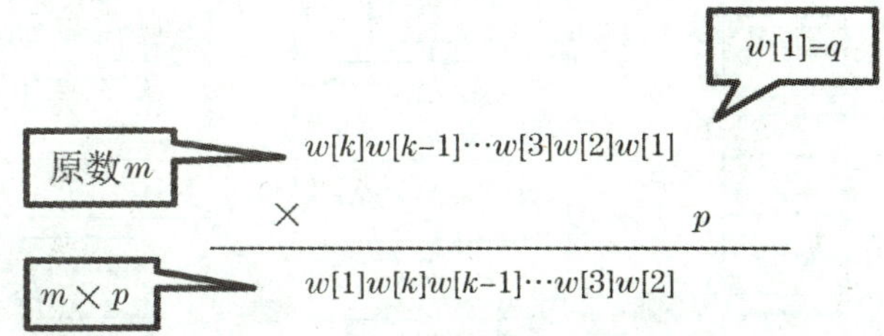

因为 $w[1]=q$ 是已知的，所以 $q\times p$ 的个位数字是 $w[2]$，这样就求出了 $w[2]$。$w[2]\times p$ 的个位数字是 $w[3]$，$w[3]$就求出来了。如此下去，直到 $w[k+1]=q$ 为止。

我们来看一个具体的例子。若 $m=179487$，则 $q=7$。若 $p=4$，则

$$\begin{array}{r} 179487 \\ \times\qquad 4 \\ \hline 717948 \end{array}$$

实施竖式乘模拟必须考虑进位。设进位数为 r 并赋初值 0，显然，m 的第 k 位数 $w[k]$乘以 p 的结果为 $a=w[k]*p+r$，a 的个位数是 m 的第 $k+1$ 位数：$w[k+1]\leftarrow a$ rem 10，a 的十位及以上的值作为下轮运算的进位数：$r\leftarrow$floor$(a/10)$。

乘运算的结束条件由所求问题的具体情况来确定，通常使乘运算达到某一特定值或达到某一规定位数后结束。

(2)算法的自然语言表示

第一步:输入原数 m 的尾数 q,倍数 p
第二步:w[1]←q,r←0,a←q×p
第三步:不断计算乘积 a←w[k] * p+r:w[k+1]←a rem 10、r←floor(a/10),直到 a=q 为止
第四步:输出数组 w[ ]

(3) Raptor 程序

Raptor 程序如图 4－55 所示。

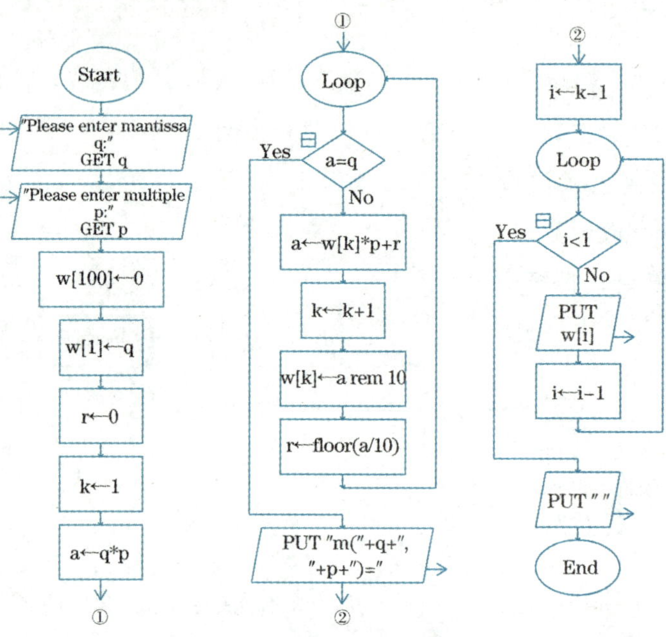

图 4-55　例 4-32 程序

(4)程序运行结果

程序运行时,如果输入的 q、p 的值分别是 7、4,则程序运行结果如图 4-56 所示。

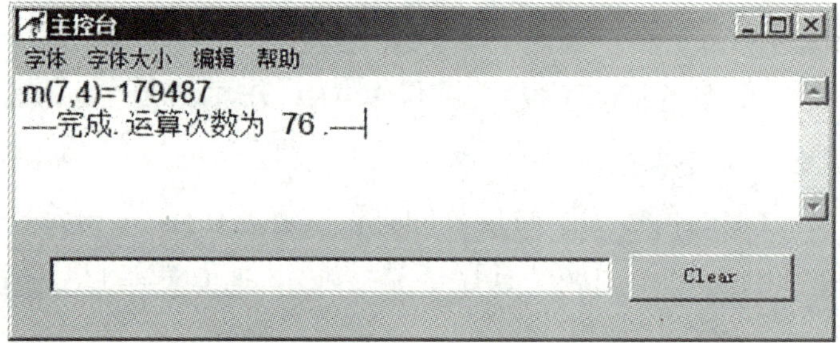

图 4-56　例 4-32 程序运行结果一

程序运行时,如果输入的 q、p 的值分别是 9、3,则程序运行结果如图 4-57 所示。

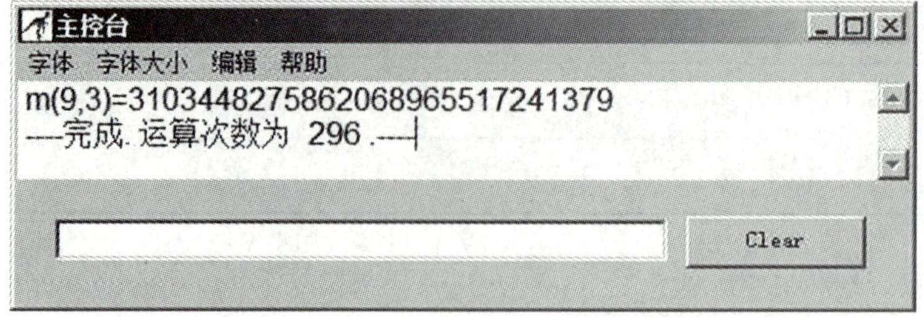

图 4-57　例 4-32 程序运行结果二

本章小结

本章重点学习了枚举算法、递推算法、分治算法、贪心算法、排序算法、概率算法、模拟算法等简单算法。熟悉这些算法的思想、特点和设计思路，模仿这些算法去解决实际问题，可为今后学习高级语言程序设计和复杂算法设计打下坚实基础。

课外阅读材料 4

智能计算

智能计算(Intelligent Computation)是指用计算科学与技术模拟生物的智能结构和行为，强调通过计算的方法来实现生物的智能行为。通俗地讲，是借用自然界生物界规律的启迪根据其原理模仿设计求解问题的算法。

智能计算分为三大类：一是神经计算。神经计算是使用数学分析和计算机模拟的方法在不同水平上对神经系统进行模拟，如人工神经网络、误差往回传播网络、径向基函数网络、Hopfield 网络、Boltzmann 机、自组织特征图、自适应谐振理论模型等。二是模糊计算。模糊计算以模糊集理论为基础，它可以模拟人脑非精确、非线性的信息处理能力，如模糊推理、模糊逻辑、模糊系统等。三是进化计算。进化计算是受生物进化过程中“优胜劣汰”的自然选择机制和遗传信息传递规律的影响，通过程序迭代模拟这一过程，把要解决的问题看作环境，在一些可能解组成的种群中，通过自然演化寻求最优解。如遗传算法、蚁群优化算法、粒子群优化算法、免疫算法、支撑向量机、模拟退火算法等。

智能计算的三大特点：一是智能性。包括算法的自适应性、自组织性，算法不依赖于问题本身的特征，具有通用性。二是并行性。算法基本上是以群体协作的方式对问题进行优化求解，非常适合大规模并行处理。三是健壮性。算法具有很好的容错性，同时对初始条件不敏感，能在不同条件下寻找最优解。

智能计算的主要应用领域有：模式识别、优化计算、经济预测、金融分析、智能控制、机器人学、数据挖掘、信息安全、医疗诊断等等。

习 题 4

1."水仙花数"是指一个三位正整数,其各位上数字的立方和等于该数本身。例如,153 是一个"水仙花数",因为 $153=1^3+5^3+3^3$。编写程序,输出所有的"水仙花数"。

2.把 1~9 这九个数字填入以下含加、减、乘、除运算的九个□中,使得等式成立。

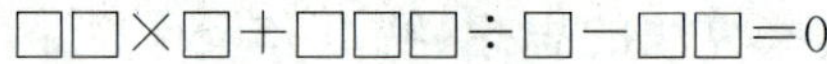

□□×□+□□□÷□−□□=0

要求每个数字只能出现一次,一位数不能是数字"1"。

3.已知数列$\{a_n\}$:$a_1=1$,$a_{n+1}-a_n=(n+1)^2(n\geqslant1)$。求该数列的通项公式 a_n,并编程求出、显示该数列的前 40 项。

4.有 n 级台阶的楼梯,在上楼时,每步可以跨一级台阶,也可以跨三级台阶。求有多少种不同的上楼方法?并编程求出、显示 $n=40$ 时的不同上楼方法数量。

5.编写程序,计算、显示某班《大学英语》考试分数的平均分。程序运行时由键盘输入该班同学人数和每位同学的考试分数。

6.有 16 名运动员进行乒乓球单循环赛,每名运动员必须与其他 15 名运动员各赛一场且只赛一场,编写程序排出、显示比赛日程表。

7.求一元三次方程 $1.5x^3-4.7x^2+3.2x+8.9=0$ 的近似实根。

8.在给定的 n 位正整数 m 中,删除其中 $k(k<n)$ 个数字后,剩下的数字按原顺序组成一个新的正整数。请确定删除方案,使得新的正整数最小。请编写程序验证。

9.编写程序,将数列{6,12,9,13,2,17,11,5,16,4,19,14,20,1,3,15,8,7,10,18}的元素从大到小排序,并显示排序结果。

10.编写程序,求出、显示定积分 $I=\int_2^5 \frac{\sin x}{x}dx$ 的值。

11.对给定的正整数 7,编写程序寻找最小的正整数 q,使得 7 与 q 之积为全是"3"组成的整数。

12.正整数 m 的尾数是 4,编写程序寻找最小的 m,使得把 m 的尾数 4 移到最前面(成为最高位)后所得的数是 m 的 4 倍。

第 5 章

计算机前沿技术

随着云计算、人工智能、大数据和区块链四大技术在各领域应用的不断深入，人类社会正在从信息化走向数字化和智能化。本章主要对云计算、人工智能、大数据和区块链四大计算机前沿技术进行简要介绍，让读者了解四大技术的概念、特征、发展、结构、关键技术和典型应用场景等，使读者对四大技术有一个全面的、概要的认识。

5.1 云计算

5.1.1 云计算概述

云计算(Cloud Computing)是一种全新的网络应用概念，其核心是以互联网为中心，为终端用户提供快速且安全的线上计算服务，资源包括服务器、虚拟桌面、软件平台、应用软件和数据存储等。借助云计算，用户可以在互联网上在线利用计算资源，而无须投入资金建设和维护计算基础设施。云计算的参考架构如图 5-1 所示。

所谓“云”，其实是网络、互联网的一种比喻说法。狭义云计算下，将提供资源的网络称为“云”。在用户视角，“云”中的资源可以随时获取，按需使用和付费，并且能够随时扩展。广义云计算下，将可自我维护和管理的虚拟计算资源称为“云”，也称为“资源池”，通常为一些大型服务器集群，包括计算服务器、储存服务器、宽带资源等。云服务提供商通过“资源池”向用户提供虚拟计算资源服务，这种服务可以是和软件、互联网相关的，也可是任意其他的服务。

可以看出，不管是狭义“云”或是广义的“云”，都可将所有的计算资源集中起来，由软件实现自动管理，无须人为参与，使得使用“云”服务的用户无须为烦琐的细节烦恼，能够更加专注于自身的业务，有利于创新和降低成本。

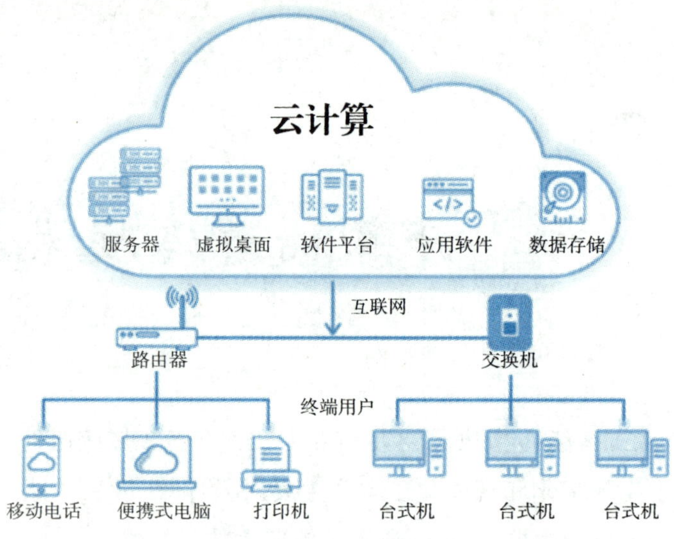

图 5-1　云计算参考架构

1）云计算的定义

自 2006 年谷歌(Google)提出云计算概念至今，还没有举世公认标准的云计算定义，业内人士对云计算的定义各有各的认定和理解。

维基百科(Wikipedia)将云计算定义为："云计算是一种基于互联网的计算方式，通过这种方式，共享的软硬件资源和信息可以按需求提供给计算机各种终端和其他设备，使用服务商提供的电脑基建作计算和资源。"

百度百科将云计算定义为："云计算是分布式计算的一种，指的是通过网络"云"将巨大的数据计算处理程序分解成无数个小程序，然后，通过多部服务器组成的系统进行处理和分析这些小程序得到的结果并返回给用户。"

美国 IBM 的技术白皮书《Cloud Computing》中将云计算定义为："云计算一词用来同时描述一个系统平台或者一种类型的应用程序。一个云计算平台按需进行动态的部署(provision)、配置(configuration)、重新配置(reconfigure)以及取消(deprovision)服务等。在云计算平台中的服务器，可以是物理服务器或者虚拟服务器。高级计算云通常包含一些其他的计算资源，例如存储区域网络(Storage Area Network，SAN)，网络设备、防火墙以及其他安全设备等。"

中国计算网将云计算定义为："云是分布式计算(Distributed Computing)、并行计算(Parallel Computing)和网格计算(Grid Computing)的发展，或者说是这些科学概念的商业实现。"

弗雷斯特研究公司(Forrester Research)的分析师詹姆斯·斯塔恩(James Staten)认为：云计算是一个具备高度扩展和管理性并能够胜任终端用户应用软件计算基础架构的

系统池。

中国网格计算、云计算专家刘鹏认为：云将任务发布在大量计算机构成的资源池上，使各种应用系统能够根据需要获取计算力、存储空间和各种软件服务。

目前得到比较广泛认同的定义是由美国国家标准与技术研究院（National Institute of Standards and Technology，NIST）的研究员彼特·梅尔（Peter Mell）和蒂姆·格蕾斯（Tim Grance）在 2009 年 4 月提出的云计算定义："云计算是一种模型，它可以实现随时随地，便捷地，随需应变地从可配置计算资源共享池中获取所需的资源（例如，网络、服务器、存储、应用、服务），资源能够快速供应并释放，使管理资源的工作量和与服务提供商的交互减少到最低限度。"

在 2012 年 3 月中国国务院政府工作报告中，云计算被作为重要附录给出了一个政府官方的解释："云计算是基于互联网服务的增加、使用和交付模式，通常涉及通过互联网来提供动态易扩展且经常是虚拟化的资源；是传统计算机和网络技术发展融合的产物；它意味着计算能力也可作为一种商品通过互联网进行流通。"

总之，云计算是分布式计算技术的一种，其最基本的概念是通过网络将庞大的计算处理程序自动分拆成无数个较小的子程序，再交由多部服务器所组成的庞大系统经搜寻、计算分析之后将处理结果回传给用户。基于这项技术，网络服务提供者可以在数秒之内，处理数以千万计甚至亿计的信息，达到和"超级计算机"同样强大效能的网络服务。

2）云计算的典型特征

根据 NIST 的定义，云计算包含以下五个典型特征，分别是：自助服务、宽带接入、资源池化、快速弹缩和服务量化。

（1）自助服务

自助服务指用户可单方面地按需自动获取计算能力，如服务器时间和网络存储，从而免去与不同服务提供商进行交互的过程。例如在网讯（WebEx）公司推出的在线会议系统中，用户自助选择会议类型、设定参会人数、上传会议资料，然后点击"确定"即可。网讯的后台服务器便会在指定时间将与会人员连接到一个虚拟在线会议室中。服务提供商无须人工干预这个流程，所有的细节都是由用户在网页上选择的决定。自助服务方式充分发挥了云计算后台架构强大的运算能力，同时用户也获得了更加快捷、高效的体验。

（2）宽带接入

网络是用户和云端沟通的唯一桥梁，大量的云计算服务都是通过网络来传递的，各种服务均建立在频繁的数据上传和下载之上，因此接入网络的带宽和时延非常重要，有些服务还需要传输的超高可靠性。宽带接入意味着供应商的资源可以通过互联网获取，并可通过不同的客户端(例如移动电话、笔记本电脑)以标准机制访问。例如谷歌文档(Google Docs)，用户只需在 iPad 上登录谷歌文档，就能够进行在线文档编辑。用户无须添置新计算机设备，也无须购买 Office 软件，只需接入互联网，然后就可通过任何带 Web 浏览器的设备进行文档编辑工作。宽带接入服务打破了地理位置的限制、打破了硬件部署环境的限制，只要有网络就有计算，革命性地改变了人们使用电脑的习惯。

(3)资源池化

资源池化指允许云计算供应商通过多用户共享模式服务于用户，物理和虚拟资源可根据用户需求进行分配和重新分配。具体来说，服务提供商并不直接出租实体服务器，而是把多台服务器的 CPU、内存、硬盘、网卡虚拟化为计算、存储、网络三大类资源池，再分成小块灵活组合后租给用户。每个用户使用的资源在物理上分布于多台服务器并多用户共享，逻辑原则是独立且隔离的。例如，一个企业内部的开发人员向 IT 部门申请了一台服务器，这台服务器配有一颗 Intel X5600 2.4G CPU、32GB 内存、500GB 硬盘、1Gbps 上联链路。虽然 IT 满足了他的需求，但这台服务器并不真实存在，它也许只是从一台配置为 4 路 CPU、2TB 内存、采用集中式存储、配置双路 10Gbps 网卡的服务器中切割出来的一部分而已。资源池具有地点独立性，客户一般无法控制或了解所提供资源的确切位置，但可以在高端提取层面(如地区、国家或数据中心)指定位置。资源池化使得用户不再关心计算资源的物理位置和存在形式，IT 部门也得以更加灵活地对资源进行配置。

(4)快速弹缩

快速弹缩指根据需要向上或向下扩展资源的能力。对用户来说，云计算的资源数量没有界限，可按照需求购买任何数量的资源。这种感觉就好像只要愿意付账单，就可以即时要求无限制的资源。每个用户可用的容量不再受物理服务器的限制，需求多了则自动快速扩容，需求少了则释放部分资源。这样的服务就像气球一样，容量伸缩自如，充满弹性。例如在 WebEx 平台上，已经有召开过同时上千人参与的全球视频会议，而 WebEx 表示这个人数仍然没有达到上限。快速弹缩体现了资源调度方面的灵活性，由于计算资源已经被池化，因此云计算服务提供商可以快速地将新设备添加到这个资源池中，以满足不断增长的需求。

(5)服务量化

一个完整的云计算平台会对存储、CPU、带宽等资源保持实时跟踪，并将这些信息以可量化的指标反映出来。基于这些指标，云计算平台运营商或管理企业内部私有云的 IT 部门能够快速地对后台资源进行调整和优化。在服务量化下，由云计算供应商控制和监测云计算服务各方面的使用情况，这对于计费、访问控制、资源优化、容量规划和其他任务具有重要的意义。

3）云计算的发展历程

“云计算”一词首次出现于 1996 年(在康柏公司内部文件中提到)。1997 年，美国南加州大学的拉姆纳特・切拉帕(Ramnath K. Chellappa)教授将“云”和“计算”组成一个新的单词，正式提出了云计算的第一个学术定义。之后，关于云计算的研究和应用才逐步展开。该术语真正得以推广可归功于 2006 年 3 月亚马逊(Amazon)推出的弹性云计算(Elastic Compute Cloud，EC2)服务，该服务可使企业用户在 Amazon. com 计算环境下运行应用程序。

2006 年，27 岁的谷歌高级工程师克里斯托弗・比斯格利亚(Christophe Bisciglia)向当时的首席执行官埃里克・施密特(Eric Schmidt)提出了“云端计算”的想法。在施密特的支持下，谷歌推出了“Google 101 计划”。同年 8 月，施密特在美国圣荷西举办的搜索引擎大会中首次提出了“云计算”的概念。

2007 年 10 月，谷歌与 IBM 开始在美国大学校园，包括卡内基梅隆大学、麻省理工学院、斯坦福大学、加州大学柏克利分校及马里兰大学等，推广云计算的计划，这项计划希望能降低分布式计算技术在学术研究方面的成本，并为这些大学提供相关的软硬件设备及技术支持(包括数百台个人计算机、刀片(BladeCenter)和 System X 服务器，这些计算平台将提供 1 600 个处理器，支持包括 Linux、Xen、Hadoop 等开放源代码平台)。而学生则可以通过网络开发各项以大规模计算为基础的研究计划。

2008 年 7 月，雅虎、惠普和英特尔宣布一项涵盖美国、德国和新加坡的联合研究计划，推出云计算研究测试床，推进云计算。该计划要与合作伙伴建立 6 个数据中心作为研究试验平台，每个数据中心配置 1 400～4 000 个处理器。这些合作伙伴包括新加坡资讯通信发展管理局、德国卡尔斯鲁厄大学 Steinbuch 计算中心、美国伊利诺伊大学香宾分校、英特尔研究院、惠普实验室和雅虎。

2008 年 8 月，IBM 宣布将投资约 4 亿美元用于其设在北卡罗来纳州和日本东京的云计算数据中心改造。IBM 计划 2009 年在 10 个国家投资 3 亿美元建 13 个云计算中心。

微软紧跟云计算步伐，于 2008 年 10 月推出了 Windows Azure 操作系统。Azure(中文译为“蓝天”)是继 Windows 取代 DOS 之后，微软的又一次颠覆性转型——通过在互联网架构上打造新云计算平台，让 Windows 真正由 PC 延伸到“蓝天”上。微软拥有全世界数以亿计的 Windows 用户桌面和浏览器，现在它将它们连接到“蓝天”上。Azure 的底层是微软全球基础服务系统，由遍布全球的第四代数据中心构成。

亚马逊使用弹性计算云(EC2)和简单存储服务(Simple Storage Service,S3)为企业提供计算和存储服务。收费的服务项目包括存储服务器、带宽、CPU资源以及月租费。月租费与电话月租费类似,存储服务器、带宽按容量收费,CPU根据时长(小时)小时运算量收费。不到两年时间,亚马逊上的注册开发人员达44万人,还有为数众多的企业级用户。有第三方统计机构提供的数据显示,亚马逊与云计算相关的业务收入已达1亿美元。云计算是亚马逊增长最快的业务之一。

谷歌当数目前最大的云计算使用者。谷歌搜索引擎就建立在分布于200多个地点、超过100万台服务器的支撑之上,这些设施的数量正在迅猛增长。谷歌地球、谷歌地图、Gmail、谷歌文档等也同样使用了这些基础设施。目前,谷歌已经允许第三方在谷歌的云计算中通过谷歌应用引擎(Google App Engine)运行大型并行应用程序。此外,谷歌以学术论文的形式公开其云计算三大利器:GFS(Google File System)、MapReduce和BigTable,并在美国、中国等高校开设如何进行云计算编程的课程。

在我国,云计算发展也非常迅猛。云计算作为中国移动蓝海战略的一个重要部分,于2007年由移动研究院组织力量,联合中科院计算所,着手开发了一个叫做“大云”的项目;2008年5月,IBM在中国无锡太湖新城科教产业园建立的中国第一个云计算中心投入运营;2008年6月,IBM在北京IBM中国创新中心成立了第二家中国的云计算中心——IBM大中华区云计算中心;2008年11月,广东电子工业研究院与东莞松山湖科技产业园管委会签约,广东电子工业研究院将在东莞松山湖投资2亿元建立云计算平台;2008年12月,阿里巴巴集团旗下子公司阿里软件与江苏省南京市政府正式签订了2009年战略合作框架协议,计划于2009年初在南京建立国内首个“电子商务云计算中心”,首期投资额将达上亿元人民币;世纪互联推出了CloudEx产品线,包括完整的互联网主机服务“云端运算服务(CloudEx Computing Service)”,基于在线存储虚拟化的云端运算服务,供个人及企业进行互联网云端备份的数据保全服务等系列互联网云计算服务。

此外,国内互联网企业也陆续推出云计算服务,例如阿里云、腾讯云、百度云、华为云、京东云、金山云等。阿里云是国内首个发展云计算的企业,并于2011年开始对外提供云服务,在其支撑下,天猫扛住了订单创建峰值为58.3万笔/秒的交易量,除了服务于自身核心的业务外,阿里云还为交通、农业、工业、环境、智慧城市等领域提供了巨大的支持。2010年,腾讯公司开始发展云业务,得益于腾讯业务的天然优势,腾讯云也是发展迅速,目前在国内已经属于前列,为腾讯社交和游戏的上亿用户正常使用提供了强有力的保障。百度公司在2012年推出了百度云,为其搜索引擎提供技术支撑,基于云服务也衍化出了许多优秀的产品,比如百度网盘,2020年百度网盘用户数量突破了7亿人。华为是在2010年开始发展云业务的。华为云不仅关注提供云服务,还注重构建生态。华为云以 Devcloud 为平台，支持了各类软件竞赛，包括精英挑战赛、华为开发者竞赛、应用产业互联网竞赛。

目前，云计算已经深入到人们生活的方方面面，从每天使用的社交软件，到丰富的网购软件和游戏，都离不开云计算的影子。云计算为各个行业的发展提供了极大的便利，随着越来越多组织和个人使用云计算，各大运营商和企业也都在加快发展自身的云计算，在未来一段时间内，云计算的发展都仍会处于快车道。

5.1.2　云计算的分类

云计算可以从两个方面进行分类，一是从其服务范围来分，二是从其服务类型来分，如图 5-2 所示。

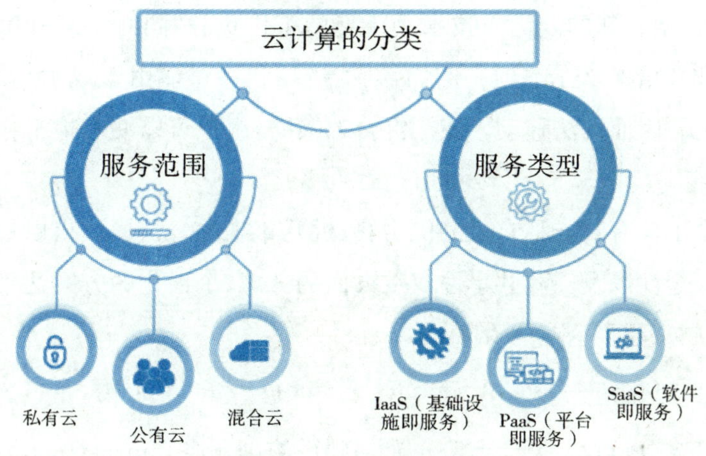

图 5-2　云计算分类

1）按照服务范围分类

按服务范围来分，可以将云计算分为公有云、私有云和混合云三种类型。

(1)公有云

公有云通常指第三方提供商为用户提供的能够使用的云，这些云部署在企业数据中心的防火墙外，由专门的云服务提供商运营，通过自己的基础架构直接向最终用户提供从应用程序、软件运行环境，到物理基础设施等各种各样的 IT 资源。其服务质量更高、资源利用率更高、成本更低、可选择性更多。虽然公有云的低廉成本吸引了大量的企业用户，但公有云数据的私密性和安全性保障问题一直是企业用户担心的问题，目前仅适用于一些无核心数据或敏感数据的应用。

(2)私有云

私有云是由企业或机构等单一组织自己搭建云计算基础架构，面向内部用户或外部客户提供云计算服务。私有云可部署在企业数据中心的防火墙内,也可以将它们部署在一个安全的主机托管场所。对于私有云来说,由于整个云端都属于企业自身,这种充分掌控感更为企业用户所接受并得以推行。私有云可以充分发挥已有IT资源作用并且能更好地支持业务创新。尽管私有云无需担心私密性与安全性的问题,可是高昂的成本是很多企业用户,特别是中小型企业、创业型企业无法承担的。

(3)混合云

混合云是公共云和私有云的混合。这些云一般由企业创建,而管理职责由企业和公共云提供商分担。混合云将私有云(本地数据中心)与公共云结合在一起,允许应用程序和数据进行交互,而无需考虑两者所在的位置。借助混合云,企业可以在处理需求增加时将其本地基础结构无缝地纵向扩展到云,而在需求减少时缩减基础结构。借助混合云,组织可以灵活地将新的云优先技术用于新的工作负载,同时将某些工作负载的业务关键应用程序和数据保留在本地。例如,某些应用程序可能由于成本高昂而无法迁移,或者由于合规性原因而无法移动。使用混合云策略,组织可以使本地工作负载和云工作负载协同工作。

混合云融合了公有云与私有云的优劣势,近几年来混合云模式得以快速发展。混合云综合了数据安全性以及资源共享性双重方面的考虑,个性化的方案达到了省钱安全的目的,从而获得越来越多企业的青睐。

2)按服务类型分类

按服务类型来分,可以将云计算分为基础设施即服务(Infrastructure as a Service, IaaS)、平台即服务(Platform as a Service, PaaS)、软件即服务(Software-as-a-Service, SaaS)三种类型。

(1)基础设施即服务(IaaS)

IaaS是将物理资源(例如,存储、计算)作为服务通过网络提供给使用者,用户可以运用这些资源进行任意软件的安装与运行。用户不参与云计算底层基础设施的管控,但可以选择操作系统、规划存储资源、管理应用程序,也可获得有限制的网络组件控制(例如防火墙)。在IaaS中,云平台利用硬件虚拟化技术将多种物理资源进行统一的整合调度,并通过虚拟机的方式将这些整合后的资源提供给用户使用,当用户需要服务的时候,只需要根据自身需求创建虚拟机实例即可。IaaS本质上是一种托管型硬件方式,用户付费使用厂商的硬件设施。例如亚马逊的EC2、中国电信上海公司与EMC合作的"e云"等。IaaS的优点是用户只需配置低成本硬件,按需租用相应计算能力和存储能力,大大降低了用户在硬件上的开销。

(2)平台即服务(PaaS)

Paas 将一整套平台或软件运行环境作为一种服务提供给用户,可帮助用户快速创建应用程序。PaaS 服务由全套工具和服务组成,可以最大限度简化开发人员的工作。PaaS 将帮助研发人员把精力聚集到应用软件的研发上面,只需点击几下鼠标、输入一些代码,不必再为基础架构和操作系统而烦恼。对企业来说,可以在无需花费时间和金钱的情况下来建立和维护包含服务器和数据库在内的基础架构,进而创建和部署新应用程序的运行环境,提高企业效率。PaaS 能够给企业或个人提供研发的中间件平台。Google App Engine、Salesforce 的 force. com 平台、八百客的“800APP”是 PaaS 的代表产品。以 Google App Engine 为例,其是一个由 Python 应用服务器群、BigTable 数据库及 GFS 组成的平台,为开发者提供一体化主机服务器及可自动升级的在线应用服务。用户编写应用程序并在谷歌的基础架构上运行就可以为互联网用户提供服务,谷歌提供应用运行及维护所需要的平台资源。

(3)软件即服务(SaaS)

SaaS 是一种通过网络直接提供软件服务的模式,云服务提供商需要提供软件运行环境、硬件平台以及网络的基础设施,并根据用户的请求提供软件的搭建、后续的维护等一系列服务,用户根据自身需求购买相应的软件服务即可。这样的方式极大地提高了用户的使用体验,也使得软件回归到了服务的本质,避免了使用者维护底层设施和购买应用软件的必要,用户可以通过 Web 或者 App 等多种方式进行访问服务。对于一些只需要软件资源的组织和个人来说,这种服务模式是一种非常好的选择。以企业管理软件(Enterprise Resource Planning,ERP)为例,SaaS 模式的云计算 ERP 可以让客户根据并发用户数量,所用功能多少、数据存储容量、使用时间长短等因素的不同组合按需支付服务费用,既不用支付软件许可费用,也不需要支付采购服务器等硬件设备费用,也不需要支付购买操作系统、数据库等平台软件费用,也不用承担软件项目定制、开发、实施费用,也不需要承担 IT 维护部门开支费用。目前 Salesforce. com 是提供这类服务最有名的公司,Google Doc、Google Apps 和 Zoho Office 均属于此类服务。

5.1.3 云计算的典型应用领域

目前,云计算在中国主要行业应用还仅仅是“冰山一角”,但随着本土化云计算技术产品、解决方案的不断成熟,云计算理念的迅速推广普及,云计算必将成为未来中国重要行业领域的主流 IT 应用模式,为重点行业用户的信息化建设与 IT 运维管理工作奠定核心基础。目前,云计算主要应用在如下领域:

1）医药医疗领域

医药企业与医疗单位一直是国内信息化水平较高的行业用户，在“新医改”政策推动下，医药企业与医疗单位将对自身信息化体系进行优化升级，以适应医改业务调整要求，在此影响下，以“云信息平台”为核心的信息化集中应用模式将孕育而生，逐步取代目前各系统分散为主体的应用模式，进而提高医药企业的内部信息共享能力与医疗信息公共平台的整体服务能力。

2）制造领域

随着“后金融危机时代”的到来，制造企业的竞争将日趋激烈，企业在不断进行产品创新、管理改进的同时，也在大力开展内部供应链优化与外部供应链整合工作，进而降低运营成本、缩短产品研发生产周期，未来云计算将在制造企业供应链信息化建设方面得到广泛应用，特别是通过对各类业务系统的有机整合，形成企业云供应链信息平台，加速企业内部“研发—采购—生产—库存—销售”信息一体化进程，进而提升制造企业竞争实力。

3）金融与能源领域

金融、能源企业一直是国内信息化建设的“领军性”行业用户，其中，中石化、中保、农行等行业内企业信息化建设已经进入“IT 资源整合集成”阶段，在此期间，需要利用“云计算”模式，搭建基于 IaaS 的物理集成平台，对各类服务器基础设施应用进行集成，形成能够高度复用与统一管理的 IT 资源池，对外提供统一硬件资源服务，同时在信息系统整合方面，需要建立基于 PaaS 的系统整合平台，实现各异构系统间的互联互通。因此，云计算模式将成为金融、能源等大型企业信息化整合的“关键武器”。

4）电子政务领域

未来，云计算将助力中国各级政府机构“公共服务平台”建设。目前，各级政府机构正在积极开展“公共服务平台”的建设，努力打造“公共服务型政府”的形象，在此期间，需要通过云计算技术来构建高效运营的技术平台，其中包括：利用虚拟化技术建立公共平台服务器集群，利用 PaaS 技术构建公共服务系统等方面，进而实现公共服务平台内部可靠、稳定的运行，提高平台不间断服务的能力。

5）教育科研领域

未来，云计算将为高校与科研单位提供实效化的研发平台。目前，云计算应用已经在清华大学、中科院等单位得到了初步应用，并取得了很好的应用效果。在未来，云计算将在我国高校与科研领域得到广泛的应用普及，各大高校将根据自身研究领域与技术需求建立云计算平台，并对原来各下属研究所的服务器与存储资源加以有机整合，提供高效可复用的云计算平台，为科研与教学工作提供强大的计算机资源，进而大大提高研发工作效率。

6）电信领域

在国外，Orange、O2 等大型电信企业除了向社会公众提供 ISP 网络服务外，同时也作为"云计算"服务商，向不同行业用户提供 IDC 设备租赁、SaaS 产品应用服务，通过这些电信企业创新性的产品增值服务，也强力推动了国外公有云的快速发展、增长。因此，在未来，国内电信企业将成为云计算产业的主要受益者之一，从提供的各类付费性云服务产品中得到大量收入，实现电信企业利润增长，通过对不同国内行业用户需求分析与云产品服务研发、实施，打造自主品牌的云服务体系。

5.2 人工智能

5.2.1 人工智能概述

人工智能（Artificial Intelligence，AI）是研究、开发用于模拟、延伸和扩展人的智能的理论、方法、技术及应用系统的一门新的技术科学。人工智能是计算机科学的一个分支，它试图了解智能的实质，并生产出一种新的能以人类智能相似的方式做出反应的智能机器，该领域的研究包括机器人、语言识别、图像识别、自然语言处理和专家系统等。

1）人工智能的定义

人工智能的概念首先在 1956 年的达特茅斯会议上被提出，被定义为制造智能机器的科学，尤其是指智能计算机程序。之后，不同专家学者在不同阶段从不同的方面对"人工智能"一词下过相关定义，这些定义对人们理解"人工智能"都起着作用，但截至目前，学术界关于"人工智能"仍未能产生一个能被所有人认同且精确的定义。

对于人工智能，达特茅斯会议在其发起建议中的预期设想是制造一台可以模拟学习或智能所有方面的机器，并且这些方面可以精确地被这台机器描述。马文·明斯基（Marvin Minsky）对人工智能所下的定义是："人工智能是一门科学，是使机器能够完成需要通过人类智能做成的事情"。相对于马文·明斯基给人工智能下的定义，阿瑟·查尔斯·尼尔森给出的定义较为专业，即"人工智能是一门关于知识的科学"。我国人工智能专家李德毅院士认为，自然语言处理与理解、机器感知与模式识别、脑认知基础与知识工程这四个方面是人工智能的内涵；机器人与智能系统，即智能科学的应用技术是人工智能的外延。中国电子技术标准化研究院给出的定义是："人工智能是利用数字计算机或者数字计算机控制的机器模拟、延伸和扩展人的智能,感知环境、获取知识并使用知识获得最佳结果的理论、方法、技术及应用系统”。而最普遍的,是经由“科普中国”科学百科词条编写与应用工作项目审核通过的定义:“人工智能是研究、开发用于模拟、延伸和扩展人的智能的理论、方法、技术及应用系统的一门新的技术科学”。进入信息时代,公众关注的视角普遍认为人工智能就是通过各种技术让非人设备表现出人的行为并在成效上接近或超过人类本身,这也反映出了时代背景下大多数普通人对人工智能的认识程度。

总的来说,早期关于人工智能的定义可以大概描述为:人工智能就是与人类思考方式相似的计算机程序,这种程序遵循逻辑学的基本规律进行运算、归纳、推理;而后科学界流行定义下的人工智能是一种计算机行为,这种计算机行为与人类行为相似,体现的是实用主义思想,即:无论计算机用何种实现方式,只要在特定环境下表现得与人类相似,就说这个计算机程序在该领域内有人工智能,比如图像识别、图像分类,或对某些事情能进行分析推导作出决策。如今,各界虽对其的定义仍不完全统一,却都接受人工智能是一门与计算机发展密切相关的科学成果,是会学习的计算机程序,其主要方式是通过模仿人类诸如视觉、听觉、嗅觉、肢体动作等生理和心理行为,进而探索剖析人类大脑如何产生智慧,以及人类智力的发展要素等问题。在人工智能最近的发展热潮中,可以看到,人工智能的开发和应用范围可以是多方面、多维度的;“无学习,不 AI”是人工智能在今天的核心指导思想,也符合人类认知特点:每个人都要不断学习。

2) 人工智能的典型特征

人工智能的理想特征是能够合理化并采取最有可能实现特定目标的行动。然而,“人工智能”一词可以应用于任何表现出与人类思维相关的特征的机器,例如学习和解决问题。以下是人工智能的典型特征。

(1)符号处理

在人工智能应用中,计算机处理符号不仅仅是数字或字母。人工智能应用程序应可处理代表现实世界实体或概念的字符串。符号可以按结构排列,例如列表、层次结构或网络。这些结构显示了符号如何相互关联。

(2)非算法处理

人工智能领域之外的计算机程序是编程算法。也就是说,程序完全按照指定的步骤执行,定义了问题的解决方案。基于知识的人工智能系统的行为在很大程度上取决于其使用情况。

(3)推理

推理是通过逻辑推理解决问题的能力。人工智能适用于可以推理的机器。它涉及通过逻辑演绎或归纳来解决问题。

(4)感知

感知是从视觉图像、声音和其他感官输入推断世界事物的能力。它涉及从视觉图像、声音和其他感官输入中推断出有关世界的事物。

(5)通信

沟通是理解书面和口头语言的能力。它涉及用人类语言进行交流的能力,通过自然语言处理技术理解人们的意图和情感。

(6)学习能力

人工智能程序具有学习能力。常规系统目前还未达到这个水平。

(7)不精确或模糊的知识

人工智能程序需要不精确或模糊的知识,而传统程序需要精确或特定的知识。

(8)规划

规划是设定和实现目标的能力。它涉及通过一系列行动来设定和实现目标,可以采取一系列行动来影响实现目标的进展。

(9)快速决策

人工智能在现实世界中的决策中扮演着重要角色。即使是世界上许多最具创新性的组织,如Facebook、谷歌和亚马逊,也依赖人工智能算法作为其决策过程的一部分。人工智能能够在作出复杂决策时同时处理许多不同的因素,可以一次处理更多数据,并使用概率来建议或实施最佳可能决策。

3) 人工智能的发展历程

“人工智能”一词,目前有文献可考证的最早记录出自1956年的达特茅斯会议。1956年夏季,以马文·明斯基(Marvin Minsky)、约翰·麦卡锡(John McCarthy)、克劳德·艾尔伍德·香农(Claude Elwood Shannon)、纳撒尼尔·罗切斯特(Nathaniel Rochester)等为首的一批有远见卓识的科学家在一起聚会,此次聚会是一个以解决机器与智能之间存在的一个或多个关键问题为目标的一次严肃学术会议,也是一个标志着人工智能被划分为一个独立学科的开创性会议。在达特茅斯会议众人的交流与分享中,公认的最有价值的成果是纽厄尔(Newell)和司马贺(Simon)两人的报告。报告中,纽厄尔和司马贺公布了名为“逻辑理论家”(Logic Theorist)的人工智能程序,这一程序能自动证明罗素与怀特海《数学原理》第二章52条定理中的38条,并且这段程序所给出的部分证明比罗素自己在书中所给出的证明更优雅简洁。如今看来,这份报告可以说是人工智能诞生初期最有学术价值的文章之一。

比起达特茅斯会议，1956 年的 IRE 信息论年会中的成果更为丰硕，也是人工智能发展进程中十分值得被纪念的会议，纽厄尔和司马贺在这场信息论年会发表了《逻辑理论机器》；乔治 · 米勒（George Miller）发表了《人类记忆和对信息的储存》（“Human Memory and the Storage of Information”，即著名的《魔力数字七》）；诺姆 · 乔姆斯基（Avram Chomsky）发表了《语言描述的三种模型》（“Three Models for the Description of Language”，自然语言处理的名著《句法结构》的雏形文稿），都是对人工智能后来发展影响颇大的文章。

人工智能的发展探索道路曲折起伏，如何划分阶段描述 1956 年至今这 60 余年里的人工智能发展历程，各界人士可谓仁者见仁、智者见智。结合文献与网络调查分析，笔者归纳出的人工智能发展历程具体可划分为以下六个阶段：

第一阶段：1956 年—20 世纪 60 年代初。这一阶段的人工智能虽然刚刚起步，却也是其发展的第一个高潮。人工智能概念一经被提出，短短几年便取得了一些令人瞩目的研究成果，譬如机器定理的证明、跳棋程序的设计与开发。

第二阶段：20 世纪 60 年代—70 年代初。它是人工智能在发展历程中所经历的第一次低谷发展时期，研究者们开始反思前期的诸多关于人工智能发展方向的设想。由于人工智能发展初期的不少研究构思均取得了良好进展，研究者们便不假思索天马行空般地对人工智能生出了过高的期望，给自己的研究设定了诸多不切实际的研发目标。随之而来的自然就是接二连三的项目失败、预期目标落空，比如机器无法如愿向世人证明两个连续函数之和仍是连续函数、机器翻译的准确程度远远低于理想情况等。由此，人工智能的发展步入低谷。

第三阶段：20 世纪 70 年代初—80 年代中期。这一时期是人工智能的一个重要应用发展期。专家系统的出现，机器能够通过模拟人类专家学者大脑中的知识和经验进而解决某些特定领域的问题，在人工智能从理论研究转向实际应用、从一般的推理策略探讨转向能够自主运用专业知识等方面取得了重大突破。随着专家系统陆续在地质、化学以及医疗等领域的初步成功应用，人工智能正式迎来了其应用发展中的高潮。

第四阶段：20 世纪 80 年代中期—90 年代中期。这一时期，人工智能的发展又逐渐变得低迷。虽然在这一阶段中的人工智能应用规模仍在不断扩大，但典型的专家系统在实际应用中显现出诸如专业知识难获取、推理方法太过单一、常识性知识储备不足、现有数据库兼容难度大、系统缺乏分布式功能等问题。

第五阶段：20 世纪 90 年代中期—2012 年，人工智能的发展再次趋于稳定。互联网技术的兴起与发展，促进了人工智能技术创新与实用的结合。深蓝超级计算机战胜国际象棋世界冠军以及“智慧地球”概念的提出都是这一时期的标志性事件。

第六阶段:2012年至今,人工智能正飞速发展。在这一阶段中,2017年是个特殊的年份:国际上,华尔街时报、福布斯将其称为"人工智能元年";国内,人工智能的发展被提升为国家战略。在信息技术的发展下,人工智能大幅跨越了技术与应用之间的那条"鸿沟",无人驾驶、图像分类、知识问答、语音识别、人机对弈等应用也陆续在技术上取得了可喜的新突破。

未来,人工智能将继续前行,不断突破,加速解决代表性问题,以满足社会不同人群的需求。

5.2.2 人工智能的关键技术

1) 模式识别技术

模式识别(Pattern Recognition)技术是人工智能应用的基础,就好比人的智力发展离不开眼耳鼻喉等感官一样。广义上,模式识别技术可以划分为以下两个方面的内容:一方面以计算机为主要的研究对象,研究重点是采用怎样的途径才能有效实现计算机的拟人化;另一方面是以生物体为主要的研究对象,这一方面的研究大多涉及认知科学的知识内容。模式识别技术作为计算机视觉技术的基本支撑元素,其应用与发展自然离不开计算机视觉技术。一般而言,模式识别技术的应用有许多方面:有对可观实物的平面状态(图画信息、水印、二维码)、立体状态(三维信息比对)、长度距离测算等方面的识别;有语音、文字、指纹、虹膜、人脸、行为(步态)等生物特征方面的识别,也有对诸如意识、思想、评价等抽象概念方面的识别。模式识别技术作为人工智能的基础技术,从具体问题出发,在计算机视觉、图像处理、机器人技术等方面均有广泛应用。

2) 计算机视觉技术

计算机视觉(Computer Vision)技术被认为是人工智能的重要分支,并且随着深度学习的快速发展,它已经成为人工智能领域中最重要的技术之一。计算机视觉的实现,需要先利用摄像机进行拍摄,再将得到的图像或视频通过软件进行处理和计算,继而得到预期结果,是使用计算机及相关设备对生物视觉的一种模拟,其主要任务是通过对采集的图片或视频进行处理获得对应场景的三维信息。虽说计算机视觉任务大多是基于卷积神经网络(Convolutional Neural Network)完成的,譬如图像的分类、定位、检测等,但作为一门交叉学科,它还涉及模式识别、图像处理、投影几何、三维表现、统计推断等多个学科的关键技术。生物特征智能识别、机器人、自动驾驶、智能医疗等领域都需要借助计算机视觉技术从视觉信号中提取并处理信息。根据待解决问题的特征,可以将计算机视觉分为图像理解、计算成像、视频编解码、动态视觉、三维视觉五大类。

3）机器学习技术

机器学习(Machine Learning)技术目前是人工智能研究领域的关键核心技术，近几年受到了前所未有的重视和快速发展。机器学习技术由许多算法构成，传统的软件或程序中运用的算法主要是由人工编程，目的大多是为了解决一些特定的任务；机器学习技术中的算法主要是依靠机器自主收集大量数据，并通过对这些数据自主解释分析获得新内容，即从数据中学习，并以此为依据实现机器代替人类对真实世界中的数据或事件走向做出决策或预测。机器学习技术中的"学习"，指的是机器经数据分析处理而产生非人工编程模型过程。机器学习技术的众多算法中，目前最热的当属深度学习(Deep Learning)技术。深度学习技术是基于人工神经网络模型解决特征表达的一种学习过程。近几年，机器学习技术相关领域发展迅猛，深度学习技术中的一些特有的如残差网络等学习手段也相继被提出，由此，越来越多的人开始倾向于将其看作是一种单独的学习方法。需要明确的是，深度学习技术并不是特定的某一种算法或一个模型，它是具有共同特点的一系列机器学习方法的总称，而这种特点抽象概括起来就是"深度"。阿尔法围棋(AlphaGo)算是一个机器深度学习技术的典型案例，是第一个击败人类职业围棋选手、第一个战胜围棋世界冠军的人工智能机器人，由谷歌旗下 DeepMind 公司戴密斯・哈萨比斯领衔的团队开发。

4）自然语言处理技术

自然语言处理(Natural Language Processing)是以计算机为工具，处理加工人类特有的书面或口头等各种形式的自然语言的信息，研究如何让计算机读懂与利用人类语言，期望通过自然语言处理技术，计算机能够理解人类写作或说话的方式。不论是计算机科学领域还是人工智能领域，自然语言处理技术都是一个十分重要的研究方向，也包含模式识别问题，具体涉及的领域主要包括信息检索、机器翻译、语义理解、自动摘要、信息抽取、情感分析、文本分类、问答系统等。

5）语音识别技术

语音识别技术(Speech Recognition)是以语音为研究对象，其目标是将人类的语音中的词汇内容转换为计算机可读的输入，例如按键、二进制编码或者字符序列。与说话人识别及说话人确认不同，后者尝试识别或确认发出语音的说话人而非其中所包含的词汇内容。语音识别技术的应用包括语音拨号、语音导航、室内设备控制、语音文档检索、简单的听写数据录入等。语音识别技术与其他自然语言处理技术如机器翻译及语音合成技术相结合，可以构建出更加复杂的应用，例如语音到语音的翻译。语音识别技术所涉及的领域包括信号处理、模式识别、概率论和信息论、发声机理和听觉机理、人工智能等。

6）知识图谱

知识图谱（Knowledge Graph）是一个结构化的语义知识库，库中的图数据结构由节点和边组成，对物理世界中各概念间的相互关系主要运用符号形式进行描述，将知识结构编织成了不同实体以关系互联的网状。知识对于人工智能的价值在于让机器具备认知和理解能力，所以构建知识图谱的目的在于让机器对人类所在的世界形成一定的认知和理解。相比传统的数据计算和存储方式，知识图谱对关系的表达能力更强，能够很好地处理各种复杂多样的关联分析，让用户做到即时决策。利用了交互式机器学习技术的知识图谱，能有效提高系统的智能性，降低其对经验的依赖。

7）人机交互技术

人机交互（Human Computer Interaction）技术作为人工智能领域的重要外围技术，主要研究内容是计算机与人之间双向性的信息交换：人到计算机以及计算机到人的信息交换。传统人机关系中，人对机器所做的主要是监控、编程和维护，但其实人与机器之间并不是完全的控制和监控的关系，而是相互交换信息，通过共同协作完成某一任务的关系。目前的人机交互技术，还得依靠一系列交互传感设备才能够实现双向性的信息交换，常见的一些交互传感设备有诸如鼠标、键盘、位置跟踪器、压力笔等输入设备以及头盔式显示器、打印机、音箱等输出设备。以用户体验为中心的人机交互技术不仅与虚拟现实技术、多媒体技术紧密相关，还需要大量运用人机工程学、认知心理学等学科的专业知识。

5.2.3 人工智能的典型应用领域

目前，人工智能的应用领域范围极广，主要运用在语言和图像理解、机器翻译、智能控制、人脸识别、专家系统、人机博弈等方面，其研究范畴已经涉及语言的学习与处理、知识获取、机器学习、模式识别、神经网络、遗传算法等领域，可以说，人工智能正在给人类的生产生活带来翻天覆地的变化。

1）机器翻译

机器翻译是对自然语言进行处理的一个重要应用，通过机器的处理将源语言与目标语言进行转换。随着深度学习和神经网络方法的研究应用，机器翻译技术得到了很大的进步。当前的机器翻译模型具备较强的专业性功能，可以翻译任意长度的句子并且进行存储记忆，也做到了不仅仅是字面意思的翻译，还包括了语义理解。试想，一旦机器翻译技术得到突破性的发展，人类就不需要花费大量的时间来学习一门或多门外语，工作中也不需要更多的翻译员，只需要一部具有机器翻译功能的手机就全部解决，这样的生活真的会实现吗？答案当然是肯定的，但是当前机器翻译水平整体质量较低，与人工翻译水平相差较远，难以相提并论，因此有待未来科学技术的发展，真正实现世界各地人们之间无障碍地进行交流和沟通。

然而，无论采用哪种方法，不可否认的是，目前机器翻译的最大困难在于译文的质量，机器翻译水平与人工翻译水平仍然相差甚远，不能相提并论。早在 20 多年前，国内著名语言学家周海中就认为要想达到翻译的“信、达、雅”，机器翻译是做不到的。也可以说，机器翻译是人工智能领域中一个很难攻克的课题。在提高机译质量的困难面前，只靠机器本身根本无法做到，这有待未来科学技术的发展，尤其是人工智能在神经信息学研究上的重大突破。

2）专家系统

专家系统包括了庞大的知识库和推理机制，通过存储并且模拟特定人类专家的知识和经验，从而得出相应的规律对此领域的问题进行推断，最终给出合理答案。当前的专家系统已经应用到了多个领域当中，其中包括了交通运输管理、教育类、医疗等。专家系统解决事情的依据主要是根据人类所提供的数据库进行模拟分析，达到指定领域中的专家水平，因此在处理问题时有着高效、不受干扰等优势。现代智慧医疗系统的发展正是人工智能与医疗科技结合发展的产物，将机器、算法和大数据三者相结合，为人类提供健康指导，成为人类抵御疾病、延长寿命的核心科技。人工智能系统可以通过机器学习阅读存储在医疗数据库、化学数据库中的数据及技术资料，发现潜在的可用于制造新药的配方，从而为制药业提供帮助；基于大数据的人工智能技术还可以为医生提供辅助诊断功能，通过判读影像、病理结果提高医生工作的效率，使医生可以为更多的病人提供服务，不仅如此，智慧医疗系统还可以根据每个人的基因序列，制订个性化的医疗方案。

但是当前专家系统的弊端是没有一个完善的机器学习机制和信息库管理维护手段，缺乏对数据的自动获取能力以及更新，并且在市场中使用的系统太过单一，不能进行跨领域知识的处理，因此知识和技术的局限性制约了专家系统的发展。随着研究不断深入，技术人员需要尽可能地跨越其局限性，才能突破专家系统的瓶颈，为社会发展注入新活力。

3）智能控制

智能控制不仅仅包括了智能自驱动能力，还包括了自身内的干预，包括对整体运行的控制和调节，在没有人为干扰的情况下进行决策，完成任务。机器人领域是智能控制技术中具有代表性的领域，机器人主要依托于智能控制中的模糊控制和神经网络控制等技术，因此在实际的应用中还会与传统控制技术相结合，从而实现高效控制机器人运动。

自动驾驶可以说是人工智能技术最大的应用场景，自从谷歌公司开启了自动驾驶汽车项目以来，这个庞大的产业已经初具雏形。在这个产业中，除了人工智能技术的使用，汽车业的发展也会发生翻天覆地的变化，一个不需要司机和方向盘的汽车形态将颠覆我们普通人对于汽车的认知，具有自动驾驶功能的汽车不需要很大，相互之间通过“车联网”连接起来，不但可以节省大量的道路空间，也提高了道路驾驶的安全性。相信在不久的将来，自动驾驶一定会走进我们普通人的生活。

5.3　大数据

5.3.1　大数据概述

随着云时代的来临，大数据(Big Data)也吸引了越来越多的关注。“大”只是一个相对的概念。从数据处理技术的发展来看，数据库、数据仓库、数据集市等信息管理领域的技术，也是在解决数据规模越来越大的问题。大数据概念起源于近年来互联网、云计算、移动通信和物联网的迅猛发展。无所不在的移动设备、射频识别(RFID)设备、无线传感器每分每秒都在产生数据，数以亿计用户的互联网服务时时刻刻在产生巨量的交互信息。由于数据量非常巨大、增长太快，而业务需求和竞争压力对数据处理的实时性、有效性又提出了更高要求，传统的常规技术手段根本无法应付。因此，技术人员纷纷研发和采用了一批新技术，主要包括分布式缓存、基于大规模并行处理的分布式数据库、分布式文件系统、各种非关系型的数据库(NoSQL)分布式存储方案等。

1) 大数据的定义

被誉为“数据仓库之父”的比尔·恩门(Bill Inmon)早在 20 世纪 90 年代就着手研究与应用大数据。而大数据的概念为人们所熟知是在 2011 年 5 月，麦肯锡(McKinsey & Company)全球研究院发布的一份报告后，报告名称为《大数据：创新、竞争和生产力的下一个新领域》。

尽管大数据的提法已经被普遍接受，但时至今日，国内外对于大数据的基本概念仍然没有达成共识，关于大数据的定义至今仍没有统一的标准，缺乏既权威又准确的概念界定。

维基百科中关于大数据的定义只有短短的一句话：“巨量资料(big data)，或称大数据，指的是所涉及的资料量规模巨大到无法通过目前主流软件工具，在合理时间内达到撷取、管理、处理并整理成为帮助企业经营决策更积极目的的资讯”。

麦肯锡在其报告《大数据:创新、竞争和生产力的下一个新领域》中给出的大数据定义是:大数据指的是大小超出常规的数据库工具获取、存储、管理和分析能力的数据集。但它同时强调,并不是说一定要超过特定 TB 值的数据集才能算是大数据。

国际数据公司(International Data Corporation,IDC)以大数据的四大显著特征——海量的数据规模(Volume)、快速的数据流转和动态的数据体系(Velocity)、多样的数据类型(Variety)、巨大的数据价值(Value)来解释大数据。

工业和信息化部电信研究院在《大数据白皮书(2014 年)》中认为,大数据是具有体量大、结构多样、时效强等特征的数据。国务院《促进大数据发展行动纲要》于 2015 年发布,纲要从数据集合的主要特征、发展态势和新的知识价值能力得以展现的新信息技术和服务业态角度来定义大数据。

从以上定义可以再次看出,大数据是一个相对宽泛的概念,见仁见智。上面几个定义,无一例外地都突出了“大”字。“大”是大数据的一个重要特征,但远远不是全部。如果要对大数据有更全面和深入地理解,从大数据具有的特征考察大数据可以有更清晰的认识。

2)大数据的典型特征

大数据(Big Data)是指“无法用现有的软件工具提取、存储、搜索、共享、分析和处理的海量的、复杂的数据集合。”业界通常用 4 个 V(即 Volume、Variety、Value、Velocity)来概括大数据的特征。

一是数据体量巨大(Volume)。目前为止,历史上人类的语言数据量总和大约是 5EB(1EB=1024PB,1PB=1024TB),人类生产的印刷材料的数据量总和已经达到 200PB,当前,典型个人计算机硬盘的容量为 TB 量级,而一些大企业的数据量已经接近 EB 量级。

二是数据类型繁多(Variety)。数据类型的多样性可将数据划分为两种类型,分别是结构化数据和非结构化数据。结构化数据以文本为主,非结构化数据则类型广泛,包括音频、视频、图片、网络日志、地理位臵信息等,多类型的数据对数据的处理能力要求更高。

三是价值密度低(Value)。数据总量越大,价值密度越低。以视频为例,视频连续播放 1 小时,有价值的数据可能仅有几秒。如何通过强大的机器算法更高地提升数据的价值是大数据的众多难题之一。

四是处理速度快(Velocity)。这是大数据不同于传统数据挖掘的最显著特征。IDC 的“数字宇宙”的报告预测,全球数据使用总和在 2020 年将达到 35.2ZB。海量的数据下,提升处理数据的效率就显得至关重要。

3)大数据技术的发展历程

20 世纪 90 年代至本世纪初，是大数据技术发展的萌芽期，随着数据挖掘理论和数据库技术的逐步成熟，一批商业智能工具和知识管理技术开始被应用，如数据仓库、专家系统、知识管理系统等。

大数据技术的形成期是 2003—2006 年，最重要的标志是谷歌在 2003 年和 2004 年先后发表了 GFS(Google File System)和 MapReduce 两篇论文，向世人揭示了一种新型的使用成千上万台普通 PC 机器进行海量数据存储和运算的技术。尽管当时还没有“大数据”这一说法，但这一技术，依然可以认为是当今流行的大数据技术的开端和重要基础。2006 年，Google 又公布了 BigTable 的论文，描述了一种适合大数据存储的分布式数据库系统，它与前者结合，形成了一套比较完善的大数据存储、计算、服务的技术体系。同期还有一项重要的技术进步，即列式存储技术的提出，这一技术深刻改变了数据分析的计算模式，成为大数据技术发展的一个重要推手。

2006—2012 年可以认为是大数据技术的发展成熟期，这一时期的主要推动力来源于开源社区，以 Hadoop(开始于 2005 年)为代表的开源项目获得了雅虎、FaceBook、亚马逊、LinkedIn、Cloudera 等互联网巨头和新兴公司的支持，甚至国内的华为、淘宝、百度等大公司也积极参与。2012 年 Hadoop 2.0 的推出，可以认为是大数据技术初步成熟的一个重要标志。Hadoop 社区已经开发出了 Hdfs、MapReduce、Zookeeper、HBase、Flume、Sqoop、Hive、Pig、Mahout、Storm 等一系列成熟的大数据软件系统，并获得学术界、产业界的积极响应，形成一个完整的生态系统。

同时，这一阶段也是大数据产业发展的初期阶段，这一时期大数据的概念还没有完全形成或不为人所熟知。在这一阶段，应用大数据分析技术的主要有两种类型的公司：互联网企业和高端金融机构。互联网企业以 Facebook 和亚马逊为代表，前者使用大数据技术对社交网络数据进行分析处理，一跃成为全球市值最高的互联网公司之一；后者应用于网上购物信息的分析挖掘，获得了巨大的利润提升。高端金融机构则将基于列存储的数组分析技术应用到股市数据的分析，华尔街开始进入“股市分析员”的时代。

从 2012 年至今，无论是大数据技术，还是大数据产业，都进入了一个新兴的发展阶段。一方面，Hadoop 社区(从 2.0)开始摆脱了 Google 的 MapReduce 计算框架的束缚，Mesos、Docker、Kafka 等新兴软件和技术的引入不断给大数据技术的发展注入了新的活力，而更引人注目的是 Spark 的兴起，由于取得了大大优于 MapReduce 的性能，大有取代 MapReduce 的趋势。2015 年 Spark 社区发展迅速，已经初步形成了一个类似 Hadoop 的生态系统。另一方面,大数据的概念已经开始盛行并得到各国政府的重视,大数据计算和处理技术迅速从互联网和金融行业扩展到教育、政务、交通、物流、医疗健康等其他行业。而大数据分析职业也开始从华尔街走出,催生了一种全新的职业“数据科学家”,被《哈佛商业评论》称为是“21 世纪最性感的职业”。

5.3.2 大数据参考架构和关键技术

1) 大数据技术参考架构

大数据作为一种新兴技术,目前尚未形成完善、达成共识的技术标准体系。本书结合美国国家标准与技术研究院(NIST)和数据管理与交换分技术委员会(JTC1/SC32)的研究报告,给出大数据应用系统架构的通用技术参考框架,参考架构采用构件层级结构来表达大数据系统的高层概念和通用的构件分类法,如图 5-3 所示。

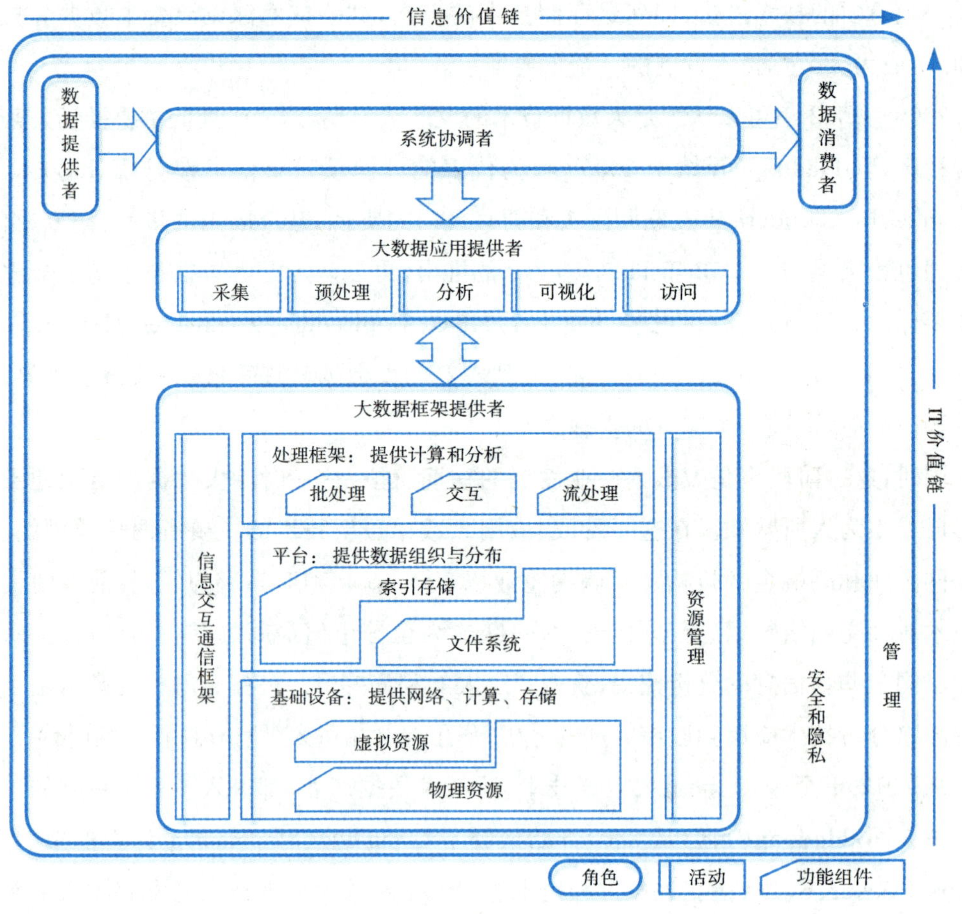

图 5-3 大数据参考架构

大数据参考架构整体布局按照代表大数据价值链的两个维度来组织，即信息价值链（水平轴）和IT价值链（垂直轴）。在信息价值链维度上，大数据的价值通过数据的收集、预处理、分析、可视化和访问等活动来实现。在IT价值链维度上，大数据价值通过为大数据应用提供存放和运行大数据的网络、基础设施、平台、应用工具以及其他IT服务来实现。大数据应用提供者处在两个维的交叉点上，表明大数据分析及其实施为两个价值链上的大数据利益相关者提供了价值。

大数据参考架构总体上可以概括为“一个概念体系，二个价值链维度”。“一个概念体系”是指它为大数据参考架构中使用的概念提供了一个构件层级分类体系，即“角色—活动—功能组件”，用于描述参考架构中的逻辑构件及其关系；“二个价值链维度”分别为“IT价值链”和“信息价值链”，其中“IT价值链”反映的是大数据作为一种新兴的数据应用范式对IT技术产生的新需求所带来的价值，“信息价值链”反映的是大数据作为一种数据科学方法论对数据到知识的处理过程中所实现的信息流价值。

逻辑构件被划分为三个层级，从高到低依次为角色、活动和功能组件。最顶层级的逻辑构件是角色，包括系统协调者、数据提供者、大数据应用提供者、大数据框架提供者、数据消费者、安全和隐私、管理。第二层级的逻辑构件是每个角色执行的活动。第三层级的逻辑构件是执行每个活动需要的功能组件。

五个主要的模型构件代表在每个大数据系统中存在的不同技术角色：系统协调者、数据提供者、大数据应用提供者、大数据框架提供者和数据消费者。另外两个非常重要的模型构件是安全隐私与管理，代表能为大数据系统其他五个主要模型构件提供服务和功能的构件。这两个关键模型构件的功能极其重要，因此也被集成在所有大数据解决方案中。

参考架构可以用于多个大数据系统组成的复杂系统（如堆叠式或链式系统），这样其中一个系统的大数据使用者可以作为另外一个系统的大数据提供者。参考架构逻辑构件之间的关系用箭头表示，包括三类关系：“数据”、“软件”和“服务使用”。“数据”表明在系统主要构件之间流动的数据，可以是实际数值或引用地址。“软件”表明在大数据处理过程中的支撑软件工具。“服务使用”代表软件程序接口。虽然此参考架构主要用于描述大数据实时运行环境，但也可用于配置阶段。大数据系统中涉及的人工协议和人工交互没有被包含在此参考架构中。

(1)系统协调者

系统协调者角色提供系统必须满足的整体要求，包括政策、治理、架构、资源和业务需求，以及为确保系统符合这些需求而进行的监控和审计活动。系统协调者角色的扮演者包括业务领导、咨询师、数据科学家、信息架构师、软件架构师、安全和隐私架构师、网络架构师等。

系统协调者定义和整合所需的数据应用活动到运行的垂直系统中。系统协调者通常会涉及更多具体角色，由一个或多个角色扮演者管理和协调大数据系统的运行。这些角色扮演者可以是人、软件或二者的结合。系统协调者的功能是配置和管理大数据架构的其他组件，来执行一个或多个工作负载。这些由系统协调者管理的工作负载，在较低层可以是把框架组件分配或调配到个别物理或虚拟节点上，在较高层可以是提供一个图形用户界面来支持连接多个应用程序和组件的工作流规范。系统协调者也可以通过管理角色监控工作负载和系统，以确认每个工作负载都达到了特定的服务质量要求，还可能弹性地分配和提供额外的物理或虚拟资源，以满足由变化/激增的数据或用户/交易数量而带来的工作负载需求。

(2)数据提供者

数据提供者角色为大数据系统提供可用的数据。数据提供者角色的扮演者包括企业、公共代理机构、研究人员和科学家、搜索引擎、Web/FTP 和其他应用、网络运营商、终端用户等。在一个大数据系统中，数据提供者的活动通常包括采集数据、持久化数据、对敏感信息进行转换和清洗、创建数据源的元数据及访问策略、访问控制、通过软件的可编程接口实现推或拉式的数据访问、发布数据可用及访问方法的信息等。

数据提供者通常需要为各种数据源(原始数据或由其他系统预先转换的数据)创建一个抽象的数据源，通过不同的接口提供发现和访问数据功能。这些接口通常包括一个注册表，使得大数据应用程序能够找到数据提供者、确定包含感兴趣的数据、理解允许访问的类型、了解所支持的分析类型、定位数据源、确定数据访问方法、识别数据安全要求、识别数据保密要求以及其他相关信息。因此，该接口将提供注册数据源、查询注册表、识别注册表中包含标准数据集等功能。

针对大数据的 4V 特性和系统设计方面的考虑，暴露和访问数据的接口需要根据变化的复杂性采用推和拉两种软件机制。这两种软件机制包括订阅事件、监听数据馈送、查询特定数据属性或内容，以及提交一段代码来执行数据处理功能。由于需要考虑大数据量跨网络移动的经济性，接口还可以允许提交分析请求(例如，执行一段实现特定算法的软件代码)，只把结果返回给请求者。数据访问可能不总是自动进行，可以让人类角色登录到系统提供新数据传送的方式(例如，基于数据馈送建立订阅电子邮件)。

(3)大数据应用提供者

大数据应用提供者在数据的生命周期中执行一系列操作，以满足系统协调者建立的系统要求及安全和隐私要求。大数据应用提供者通过把大数据框架中的一般性资源和服务能力相结合，把业务逻辑和功能封装成架构组件，构造出特定的大数据应用系统。

大数据应用提供者角色的扮演者包括应用程序专家、平台专家、咨询师等。大数据应用提供者角色执行的活动包括数据的收集、预处理、分析、可视化和访问。

大数据应用程序提供者可以是单个实例，也可以是一组更细粒度大数据应用提供者实例的集合，集合中的每个实例执行数据生命周期中的不同活动。每个大数据应用提供者的活动可能是由系统协调者、数据提供者或数据消费者调用的一般服务，如 Web 服务器、文件服务器、一个或多个应用程序的集合或组合。每个活动可以由多个不同实例执行，或者单个程序也可能执行多个活动。每个活动都能够与大数据框架提供者、数据提供者以及数据消费者交互。

这些活动可以并行执行，也可以按照任意的数字顺序执行，活动之间经常需要通过大数据框架提供者的消息和通信框架进行通信。大数据应用提供者执行的活动和功能，特别是数据收集和数据访问活动，需要与安全和隐私角色进行交互，执行认证、授权并记录或维护数据的出处。

收集活动用于处理与数据提供者的接口。它可以是一般服务，如由系统协调者配置的用于接收或执行数据收集任务的文件服务器或 Web 服务器；也可以是特定于应用的服务，如用来从数据提供者拉数据或接收数据提供者推送数据的服务。收集活动执行的任务类似于数据仓库技术（Extract-Transform-Load，ETL）的抽取（Extraction）环节。收集活动接收到的数据通常需要大数据框架提供者的处理框架来执行内存队列缓存或其他数据持久化服务。

预处理活动执行的任务类似于 ETL 的转换（Transformation）环节，包括数据验证、清洗、去除异常值、标准化、格式化或封装。预处理活动也是大数据框架提供者归档存储的数据来源，这些数据的出处信息一般也要被验证并附加到数据存储中。预处理活动也可能聚集来自不同的数据提供者的数据，利用元数据键来创建一个扩展的和增强的数据集。

分析活动的任务是实现从数据中提取出知识。这需要有特定的数据处理算法对数据进行处理，以便从数据中得出能够解决技术目标的新洞察。分析活动包括对大数据系统低级别的业务逻辑进行编码（更高级别的业务流程逻辑由系统协调者进行编码），它利用大数据框架提供者的处理框架来实现这些关联的逻辑，通常会涉及在批处理或流处理组件上实现分析逻辑的软件。分析活动还可以使用大数据框架提供者的消息和通信框架在应用逻辑中传递数据和控制功能。

可视化活动的任务是将分析活动结果以最利于沟通和理解知识的方式展现给数据消费者。可视化的功能包括生成基于文本的报告或者以图形方式渲染分析结果。可视化的结果可以是静态的，存储在大数据框架提供者中供以后访问。更多的情况下，可视化活动经常要与数据消费者、大数据分析活动以及大数据提供者的处理框架和平台进行交互，这就需要基于数据消费者设置的数据访问参数来提供交互式可视化手段。可视化活动可以完全由应用程序实现，也可以使用大数据框架提供者提供的专门的可视化处理框架实现。

访问活动主要集中在与数据消费者的通信和交互。与数据收集活动类似，访问活动可以是由系统协调者配置的一般服务，如 Web 服务器或应用服务器，用于接受数据消费者请求。访问活动还可以作为可视化活动、分析活动的界面来响应数据消费者的请求，并使用大数据框架提供者的处理框架和平台来检索数据，向数据消费者请求做出响应。此外，访问活动还要确保为数据消费者提供描述性和管理性元数据，并把这些元数据作为数据传送给数据消费者。访问活动与数据消费者的接口可以是同步或异步的，也可以使用拉或推软件机制进行数据传输。

(4)大数据框架提供者

大数据框架提供者角色为大数据应用提供者在创建特定的大数据应用系统时提供一般资源和服务能力。大数据框架提供者的角色扮演者包括数据中心、云提供商、自建服务器集群等。

大数据框架提供者执行的活动和功能包括提供基础设施(物理资源、虚拟资源)、数据平台(文件存储、索引存储)、处理框架(批处理、交互、流处理)、消息和通信框架、资源管理等。

基础设施为其他角色执行活动提供存放和运行大数据系统所需要的资源。通常情况下，这些资源是物理资源的某种组合，用来支持相似的虚拟资源。资源一般可以分为网络、计算、存储和环境。网络资源负责数据在基础设施组件之间的传送；计算资源包括物理处理器和内存，负责执行和保持大数据系统其他组件的软件；存储资源为大数据系统提供数据持久化能力；环境资源是在考虑建立大数据系统时需要的实体工厂资源，如供电、制冷等。

数据平台通过相关的应用编程接口(API)或其他方式，提供数据的逻辑组织和分发服务。它也可能提供数据注册、元数据以及语义数据描述等服务。逻辑数据组织的范围涵盖从简单的分隔符平面文件到完全分布式的关系存储或列存储。数据访问方式可以是文件存取 API 或查询语言(如 SQL)。通常情况下，实现的大数据系统既能支持任何基本的文件系统存储，也支持内存存储、索引文件存储等方式。

处理框架提供必要的基础软件以支持实现的应用能够处理具有 4V 特征的大数据。处理框架定义了数据的计算和处理是如何组织的。大数据应用依赖于各种平台和技术，以应对可扩展的数据处理和分析的挑战。处理框架一般可以分为批处理(Batch)、流处理(Streaming)和交互式(Interactive)三种类型。

消息和通信框架为可水平伸缩的集群的结点之间提供可靠队列、传输、数据接收等功能。它通常有两种实现模式,即点对点(Point-to-Point)模式和存储-转发(Store-and-Forward)模式。点对点模式不考虑消息的恢复问题,数据直接从发送者传送给接收者。存储-转发模式提供消息持久化和恢复机制,发送者把数据发送给中介代理,中介代理先存储消息然后再转发给接收者。

资源管理活动负责解决由于大数据的数据量和速度特征而带来的对 CPU、内存、I/O 等资源管理问题。有两种不同的资源管理方式,分别是框架内(Intra-Framework)资源管理和框架间(Inter-Framework)资源管理。框架内资源管理负责框架自身内部各组件之间的资源分配,由框架负载驱动,通常会为了最小化框架整体需求或降低运行成本而关闭不需要的资源。框架间资源管理负责大数据系统多个存储框架和处理框架之间的资源调度和优化管理,通常包括管理框架的资源请求、监控框架资源使用,以及在某些情况下对申请使用资源的应用队列进行管理等。特别的,针对大数据系统负载多变、用户多样、规模较大的特点,应采用更加经济有效的资源构架和管理方案。目前的大数据软件框架,其亮点在于高可扩展性,而本质诉求仍然是如何实现并行化,即对数据进行分片并为每一个分片分配相应的本地计算资源。

因此,对于基础架构而言,为了支持大数据软件框架,最直接的实现方式就是将一份计算资源和一份存储资源进行绑定,构成一个资源单位(如服务器),以获得尽可能高的本地数据访问性能。但是,这种基础架构由于计算同存储之间紧耦合且比例固定,逐渐暴露出资源利用率低、重构时灵活性差等问题。因此,未来应通过硬件及软件各方面的技术创新,在保证本地数据访问性能的同时,实现计算与存储资源之间的松耦合,即:可以按需调配整个大数据系统中的资源比例,及时适应当前业务对计算和存储的真实需要;同时,可以对系统的计算部分进行快速切换,真正满足数据技术(DT)时代对“以数据为中心、按需投入计算”的业务要求。

(5)数据消费者

数据消费者角色接收大数据系统的输出。与数据提供者类似,数据消费者可以是终端用户或者其他应用系统。数据消费者执行的活动通常包括搜索/检索、下载、本地分析、生成报告、可视化等。数据消费者利用大数据应用提供者提供的界面或服务访问他感兴趣的信息,这些界面包括数据报表、数据检索、数据渲染等。

数据消费者角色也会通过数据访问活动与大数据应用提供者交互,执行其提供的数据分析和可视化功能。交互可以是基于需要(Demand-Based)的,包括交互式可视化、创建报告,或者利用大数据提供者提供的商务智能(BI)工具对数据进行钻取(Drill-Down)

操作等。交互功能也可以是基于流处理(Streaming-Based)或推(Push-Based)机制的，这种情况下消费者只需要订阅大数据应用系统的输出即可。

(6)安全和隐私

在大数据参考架构图中，安全和隐私角色覆盖了其他五个主要角色，即系统协调者、数据提供者、大数据框架提供者、大数据应用提供者、数据消费者，表明这五个主要角色的活动都要受到安全和隐私角色的影响。安全和隐私角色处于管理角色之中，也意味着安全和隐私角色与大数据参考架构中的全部活动和功能都相互关联。在安全和隐私管理模块，通过不同的技术手段和安全措施，构筑大数据系统全方位、立体的安全防护体系，同时应提供一个合理的灾备框架，提升灾备恢复能力，实现数据的实时异地容灾功能。

(7)管理

管理角色包括两个活动组：系统管理和大数据生命周期管理。系统管理活动组包括调配、配置、软件包管理、软件管理、备份管理、能力管理、资源管理和大数据基础设施的性能管理等活动。大数据生命周期管理涵盖了大数据生命周期中所有的处理过程，其活动和功能是验证数据在生命周期的每个过程是否都能够被大数据系统正确地处理。

由于大数据基础设施的分布式和复杂性，系统管理依赖两点：使用标准的协议如SNMP把资源状态和出错信息传送给管理组件；通过可部署的代理或管理连接子(Connector)允许管理角色监视甚至控制大数据处理框架元素。系统管理的功能是监视各种计算资源的运行状况，应对出现的性能或故障事件，从而能够满足大数据应用提供者的服务质量(QoS)需求。在云服务提供商提供能力管理接口时，通过管理连接子对云基础设施提供的自助服务、自我调整、自我修复等能力进行利用和管理。大型基础设施通常包括数以千计的计算和存储节点，因此应用程序和工具的调配应尽可能自动化。软件安装、应用配置以及补丁维护也应该以自动的方式推送到各结点并实现自动地跨结点复制。还可以利用虚拟化技术的虚拟映像，加快恢复进程和提供有效的系统修补，以最大限度地减少定期维护时的停机时间。系统管理模块应能够提供统一的运维管理，能够对包括数据中心、基础硬件、平台软件(存储、计算)和应用软件进行集中运维、统一管理，实现安装部署、参数配置、系统监控等功能。应提供自动化运维的能力，通过对多个数据中心的资源进行统一管理，合理地分配和调度业务所需要的资源，做到自动化按需分配。同时提供对多个数据中心的IT基础设施进行集中运维的能力，自动化监控数据中心内各种IT设备的事件、告警、性能，实现从业务维度来进行运维的能力。

大数据生命周期管理活动负责验证数据在生命周期中的每个过程是否都能够被大数据系统正确地处理，它覆盖了数据从数据提供者那里被摄取到系统，一直到数据被处理或从系统中删除的整个生命周期。由于大数据生命周期管理的任务可以分布在大数据计算环境中的不同组织和个体,从遵循政策法规和安全要求的视角,大数据生命周期管理包括以下活动或功能:政策管理(数据迁移及处置策略)、元数据管理(管理数据标识、质量、访问权限等元数据信息)、可访问管理(依据时间改变数据的可访问性)、数据恢复(灾难或系统出错时对数据进行恢复)、保护管理(维护数据完整性)。从大数据系统要应对大数据的 4V 特征来看,大数据生命周期管理活动和功能还包括与系统协调者、数据提供者、大数据框架提供者、大数据应用提供者、数据消费者以及安全和隐私角色之间的交互。

2) 大数据的关键技术

(1)数据采集

大数据时代,数据的来源极其广泛,数据有不同的类型和格式,同时呈现爆发性增长的态势,这些特性对数据采集技术也提出了更高的要求。数据采集需要从不同的数据源实时地或及时地采集不同类型的数据并发送给存储系统或数据中间件系统进行后续处理。数据采集一般可分为设备数据采集和 Web 数据爬取两类,常用的数据采集软件有 Splunk、Sqoop、Flume、Logstash Kettle 以及各种网络爬虫,如 Heritrix、Nutch 等。

(2)数据预处理

数据的质量对数据的价值大小有直接影响,低质量数据将导致低质量的分析和挖掘结果。广义的数据质量涉及许多因素,如数据的准确性、完整性、一致性、时效性、可信性与可解释性等。

大数据系统中的数据通常具有一个或多个数据源,这些数据源可以包括同构/异构的(大)数据库、文件系统、服务接口等。这些数据源中的数据来源于现实世界,容易受到噪声数据、数据值缺失与数据冲突等的影响。此外,数据处理、分析、可视化过程中的算法与实现技术复杂多样,往往需要对数据的组织、数据的表达形式、数据的位置等进行一些前置处理。

数据预处理的引入,将有助于提升数据质量,并使得后继数据处理、分析、可视化过程更加容易、有效,有利于获得更好的用户体验。数据预处理形式上包括数据清理、数据集成、数据归约与数据转换等阶段。

数据清理技术包括数据不一致性检测技术、脏数据识别技术、数据过滤技术、数据修正技术、数据噪声的识别与平滑技术等。

数据集成把来自多个数据源的数据进行集成,缩短数据之间的物理距离,形成一个集中统一的(同构/异构)数据库、数据立方体、数据宽表与文件等。

数据归约技术可以在不损害挖掘结果准确性的前提下，降低数据集的规模，得到简化的数据集。归约策略与技术包括维归约技术、数值归约技术、数据抽样技术等。

经过数据转换处理后，数据被变换或统一。数据转换不仅简化处理与分析过程、提升时效性，也使得分析挖掘的模式更容易被理解。数据转换处理技术包括基于规则或元数据的转换技术、基于模型和学习的转换技术等。

(3)数据存储

分布式存储与访问是大数据存储的关键技术，它具有经济、高效、容错好等特点。分布式存储技术与数据存储介质的类型和数据的组织管理形式直接相关。目前的主要数据存储介质类型包括内存、磁盘、磁带等；主要数据组织管理形式包括按行组织、按列组织、按键值组织和按关系组织；主要数据组织管理层次包括按块级组织、文件级组织以及数据库级组织等。不同的存储介质和组织管理形式对应于不同的大数据特征和应用特点。

(4)数据处理

分布式数据处理技术一方面与分布式存储形式直接相关，另一方面也与业务数据的温度类型(冷数据、热数据)相关。目前主要的数据处理计算模型包括 MapReduce 计算模型、DAG 计算模型、BSP 计算模型等。

(5)数据可视化

数据可视化(Data Visualization)运用计算机图形学和图像处理技术，将数据转换为图形或图像在屏幕上显示出来，并进行交互处理。它涉及计算机图形学、图像处理、计算机辅助设计、计算机视觉及人机交互等多个技术领域。数据可视化概念首先来自科学计算可视化(Visualization in Scientific Computing)，科学家们不仅需要通过图形图像来分析由计算机算出的数据，而且需要了解在计算过程中数据的变化。

随着计算机技术的发展，数据可视化概念已大大扩展，它不仅包括科学计算数据的可视化，而且包括工程数据和测量数据的可视化。学术界常把这种空间数据的可视化称为体视化(Volume Visualization)技术。

近年来，随着网络技术和电子商务的发展，信息可视化(Information Visualization)的要求被提出了。通过数据可视化技术，可发现大量金融、通信和商业数据中隐含的规律信息，从而为决策提供依据。这已成为数据可视化技术中新的热点。清晰而有效地在大数据与用户之间传递和沟通信息是数据可视化的重要目标，数据可视化技术将数据库中每一个数据项作为单个图元元素表示，大量的数据集构成数据图像，同时将数据的各个属性值以多维数据的形式表示，可以从不同的维度观察数据，从而对数据进行更深入的观察和分析。

5.3.3 大数据的典型应用领域

大数据应用领域极其广泛，涵盖了金融保险、医药医疗、基础电信、交通管理、物流零售、文化娱乐、能源、旅游、农业、工业等。随着政府与公共事业服务意识的不断加强与转变，以及更智慧的执政与管理理念的带动，社会对数据的管理与分析需求日益强化，大数据在政府或公共事业领域内的应用也将日趋广泛。

1）医疗领域

除了较早利用大数据的互联网公司，医疗行业是让大数据分析最先发扬光大的传统行业之一。医疗行业拥有大量的病例、病理报告、治愈方案、药物报告等。如果这些数据可以被整理和应用将会极大地帮助医生和病人。我们面对的数目及种类众多的病菌、病毒，以及肿瘤细胞，都处于不断进化的过程中。在发现诊断疾病时，疾病的确诊和治疗方案的确定是最困难的。在未来，借助于大数据平台，我们可以收集不同病例和治疗方案，以及病人的基本特征，可以建立针对疾病特点的数据库。如果未来基因技术发展成熟，可以根据病人的基因序列特点进行分类，建立医疗行业的病人分类数据库。在医生诊断病人时可以参考病人的疾病特征、化验报告和检测报告，参考疾病数据库来快速帮助病人确诊，明确定位疾病。在制订治疗方案时，医生可以依据病人的基因特点，调取相似基因、年龄、人种、身体情况相同的有效治疗方案，制定出适合病人的治疗方案，帮助更多人及时进行治疗。同时，这些数据也有利于医药行业开发出更加有效的药物和医疗器械。

2）金融领域

大数据在金融行业应用范围较广，典型的案例有花旗银行利用IBM沃森电脑为财富管理客户推荐产品；美国银行利用客户点击数据集为客户提供特色服务，如有竞争的信用额度；招商银行利用客户刷卡、存取款、电子银行转账、微信评论等行为数据进行分析，每周给客户发送针对性广告信息，里面有顾客可能感兴趣的产品和优惠信息。可见，大数据在金融行业的应用可以总结为以下五个方面：

精准营销：依据客户消费习惯、地理位置、消费时间进行推荐。

风险管控：依据客户消费和现金流提供信用评级或融资支持，利用客户社交行为记录实施信用卡反欺诈。

决策支持：利用决策树技术进行抵押贷款管理，利用数据分析报告实施产业信贷风险控制。

效率提升：利用金融行业全局数据了解业务运营薄弱点，利用大数据技术加快内部数据处理速度。

产品设计：利用大数据计算技术为财富客户推荐产品，利用客户行为数据设计能满足客户需求的金融产品。

3）交通领域

目前，交通的大数据应用主要在两个方面，一方面可以利用大数据传感器数据来了解车辆通行密度，合理进行道路规划包括单行线路规划。另一方面可以利用大数据来实现即时信号灯调度，提高已有线路运行能力。科学安排信号灯是一个复杂的系统工程，必须利用大数据计算平台才能计算出一个较为合理的方案。科学的信号灯安排将会提高30%左右已有道路的通行能力。在美国，政府依据某一路段的交通事故信息来增设信号灯，降低了50%以上的交通事故率。机场的航班起降依靠大数据将会提高航班管理的效率，航空公司利用大数据可以提高上座率，降低运行成本。铁路利用大数据可以有效安排客运和货运列车，提高效率、降低成本。

4）教育领域

在课堂上，大数据不仅可以帮助改善教育教学，在重大教育决策制定和教育改革方面，大数据更有用武之地。美国利用大数据来诊断处在辍学危险期的学生，探索教育开支与学生学习成绩提升的关系，探索学生缺课与成绩的关系。比如美国某州公立中小学的数据分析显示，在语文成绩上，教师高考分数和学生成绩呈现显著的正相关。也就是说，教师的高考成绩与他们现在所教语文课上的学生学习成绩有很明显的关系，教师的高考成绩越好，学生的语文成绩也越好。其实，教师高考成绩高低某种程度上是教师的某个特点在起作用，而正是这个特点对教好学生起着至关重要的作用，教师的高考分数可以作为挑选教师的一个指标。如果有了充分的数据，便可以发掘更多的教师特征和学生成绩之间的关系，从而为挑选教师提供更好的参考。

大数据还可以帮助家长和教师甄别出孩子的学习差距和有效的学习方法。比如，美国的麦格劳-希尔教育出版集团就开发出了一种预测评估工具，帮助学生评估他们已有的知识和达标测验所需程度的差距，进而指出学生有待提高的地方。评估工具可以让教师跟踪学生学习情况，从而找到学生的学习特点和方法。有些学生适合按部就班，有些则更适合图式信息和整合信息的非线性学习。这些都可以通过大数据搜集和分析很快识别出来，从而为教育教学提供坚实的依据。在国内尤其是北京、上海、广东等城市，大数据在教育领域就已有了非常多的应用，譬如像慕课、在线课程、翻转课堂等，其中就应用了大量的大数据工具。

5.4 区块链

5.4.1 区块链概述

区块链(Blockchain)是一个信息技术领域的术语,是分布式数据存储、点对点传输、共识机制、加密算法等计算机技术的新型应用模式。从本质上讲,区块链是一个共享数据库,存储于其中的数据或信息,具有不可伪造、全程留痕、可以追溯、公开透明、集体维护等特征。基于这些特征,区块链技术奠定了坚实的“信任”基础,创造了可靠的“合作”机制,具有广阔的应用前景。

1) 区块链的定义

区块链有狭义和广义两种定义,从狭义上来说,区块链指一种按照时间顺序,将区块(Block)以顺序相连的方式组合成的一种链式数据结构,以密码学保证数据不可篡改和不可伪造的分布式账本。比特币区块链就是这种狭义的区块链,除了狭义定义以外,区块链还有一种广义定义。广义上的区块链是指利用块链式数据结构验证存储数据,利用分布式节点生成更新数据,利用密码学保证数据安全,利用智能合约编程操作数据的全新分布式架构与计算范式。

从科技层面来看,区块链涉及数学、密码学、互联网和计算机编程等很多科学技术问题。从应用视角来看,简单来说,区块链是一个分布式的共享账本和数据库,具有去中心化、不可篡改、全程留痕、可以追溯、集体维护、公开透明等特点。这些特点保证了区块链的“诚实”与“透明”,为区块链创造信任奠定基础。而区块链丰富的应用场景,基本上都基于区块链能够解决信息不对称问题,实现多个主体之间的协作信任与一致行动。

总而言之,区块链是一种技术解决方案,其工作原理是使用密码学来记录数据并生成数字签名,以验证其真实性和有效性。前后连接的数据块来形成一个主渠道,系统的所有节点,即用户账户的账本,共同管理,以确保数据不会被篡改或伪造,并进行分散维修,效果很好。一般,区块链兼具分布式记账功能和数据处理功能,可追溯一个无损和修改意见,作为核心技术来解决存在的问题和部门发展中遇到的困难,并提高加工效率。

2) 区块链的典型特征

结合区块链的定义,区块链通常有四大特征:去中心化(Decentralized)、去信任(Trustless)、集体维护(Collectively Maintain)、可靠数据库(Reliable Database)。并且由这四个特征引申出另外两个特征:开源(Open Source)、匿名性(Anonymity)。如果一个系统不具备这些特征，将不能视其为基于区块链技术的应用。

(1)去中心化(Decentralized)

整个网络没有中心化的硬件或者管理机构，任意节点之间的权利和义务都是均等的，且任一节点的损坏或者失去都不会影响整个系统的运作。因此也可以认为区块链系统具有极好的健壮性。

(2)去信任(Trustless)

参与整个系统中的每个节点之间进行数据交换是无须互相信任的，整个系统的运作规则是公开透明的，所有的数据内容也是公开的，因此在系统指定的规则范围和时间范围内，节点之间不能欺骗也无法欺骗其他节点。

(3)集体维护(Collectively maintain)

系统中的数据块由整个系统中所有具有维护功能的节点来共同维护，而这些具有维护功能的节点是任何人都可以参与的。

(4)可靠数据库(Reliable Database)

整个系统将通过数据库的形式，让每个参与节点都能获得一份完整数据库的拷贝。除非能够同时控制整个系统中超过 51%的节点，否则单个节点上对数据库的修改是无效的，也无法影响其他节点上的数据内容。因此参与系统中的节点越多和计算能力越强，该系统中的数据安全性越高。

(5)开源(Open Source)

由于整个系统的运作规则必须是公开透明的，所以对于程序而言，整个系统必定是开源的。

(6)匿名性(Anonymity)

由于节点和节点之间无须互相信任，因此节点和节点之间无须公开身份，在系统中的每个参与节点都是匿名的。

3）区块链的发展历程

区块链起源于比特币，是比特币的基础支撑技术。2008 年，一位自称中本聪(Satoshi Nakamoto)的人发表了《比特币：一种点对点的电子现金系统(Bitcoin：A Peer-to-Peer Electronic Cash System)》一文，在这篇文章中，作者阐述了基于 P2P 网络技术、加密技术、时间戳技术、区块链技术等的电子现金系统的构架理念，并详细地描述了如何建立一套全新的、去中心化的、不需要信任基础的点到点交易体系的方法——区块链。该事件标志着比特币的诞生和区块链技术的应用。比特币白皮书英文原版其实并未出现“blockchain”一词，而是使用的“chain of blocks”。最早的比特币白皮书中文翻译版中，将“chain of blocks”翻译成了区块链。这是“区块链”这一中文词最早的出现时间。

2009年1月，比特币区块链的第一个区块——“创世区块”诞生，持有人为创始人中本聪。一周后，中本聪发送了10个比特币给密码学专家哈尔·芬尼，这也成为比特币史上的第一笔交易。

近年来，伴随着比特币的蓬勃发展，有关区块链技术的研究也开始呈现出井喷式增长，并吸引了来自各行各业的众多目光。

2014年，业界开始认识到区块链技术的重要价值，并通过智能合约技术将其用于数字货币外的分布式应用领域。2015年，英国《经济学人》杂志以封面报道形式阐释了作为“信任的机器”的区块链，指出它可以在没有中央权威机构的情况下，建立交易双方的信任关系。也正是从这时起，区块链技术进入了欧美主流金融机构的视线。2015年12月，美国纳斯达克通过区块链平台完成了首个证券交易。将区块链的无限可能性看在眼里的可不只有金融机构，各国政府同样“窥探”到了“先机”。

2016年1月，英国政府发布区块链专题研究报告，积极推行区块链在金融和政府事务中的应用；而作为全球区块链技术应用和虚拟货币交易的领军国家，美国政府也正积极参与区块链技术存在的潜在使用的项目。

2016年可谓是区块链产业深入发展和全面加速前进的一年，从国家战略、产业界到学术界，区块链技术都受到前所未有的广泛关注。这一年，中国人民银行提出争取早日推出央行发行的数字货币，并给出了央行数字货币原型的构想。作为一项可选的技术，中国人民银行还专门部署了重要力量，研究探讨区块链应用技术。同时，工信部也大力推动区块链发展，包括组织召开区块链技术和产业发展论坛筹备会、发布《中国区块链技术和应用发展白皮书》(2016版)等。白皮书分析了区块链为信息产业发展可能带来的机遇和挑战，分享了区块链开源最新发展趋势、区块链应用现状和趋势以及区块链技术开发的最佳实践，还探讨了我国区块链技术和产业发展路线图、标准化路线图，因此成为我国区块链技术的第一个官方指导文件。与此同时，为了促进区块链技术的发展，推进区块链核心技术的研发与应用，我国自2016年初至今，陆续成立了各种区块链研究机构，其中包括中国区块链研究联盟、中关村区块链产业联盟、中国分布式总账基础协议联盟、中国互联网金融协会区块链研究工作组以及银行间市场技术标准工作组区块链技术研究组等。

区块链科学研究所创始人梅兰妮·斯万(Melanie Swan)在其所著的《区块链：新经济蓝图及导读》一书中，按照区块链已经完成的以及将要完成的功能，将其划分成区块链1.0、2.0和3.0三个发展阶段和方向，这也成为当前业界基本认可的一种区块链划分方式。

其中，区块链1.0带给人们关于数字货币的概念及其市场影响的思考；区块链2.0更关注智能合约所体现的业务价值，合约通过在区块链上增加应用功能，拓展了区块链的适用范围和生存空间；区块链 3.0 则要把区块链的应用范围拓展到政府、医疗、金融、文化等各个领域，并支持广义的资产交互和登记。

目前，包括纳斯达克、纽交所、花旗银行在内的数十家金融机构都在开展区块链金融创新。而在金融业之外，区块链技术的应用范围也逐渐拓展到互联网业务、政府公开信息、电子证据、数据安全等领域，即技术和产业正从区块链 2.0 向 3.0 迈进，走向万物互联的“区块链＋”时代。

区块链最大的创新之处在于它提供了一种去中心化的信用创造方式。它能让交易双方在无需借助第三方信用中介的条件下开展经济活动，从而实现全球范围内的低成本价值转移，让整个交易和支付速度变得更快、成本更低、更安全且更容易操作，是对人类信用创造的一次革新。

不仅如此，区块链技术更“被认为是继大型机、个人电脑、互联网、移动/社交网络之后计算范式的第五次颠覆式创新，是人类信用进化史上继血亲信用、贵金属信用、央行纸币信用之后的第四个里程碑。区块链技术是下一代云计算的雏形，有望像互联网一样彻底重塑人类社会活动形态，并实现从目前的信息互联网向价值互联网的转变。”袁勇、王飞跃在发表于《自动化学报》上的《区块链技术发展现状与展望》一文中，这样阐述区块链技术的意义。但这并不意味着区块链技术不存在局限性。例如区块容量限制、确认时间长、基于工作量证明的共识机制能耗大等问题，都在某种程度上限制了它在商业上的大规模应用。此外，其数据透明性造成的隐私泄露以及法律、监管等问题，也还需要进一步研究。

5.4.2 区块链的核心技术和架构

1）区块链的核心技术

(1)分布式账本

分布式账本(Distributed Ledger)是一种在网络成员之间共享、复制和同步的数据库。分布式账本记录网络参与者之间的交易，比如资产或数据的交换。这种共享账本消除了调解不同账本的时间和开支。分布式账本技术本质上是一种可以在多个网络节点、多个物理地址或者多个组织构成的网络中进行数据分享、同步和复制的去中心化数据存储技术。相较于传统的分布式存储系统，分布式账本技术主要具备两种不同的特征：

一是传统分布式存储系统执行受某一中心节点或权威机构控制的数据管理机制，分布式账本往往基于一定的共识规则，采用多方决策、共同维护的方式进行数据的存储、复制等操作。面对互联网数据的爆炸性增长，当前由单一中心组织构建数据管理系统的方式正受到更多的挑战，服务方不得不持续追加投资构建大型数据中心，不仅带来了计算、网络、存储等各种庞大资源池效率的问题，不断推升的系统规模和复杂度也带来了愈加严峻的可靠性问题。然而，分布式账本技术去中心化的数据维护策略恰恰可以有效减少系统臃肿的负担。在某些应用场景，甚至可以有效利用互联网中大量零散节点所沉淀的庞大资源池。

二是传统分布式存储系统将系统内的数据分解成若干片段，然后在分布式系统中进行存储，而分布式账本中任何一方的节点都各自拥有独立的、完整的一份数据存储，各节点之间彼此互不干涉、权限等同，通过相互之间的周期性或事件驱动的共识达成数据存储的最终一致性。经过几十年的发展，传统业务体系中的高度中心化数据管理系统在数据可信、网络安全方面的短板已经日益受到人们的关注。普通用户无法确定自己的数据是否被服务商窃取或篡改，在受到黑客攻击或产生安全泄露时更加显得无能为力。为了应对这些问题，人们不断增加额外的管理机制或技术，这种情况进一步推高了传统业务系统的维护成本、降低了商业行为的运行效率。分布式账本技术可以在根本上大幅改善这一现象，由于各个节点均各自维护了一套完整的数据副本，任意单一节点或少数集群对数据的修改，均无法对全局大多数副本造成影响。换句话说，无论是服务提供商在无授权情况下的蓄意修改，还是网络黑客的恶意攻击，均需要同时影响到分布式账本集群中的大部分节点，才能实现对已有数据的篡改，否则系统中的剩余节点将很快发现并追溯到系统中的恶意行为，这显然大大提升了业务系统中数据的可信度和安全保证。

这两种特有的系统特征，使得分布式账本技术成为一种非常底层的、对现有业务系统具有颠覆性的革命性创新。

(2)共识机制

区块链是一个历史可追溯、不可篡改、解决多方互信问题的分布式(去中心化)系统。分布式系统必然面临着一致性问题，而解决一致性问题的过程我们称之为共识。区块链每一个信息节点能够彼此之间交叉确认，形成共识，确保所有参与方的信息值完全一致。即保证每个节点的账本是统一的，这构成了信任、协作的基础。

分布式系统的共识达成需要依赖可靠的共识算法。共识算法通常解决的是分布式系统中由哪个节点发起提案，以及其他节点如何就这个提案达成一致的问题，常见共识算法有：

■ PoW(Proof of Work)：工作量证明；

■ PoS(Proof of Stake)：股权证明；

■ DPoS(Delegated Proof of Stake)：授权股权证；

■ PBFT(Practical Byzantine Fault Tolerance)：实用拜占庭容错算法。

根据传统分布式系统与区块链系统间的区别，将共识算法分为可信节点间的共识算法与不可信节点间的共识算法。前者已经被深入研究，并且在现在流行的分布式系统中广泛应用,其中 Paxos 和 Raft 及其相应变种算法最为著名。对于后者,虽然也早被研究,但直到近年区块链技术发展如火如荼,相关共识算法才得到大量应用。而根据应用场景的不同,后者又分为以 PoW 和 PoS 等算法为代表的适用于公链的共识算法和以 PBFT 及其变种算法为代表的适用于联盟链或私有链的共识算法。

POW 算法是比特币系统采用算法,该算法于 1998 年由戴维(Wei Dai)在 B-money 的设计中提出。以太坊系统当前同样采用 PoW 算法进行共识,但由于以太坊系统的出块更快(约 15 秒),更容易产生区块,为了避免大量节点白白陪跑,以太坊提出了叔(Uncle)块奖励机制。Pos 算法最早由桑尼·金(Sunny King)在 2012 年 8 月发布的点点币 PPC(Peer To Peer Coin)系统中首先实现,而以太坊系统也一直对 PoS 抱有好感,计划后续以 PoS 代替 Pow 作为其共识机制。PoS 及其变种算法可以解决 PoW 算法一直被诟病的浪费算力问题,但其本身尚未经过足够验证。PBFT 算法最早由米格尔·卡斯特罗(Miguel Castro)和芭芭拉·利斯科夫(Barbara Liskov)在 1999 年的操作系统设计与实现国际会议上(OSDI99)提出,该算法相较原始拜占庭容错算法具有更高的运行效率。假设系统中共有 N 个节点,那么 PBFT 算法可以容忍系统中存在 F 个恶意节点,并且 3F+1 不大于 N。PBFT 共识算法虽然随着系统中节点数增多而可以容忍更多的拜占庭节点,但其共识效率却是以极快的速率下降,这也是我们能看到的应用 PBFT 做共识算法的系统中很少有超过 100 个节点的原因。

无论是 Pow 算法还是 PoS 算法,其核心思想都是通过经济激励来鼓励节点对系统的贡献和付出,通过经济惩罚来阻止节点作恶。公链系统为了鼓励更多节点参与共识,通常会发放代币(Token)给对系统运行有贡献的节点。而联盟链或者私链与公链的不同之处在于,联盟链或者私链的参与节点通常希望从链上获得可信数据,这相对于通过记账来获取激励而言有意义得多,所以它们更有义务和责任去维护系统的稳定运行,并且通常参与节点数较少。PBFT 及其变种算法恰好适用于联盟链或者私链的应用场景。

(3)智能合约

智能合约(Smart Contract)是一种旨在以信息化方式传播、验证或执行合同的计算机协议。它允许在不需要第三方的情况下,执行可追溯、不可逆转和安全的交易。智能合约包含了有关交易的所有信息,只有在满足要求后才会执行结果操作。智能合约和传统纸质合约的区别在于智能合约是由计算机生成并执行的。因此,代码本身解释了参与方的相关权利和义务。

智能合约概念可追溯到 20 世纪 90 年代,由计算机科学家、法学家及密码学家尼克·萨博(Nick Szabo)首次提出。他对智能合约的定义如下:“一个智能合约是一套以数字形式定义的承诺,包括合约参与方可以在上面执行这些承诺的协议。”尼克·萨博等研究学者希望能够借助密码学及其他数字安全机制，将传统合约条款的制定与履行方式，置于计算机技术之下，降低相关成本。然而，由于当时许多技术尚未成熟，缺乏能够支持可编程合约的数字化系统和技术，尼克萨博关于智能合约的工作理论迟迟没有实现。

随着区块链技术的出现与成熟，智能合约作为区块链及未来互联网合约的重要研究方向，得以快速发展。基于区块链的智能合约包括事件处理和保存的机制，以及一个完备的状态机，用于接受和处理各种智能合约，数据的状态处理在合约中完成。事件信息传入智能合约后，触发智能合约进行状态机判断。如果自动状态机中某个或某几个动作的触发条件满足，则由状态机根据预设信息选择合约动作的自动执行。因此，智能合约作为一种计算机技术，不仅能够有效地对信息进行处理，而且能够保证合约双方在不必引入第三方权威机构的条件下强制履行合约，避免了违约行为的出现。

2013 年末，程序员维塔利克·布特林(Vitalik Buterin)受比特币启发，发布了白皮书《以太坊：下一代智能合约和去中心化应用平台》，并在 2014 年开始发展，智能合约开始被人们聚焦。维塔利克·布特林在以太坊提供了一个内部的图灵完备的脚本语言以供用户来构建任何可以精确定义的智能合约或交易类型，为在区块链上搭建各种应用提供了一个广阔的平台。

区块链为智能合约提供了可信执行环境，智能合约为区块链扩展了应用。业内人士将以中本聪的比特币为代表的虚拟货币时代称为区块链 1.0，将以太坊为代表的智能合约称为区块链 2.0，智能合约已经成为区块链的核心技术之一。

总的来说，区块链是一个数据传输的应用模型，密码学、分布式账本、共识机制以及智能合约在区块链中分别起到了数据安全、数据存储、数据处理以及数据应用的作用，它们共同构建了区块链的基础，奠定了区块链蓬勃发展的基础。

(4)密码学

密码学是信息安全的基础。区块链中用到了很多密码学的方法，主要用于加密、密钥传输、身份验证等，保证数据传输的安全性和数据的隐私性，主要包括：哈希算法、对称加密、非对称加密、数字签名、数字证书、同态加密、零知识证明等。接下来，我们从安全的完整性、机密性、身份认证等维度，简要介绍区块链中安全及密码学技术的应用。

①完整性(防篡改)：区块链采用密码学哈希算法技术，保证区块链账本的完整性不被破坏。哈希(散列)算法能将二进制数据映射为一串较短的字符串，并具有输入敏感特性，一旦输入的二进制数据发生微小的篡改，经过哈希运算得到的字符串将发生非常大的变化。此外，优秀哈希算法还具有冲突避免特性，即输入不同的二进制数据，得到的哈希结果字符串是不同的。区块链利用哈希算法的输入敏感和冲突避免特性，在每个区块内生成包含上一个区块的哈希值，并在区块内生成验证过的交易的 Merkle 根哈希值。

一旦整个区块链某些区块被篡改,都无法得到与篡改前相同的哈希值,从而保证区块链被篡改时,能够被迅速识别,最终保证区块链的完整性(防篡改)。

②机密性:加解密技术从技术构成上分为两大类,一类是对称加密,一类是非对称加密。对称加密的加解密密钥相同;而非对称加密的加解密密钥不同,一个被称为公钥,一个被称为私钥。公钥加密的数据,只有对应的私钥可以解开,反之亦然。区块链尤其是联盟链,在全网传输过程中,都需要 TLS(Transport Layer Security)加密通信技术,来保证传输数据的安全性。而 TLS 加密通信,正是非对称加密技术和对称加密技术的完美组合:通信双方利用非对称加密技术,协商生成对称密钥,再由生成的对称密钥作为工作密钥,完成数据的加解密,从而利用了非对称加密不需要双方共享密钥、对称加密运算速度快的优点。

③身份认证:单纯的 TLS 加密通信,仅能保证数据传输过程的机密性和完整性,但无法保障通信对端可信(中间人攻击)。因此,需要引入数字证书机制,验证通信对端身份,进而保证对端公钥的正确性。数字证书一般由权威机构进行签发。通信的一侧持有权威机构和认证中心(Certification Authority)的公钥,用来验证通信对端证书是否被自己信任(即证书是否 由自己颁发),并根据证书内容确认对端身份。在确认对端身份的情况下取出对端证书中的公钥,完成非对称加密过程。

此外,区块链中还应用了现代密码学最新的研究成果,包括同态加密、零知识证明等,在区块链分布式账本公开的情况下,最大限度地提供隐私保护能力。这方面的技术,还在不断发展完善中。

区块链安全是一个系统工程,系统配置、用户权限、组件安全性、用户界面、网络入侵检测和防攻击能力等,最终都会影响区块链系统的安全性和可靠性。区块链系统在实际构建过程中,应当在满足用户要求的前提下,在安全性、系统构建成本以及易用性等维度,取得一个合理的平衡。

2) 常用的区块链基础架构

目前,区块链还没有统一的架构。一般来说,常用的区块链参考基础架构由数据层、网络层、共识层、激励层、合约层和应用层组成,如图 5-4 所示。

(1)数据层

数据层是区块链参考层级架构的最底层。数据层常用来存储数据,对于区块链来说,这些数据是不可篡改的、分布式的数据,即“分布式账本”。

(2)网络层

区块链中的网络本质上是一个点对点网络。点对点意味着不需要一个中间环节或

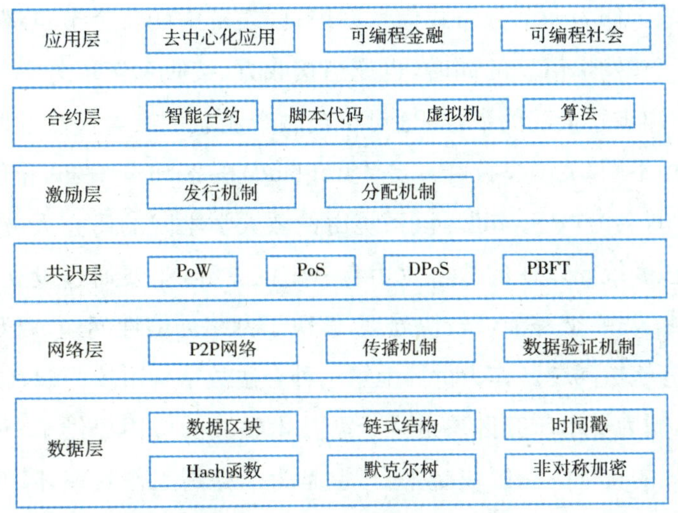

图 5－4　区块链参考基础架构

者中心化服务器来控制整个系统，网络中的所有资源和服务都是分配在区块链中各个节点上，信息的传输也是在两个节点之间进行。

(3)共识层

简单来说，区块链的共识就是所有人都要依据一个大家一致同意的规则来维护区块链系统这个总账本。这类似于更新数据的规则。让高度分散的节点在去中心化的区块链网络中高效达成共识，是区块链的核心技术之一，也是区块链社区的治理机制。

(4)激励层

激励层的主要任务是鼓励全网节点参与区块链上的数据记录与维护工作。同比特币中的挖矿机制一样，挖矿时间越多，可能获得的比特币就越多。挖矿机制其实可以理解成激励机制。你为区块链系统做了多少贡献，就可以得到多少奖励。

(5)合约层

合约层主要包括各种脚本代码、算法机制和智能合约，是区块链可编程的基础。

(6)应用层

应用层指区块链的各种应用场景和系统，即常说的“区块链＋”。

5.4.3　区块链技术的典型应用领域

区块链技术在知识管理、金融科技、保险、智能物流、医疗健康等领域都具有典型的应用场景。

1) 金融科技领域

金融领域目前最典型、使用最广泛的区块链是比特币技术，比特币已经成为区块链的第一个应用场景。作为一个分布式信息系统，区块链中的每个节点都是独立的，并相互关联。每个节点在发送信息的同时，也充当接收方，接收和读取外部信息。每个节点能够准确、完全地同步其全部的数据，这对于金融产业显然有着极高的匹配性。与基于公共渠道的比特币不同，英国央行(Bank of England)在2016年宣布，将创建一种基于私人渠道的数字货币，名为“RScoin”。该系统由伦敦大学学院的研究人员开发，是很多数字货币的雏形。该系统同以往的数字货币有一定的差异，主要通过设立模型来实现，并且采用分布式记账，对于交易能够较快处理，解决了网络伸缩性问题，以及无法进行外币交易的大容量和高流量问题。作为世界上第一种合法数字货币的原型，RScoin并不是特别完美，但它的出现为学术研究区块链在金融技术领域的应用提供了一个很好的参考。我国国内银行推出的首个防伪区块链平台，也是为了提高工作效率，降低人为操作可能发生的错误，或者假发票给各方带来的损失。采用区块链防伪，可以为用户提供防伪业务，提高银行业务效率，透明度也得到提高。工业银行试图将区块链的不可侵犯特征应用到系统中，确保在区块链中记录的所有记录都连续地传递到区块链中，这在理论上需要控制51%或更多的节点。这有效地防止了内部或外部人员的恶意操纵。

2）智能物流领域

智能物流领域也应用了区块链的解决信任和公开的矛盾性问题，如物流信息的透明安全、企业效率与成本之间的平衡以及货运路线和时间表的最佳选择。例如，海上物流追踪应用区块链技术后，可以追踪物流、解决供应链问题，监控集装箱装运，提高发货效率，提高资源利用率，提高信息透明度，在高度安全的贸易伙伴间分享信息。该系统的实践不断证明了该系统的价值，涉及许多国家的贸易商、部委和物流公司。在欧盟区块链研究所和荷兰海关的一个项目中，有关的美国政府部门、马士基航运(Maersk Line)、施耐德电气(Schneider Electric)也参与了试验。结果表明，区块链系统对于货物管理、花卉物流、水果运送等都具有较强的可行性。

3）医疗卫生领域

虽然医疗健康领域的技术发展越来越迅速，但是患者健康数据的安全、互信仍然存在问题，从而导致医疗资源的浪费、医疗工作效率较低，因此，采用区块链技术，打通医疗数据互信壁垒，增强安全性具有很重要的意义。并且，将药品采用区块链技术进行溯源，也能保障患者的用药安全。因此，区块链技术可以推动医疗保健领域的重大发展和变革。2017年8月，阿里巴巴集团与部分开源区块链先进技术合作，与常州医学会合作，开发区块链项目，开发合适的医疗方案。区块链应用程序解决方案允许在本地卫生机构和医疗环境中有价值的信息之间安全、受控和受控地传输有价值和安全的数据连接。例如，采用区块链的医疗电子处方，能够实现医生在线诊断患者，在线开具处方，保障处方真实性并不被篡改，也可以避免重复用药提高用药安全。在国外，Genentech 和辉瑞采用了药物检测区块链项目，试点也取得了较好的成效。药品供应链的所有环节都将参与药品信息的流通，从而优化药品的可追溯性。在区块链系统中，假药和假药的销售很难实现，从而保证了患者药物的安全性。

4）保险领域

区块链也改变了保险领域的现状，根据 2017 年 7 月的统计，全球保险市场每月价值 3.92 亿元，占全球经济的 5.7%，是一个相当大的行业。然而，尽管全球保险业发展迅速，但还是存在结算速度达不到要求，支付的程序纷繁复杂，在保险消费中存在不透明等现象。因此，越来越多的保险公司开始投入更多的资金，试图通过技术手段解决这些问题。而区块链技术在保险领域的应用，迅速地突破了传统保险业务管理的瓶颈。在区块链保险业务系统中，各个保险企业和经纪人，可以创建区块链节点，得到共识的保险信息上链而受到保护。区块链安全可追溯的优势，吸引了越来越多的金融机构、保险公司甚至航空巨头的目光，纷纷将区块链技术同传统业务融合，来管理航班、保险业务、金融业务等。

5）知识管理领域

知识管理和知识创新是当下企业非常重要的工作。采用区块链技术，甚至是主权区块链技术，可明晰知识资产权限，构建供应链知识管理云平台，建设联盟知识资产，解决企业在数据资产建设、知识挖掘、知识发现、知识创新、知识流转内化层面的难题，为企业之间以及企业和消费者解决“知识共享信任”问题，以此提升产品信誉度、企业知识创新能力、技术创新水平，增强广大消费者对企业信任度，同时保护企业知识利益，实现知识价值，为企业发展起到护航作用，夯实企业知识管理基础。此外，知识管理工作保障的是企业的根本利益，因此知识管理工作(例如版权、知识产权保护)也是政府重要工作之一，会直接影响政府在民众中的公信力。区块链技术具有实时对账以及不可篡改的时间戳功能，它可以为知识管理提供有力的技术工具，为供应链企业之间的价值链协同服务提供坚实保障。

本章小结

当今时代，人类社会步入了一个以科技创新不断涌现的重要时期，新的技术革命推动了世界范围内生产力、生产方式、生活方式的巨大变革，其中信息技术进一步推动了经济的增长和社会的发展，推动了知识传播应用进程的变化。

随着企业采用数据驱动的商业模式，以及远程和混合工作环境以来，云计算变得比以往任何时候都更受欢迎。通过访问按需处理能力、高度可扩展的平台和更灵活的 IT 支出方法，云已经从尖端技术发展成为一种重要的 IT 资源。需要提醒的是，云计算作为一项优秀技术在某些方面还存在一定的缺陷。比如安全问题，是云计算面临的首要问题。企业运用云计算就意味着要把一个企业中具有很高价值的资料（如客户信息）等存放到云计算服务提供商的手中，一旦这些信息遗漏或者泄露就会造成很大的损失。在云计算发展的路途中，安全问题将会是其面临的最大问题。相当数量的个人用户对云计算服务尚未建立充分的信任感，不敢把个人资料上传到“云”中，而观念上的转变和行为习惯的改变则非一日之功。安全已经成为云计算业务拓展的主要困扰之一。

人工智能的发展，源于人类对于自身的认知能力、智慧和创造力的崇拜和追求。它对人类文明进步的推动具有根本性的意义。人工智能对于人类发展的重要性、科学上的挑战性、技术上的复杂性，使得其未来的道路一定是艰苦漫长同时又激动人心的。目前，人工智能还处于弱人工智能水平阶段，商业落地应该一步一个脚印，不能急于求成。当下人工智能技术只能解决部分问题，人工智能要实现商业落地，需要搞清楚要解决问题的具体领域，并有明确的应用场景边界，把人工智能的功能限定在特定边境之中，这样的解决方案才更具有实用价值。

如今，大数据的应用范围开始越来越广泛了，几乎各个领域都会用到大数据技术，而大数据人才则成为当下最抢手的一种人才。国家“十三五”规划明确指出，实施大数据战略，将其作为基础性战略资源，要全面地推动其发展，并加快发展实现数据资源共享开发。在国家政策不断的支持推动之下，大数据产业落地进程不断加快，其价值也得到进一步的挖掘，大数据市场规模不断扩大。虽然全球的经济持续放缓，但是大数据产业的发展不会受到影响，其潜力依然很大。

区块链技术现已在多领域（如金融、物流、物联网、保险、公共服务、数字版权、公益等领域）崭露头角。互联网改变了人类生活，区块链则会改变生产关系。这将是人类文明进程中另一具有里程碑意义的技术。当然，作为一个新兴技术，区块链还存在不足和隐患，也存在很大的发展空间。随着区块链技术的日趋成熟与完善，区块链结合大数据、5G 技术、人工智能等新兴技术，必然会有更加广阔的发展空间。

课外阅读材料5

北斗卫星导航系统

中国北斗卫星导航系统(BeiDou Navigation Satellite System,BDS)是中国自行研制的全球卫星导航系统,是继美国全球定位系统(GPS)、俄罗斯格洛纳斯卫星导航系统(GLONASS)之后第三个成熟的卫星导航系统。北斗卫星导航系统(BDS)和美国GPS、俄罗斯GLONASS、欧盟GALILEO,是联合国卫星导航委员会已认定的位置服务供应商。北斗卫星导航系统的建设实践,走出了在区域快速形成服务能力、逐步扩展到为全球服务的中国特色发展路径,丰富了世界卫星导航事业的发展模式。

北斗卫星导航系统由空间段、地面段和用户段三部分组成,可在全球范围内全天候、全天时为各类用户提供高精度、高可靠定位、导航、授时服务,并且具备短报文通信能力,已经初步具备区域导航、定位和授时能力,定位精度为分米、厘米级别,测速精度0.2米/秒,授时精度10纳秒。

北斗卫星导航系统具有以下特点:一是北斗系统空间段采用三种轨道卫星组成的混合星座,与其他卫星导航系统相比,其高轨卫星更多,抗遮挡能力强,尤其在低纬度地区性能优势更为明显。二是北斗系统提供多个频点的导航信号,能够通过多频信号组合使用等方式提高服务精度。三是北斗系统创新融合了导航与通信能力,具备定位导航授时、星基增强、地基增强、精密单点定位、短报文通信和国际搜救等多种服务能力。目前,在轨运行的北斗系统服务卫星共有45颗,其中北斗二号卫星15颗,北斗三号卫星30颗。2035年前还将建设完善更加泛在、更加融合、更加智能的综合时空体系。

目前,北斗系统的应用已经进入产业化、市场化、国际化阶段。据统计,2020年,我国卫星导航相关产业收入达到4033亿元,较2019年增长约16.9%,增速十分可观。

基础产品方面,支撑北斗三号系统的关键技术已经站稳脚跟。国外主要芯片技术都支持北斗系统,并建立了基于北斗系统的检测系统。

在产业应用方面,北斗系统正在为公共安全、交通物流、减灾防灾、农林等行业提供服务,加快电力、通信、金融等基础设施建设。尤其是在连续两年多的抗疫斗争中,北斗的精准定位功能帮助了抗疫物资的高效运输。

在大众应用方面,北斗系统越来越接近大众消费,服务于人们的现实生活,为智能手机、可穿戴物品等一些日常消费品配置定位功能。华为、小米、三星、苹果等智能手机也可以使用北斗系统。2021年第三季度报告显示,中国支持北斗定位的智能手机出货量占比达 93.5%，市场份额为 72.3%。

此外，北斗的地基增强功能也正在进入智能手机，可以实现精度小于等于 1 米的高精度定位。目前，国内部分城市正在投入车道级试点导航。

北斗系统也正在应用到国外市场。由于北斗系统在精准农业、土地权属、智慧港口等方面的优势，亚洲、东欧、非洲等国家和地区开始引入北斗技术，服务当地土地市场。

习　题　5

一、单项选择题

1. 云计算是对(　　)技术的发展与运用。

A. 并行计算　　B. 网格计算　　C. 分布式计算　　D. 前三个选项都是

2. (　　)与 SaaS 不同的是，这种“云”计算形式把开发环境或者运行平台也作为一种服务给用户提供。

A. 软件即服务　　B. 基于平台服务　　C. 基于 WEB 服务　D. 基于管理服务

3. 云计算作为中国移动蓝海战略的一个重要部分，于 2007 年由移动研究院组织力量，联合中科院计算所，着手开发了一个叫作(　　)的项目。

A. “国家云”　　B. “大云”　　C. “蓝云”　　D. “蓝天”

4. 以下说法错误的是(　　)。

A. 云计算平台可以灵活地提供各种功能

B. 云计算平台需要管理人员手动扩展

C. 云计算平台能够根据需求快速调整资源

D. 用户可以在任何时间获取任意数量的功能

5. 以下说法正确的是(　　)。

A. 人工智能英文缩写为 IA

B. 谷歌公司“AlphaGo”击败人类的围棋冠军是人工智能技术的一个完美表现

C. 人工智能属于自然科学、社会科学、技术科学交叉学科

D. 人工智能在计算机上实现时绝大多数采用传统的编程技术

6. 人工智能的目的是让机器能够(　　)，以实现某些脑力劳动的机械化。

A. 具有完全的智能　　B. 和人脑一样考虑问题

C. 完全代替人　　D. 模拟、延伸和扩展人的智能

7. 模式识别的一般过程包括对待识别事物采集样本、数字化样本信息、提取数字特征、学习和识别，其核心是(　　)。

A. 采集样本和数字化信息　　B. 数字化样本信息和提取数字特征

C. 提取数字特征和学习　　D. 学习和识别

8. 不是大数据的特征的是(　　)。

A. 价值密度低　　B. 数据类型繁多　　C. 访问时间短　　D. 处理速度快

9. 当前大数据技术的基础是由(　　)首先提出的。

A. 微软　　B. 百度　　C. 谷歌　　D. 阿里巴巴

10. 区块链在数据共享方面的特点,下列描述不正确的是(　　)。

A. 不可篡改　　B. 去中心化　　C. 透明　　D. 访问控制权

二、填空题

1. 根据 NIST 的定义,云计算需包含以下五个基本特征,分别是:________、宽带接入、资源池化、快速弹缩和________。

2. 按服务范围来分,可以将云计算分为公有云、________和________三种类型。

3. 按服务类型来分,可以将云计算分为基础设施即服务、______、______三种类型。

4. 大数据的特征包括:大容量、________、________、高价值。

5. 大数据的关键技术包括数据采集、数据预处理、________、数据处理和________。

6. "人工智能"一词,目前有文献可考证的最早记录出自 1956 年的________。

7. 人工智能的应用领域范围极广,典型的应用领域包括______、______和智能控制。

8. 区块链通常有四大特征:去中心化、________、集体维护、________。

9. 区块链的四大核心技术包括________、共识机制、________和密码学。

10. 一般来说,常用的区块链基础架构由数据层、________、共识层、________、合约层和应用层组成。

三、简答题

1. 简述云计算的概念。

2. 什么是人工智能?列举 5 个人工智能主要研究领域的中英文名称。

3. 人工智能的一般研究目标是什么?

4. 什么是大数据?大数据的典型特征都有哪些?

5. 什么是区块链?

实 验 指 导

第 2 章　WPS 办公软件

实验 1　WPS 文字

一、实验目的

1. 掌握文档的基本操作与排版。

2. 掌握图形绘制与图文混排。

二、实验内容及步骤

1. 建立如下文档，以“北京奥运会.docx”为文件名，保存在学生文件夹中。

“同一个世界 同一个梦想”（One World One Dream），集中体现了奥林匹克精神的实质和普遍价值观——团结、友谊、进步、和谐、参与和梦想，表达了全世界在奥林匹克精神的感召下，追求人类美好未来的共同愿望。尽管人类肤色不同、语言不同、种族不同，但我们共同分享奥林匹克的魅力与欢乐，共同追求着人类和平的理想，我们同属一个世界，我们拥有同样的希望和梦想。

“同一个世界 同一个梦想”（One World One Dream），深刻反映了北京奥运会的核心理念，体现了作为“绿色奥运、科技奥运、人文奥运”三大理念的核心和灵魂的人文奥运所蕴含的和谐的价值观。建设和谐社会、实现和谐发展是我们的梦想和追求。“天人合一”“和为贵”是中国人民自古以来对人与自然，人与人和谐关系的理想与追求。我们相信，和平进步、和谐发展、和睦相处、合作共赢、和美生活是全世界的共同理想。

“同一个世界 同一个梦想”（One World One Dream），文简意深，既是中国的，也是世界的。口号表达了中国人民与世界各国人民共有美好家园，同享文明成果，携手共创未来的崇高理想；表达了一个拥有五千年文明，正在大步走向现代化的伟大民族致力于和平发展，社会和谐，人民幸福的坚定信念；表达了中国人民为建立一个和平而更美好的世界做出贡献的心声。

英文口号“One World One Dream”句法结构具有鲜明特色。两个“one”形成优美的排比，“world”和“dream”前后呼应，整句口号简洁、响亮，寓意深远，既易记上口，又便于传播。

中文口号“同一个世界 同一个梦想”中将“one”用“同一”表达，使“全人类同属一个世界，全人类共同追求美好梦想”的主题更加突出。

2. 文档编辑操作

(1)在文本的最前面插入 1 行标题“北京 2008 年奥运会、残奥会主题口号解读”。

(2)在该文档中查找“One World One Dream”，并替换为大写的文本“ONE WORLD ONE DREAM”。

3. 格式的设置

(1)标题设为"黑体,四号字",居中。

(2)正文段落设置为首行缩进 2 个字符,小四号。

(3)第 1 段设为隶书、段前间距为 1 行、段后间距为 5 磅,行距为 1.5 倍行距。

(4)在第 1 段"同一个世界 同一个梦想"下加着重号。

(5)把第 4 自然段加底纹,红色字,分为等宽的两栏、加分隔线,首字下沉 2 行。

4. 页面设置

(1)添加页眉"2008 北京奥运会",小五号,楷体,居中对齐。

(2)整篇文档设为 A4 纸,上、下、左、右边距为 2.5 厘米。

5. 图文混排

(1)通过形状工具,画幅国旗(长与高为 3∶2)。

(2)国旗与 2、3 段文字"四周型环绕"。

实验 2　WPS 表格

一、实验目的

1. 掌握工作表的创建、保存、编辑。

2. 掌握工作表中数据的录入和编辑修改。

3. 掌握公式和函数的使用方法。

4. 掌握数据管理及图表。

二、实验内容及步骤

1. 数据的录入

在"学生成绩表"中输入如表所示的数据,以"学生成绩表.xlsx"为文件名,保存在学生文件夹中。

	A	B	C	D	E	F	G	H
1	学号	姓名	英语	数学	计算机	线性代数	总分	平均分
2	0001	江美琴	72	65	70	58		
3	0002	孙龙杰	86	90	78	92		
4	0003	张莉	92	66	78	58		
5	0004	张艳芳	67	86	82	75		
6	0005	汪明亮	85	75	76	78		
7	0006	周学明	85	70	81	72		
8	0007	郑路静	83	82	86	86		
9	0008	赵敏	70	52	73	60		

2. 基本操作

(1)在第一行前插入标题“学生成绩表”,标题字体为黑体、字号为 14 磅、蓝色。

(2)选择区域 A1:H1,单元格合并,标题居中。

(3)给区域 A2:H10 四周设置双边框线,其余边框设为单实线。

3. 公式和函数的应用

(1)要求用公式或函数计算总分。

(2)要求用公式或函数计算平均分,结果保留 1 位小数。

4. 数据排序

按学生成绩的总分从高到低进行排列,若总分相同,则根据英语成绩从高到低进行排列。

5. 创建图表

(1)同时选择区域 A2:A10 和 C2:F10 创建折线图。

(2)图表标题为“学生成绩表”,20 磅、楷体。

(3)纵坐标标题为“分数”,横坐标标题为“学号”,12 磅。

实验 3　WPS 演示

一、实验目的

1. 熟练掌握幻灯片的制作方法。

2. 熟练掌握幻灯片的修饰和放映。

二、实验内容及步骤

1. 输入下面的毛泽东诗词,制作图文并茂的演示文稿。以“毛泽东诗词. pptx”为文件名,保存在学生文件夹中。

卜算子　咏梅

风雨送春归,飞雪迎春到。
已是悬崖百丈冰,犹有花枝俏。
俏也不争春,只把春来报。
待到山花烂漫时,她在丛中笑。

七律　人民解放军占领南京

钟山风雨起苍黄,百万雄师过大江。

虎踞龙盘今胜昔，天翻地覆慨而慷。
宜将胜勇追穷寇，不可沽名学霸王。
天若有情天亦老，人间正道是沧桑。

七律　到韶山
别梦依稀咒逝川，故园三十二年前。
红旗卷起农奴戟，黑手高悬霸主鞭。
为有牺牲多壮志，敢教日月换新天。
喜看稻菽千重浪，遍地英雄下夕烟。

西江月　井冈山
山下旌旗在望，山头鼓角相闻。
敌军围困万千重，
我自岿然不动。
早已森严壁垒，更加众志成城。
黄洋界上炮声隆，
报道敌军宵遁。

提示：为了加快输入速度，可以到互联网上查找相关的诗词进行复制。

2. 最前面插入一张幻灯片，创建目录并超链接到对应的幻灯片。

3. 至少制作5张幻灯片，自己设计母版、文字格式、背景、超链接、动画效果等。

第3章　Raptor程序设计

实验4　简单程序设计

一、实验目的

1. 熟悉Raptor编程环境。
2. 能用Raptor编写、调试简单程序。

二、实验内容及步骤

1. 输入3个实数，按从大到小的顺序输出。

2. 利用公式 $e \approx 1+\frac{1}{2!}+\frac{1}{3!}+\frac{1}{4!}+\cdots+\frac{1}{15!}$,求出无理数 e 的近似值。

3. 显示如下形状的九九乘法表。

1×1=1
1×2=2　2×2=4
1×3=3　2×3=6　3×3=9
1×4=4　2×4=8　3×4=12　4×4=16
1×5=5　2×5=10　3×5=15　4×5=20　5×5=25
1×6=6　2×6=12　3×6=18　4×6=24　5×6=30　6×6=36
1×7=7　2×7=14　3×7=21　4×7=28　5×7=35　6×7=42　7×7=49
1×8=8　2×8=16　3×8=24　4×8=32　5×8=40　6×8=48　7×8=56　8×8=64
1×9=9　2×9=18　3×9=27　4×9=36　5×9=45　6×9=54　7×9=63　8×9=72　9×9=81

第 4 章　计算思维基础

实验 5　枚举与递推程序设计

一、实验目的

1. 熟悉枚举算法程序设计。
2. 熟悉递推算法程序设计。

二、实验内容及步骤

1. “水仙花数”是指一个三位正整数,其各位上数字的立方和等于该数本身。例如,153 是一个“水仙花数”,因为 $153=1^3+5^3+3^3$。编写程序,输出所有的“水仙花数”。

2. 已知数列$\{a_n\}$:$a_1=1, a_2=2, a_{n+2}=3a_{n+1}-a_n (n\geqslant 1)$。编程求出、显示该数列的前 40 项。

3. 有 n 级台阶的楼梯,在上楼时,每步可以跨一级台阶,也可以跨三级台阶。编程求出、显示 $n=40$ 时的不同上楼方法数量。

实验6　分治、贪心与排序程序设计

一、实验目的

1. 熟悉分治算法程序设计。

2. 熟悉贪心算法程序设计。

3. 熟悉排序算法程序设计。

二、实验内容及步骤

1. 求一元三次方程 $1.5x^3-4.7x^2+3.2x+8.9=0$ 的近似实根。

2. 在给定的 n 位正整数 m 中，删除其中 $k(k<n)$ 个数字后，剩下的数字按原顺序组成一个新的正整数。请确定删除方案，使得新的正整数最小，并编写程序验证。

3. 编写程序，将数列{6,12,9,13,2,17,11,5,16,4,19,14,20,1,3,15,8,7,10,18}的元素从大到小排序，并显示排序结果。

实验7　概率与模拟程序设计

一、实验目的

1. 熟悉概率算法程序设计。

2. 熟悉竖式除模拟算法程序设计。

3. 熟悉竖式乘模拟算法程序设计。

二、实验内容及步骤

1. 编写程序，求出、显示定积分 $I=\int_2^5 \frac{\sin x}{x}\mathrm{d}x$ 的近似值。

2. 对给定的正整数 7，编写程序寻找最小的正整数 q，使得 7 与 q 之积为全是“3”组成的整数。

3. 正整数 m 的尾数是 4，编写程序寻找最小的 m，使得把 m 的尾数 4 移到最前面(成为最高位)后所得的数是 m 的 4 倍。

参考文献

[1] 贾宗福. 新编大学计算机基础教程[M]. 6版. 北京：中国铁道出版社，2021.

[2] 谢希仁. 计算机网络[M]. 8版. 北京：电子工业出版社，2021.

[3] 康涵俊. 超级计算机在人类生活中的应用[J]. 科学与信息化，2017，(36)：30-31.

[4] 夏江婷. 浅谈超级计算机及其发展[J]. 中国科技纵横，2017，(24)：24-25.

[5] 李亚莉，姚亭秀，杨小麟. WPS Office 2019办公应用入门与提高[M]. 北京：清华大学出版社，2021.

[6] 金山办公教育研究院. WPS办公应用(中级)[M]. 北京：高等教育出版社，2021.

[7] 时贵英，王莉利. 计算思维与信息素养[M]. 北京：高等教育出版社，2019.

[8] 冉娟，吴艳，张宁. RAPTOR流程图＋算法程序设计教程[M]. 北京：北京邮电大学出版社，2016.

[9] 陈展荣，刘小丽，余宏华，等. 数据科学基础实践教程[M]. 北京：人民邮电出版社，2020.

[10] 杨克昌，严权峰. 算法设计与分析实用教程[M]. 北京：中国水利水电出版社，2013.

[11] 齐虹，崔宝才，闫明，等. 云计算及其应用[M]. 北京：高等教育出版社，2018.

[12] 俞仲文，田钧. 人工智能应用概论[M]. 北京：高等教育出版社，2021.

[13] 郑东耀. 大数据与人工智能[M]. 北京：清华大学出版社，2022.

[14] 徐翠娟，宋剑杰，李臻，等. 区块链基础与应用[M]. 北京：清华大学出版社，2022.